"1+X证书"制度下的数控加工理论与实践

李景魁 著

重庆大学出版社

内容提要

本书结合"1+X证书"制度,以数控加工为主线,融入机床、夹具、刀具、量具及数控加工质量控制等内容,详细介绍了数控车削加工、数控铣削加工、数控电火花加工等工艺与编程内容,在阐明概念的基础上突出实用技术的应用性。本书共分7章,第1章为数控加工概述;第2章着重介绍数控加工工艺基础;第3章介绍数控机床检测装置;第4章重点介绍数控车削技术分析;第5章重点介绍数控铣削技术分析;第6章介绍数控电火花加工方法分析;第7章介绍数控加工的发展趋势与新技术实践等知识。

本书可用作数控相关专业教材或用于没有任何专业基础的人员(新型进城务工人员、退役军人等)的培训,同时也可为数控专业教师提供教学参考。

图书在版编目(CIP)数据

"1+X证书"制度下的数控加工理论与实践／李景魁
著.--重庆:重庆大学出版社,2022.5
ISBN 978-7-5689-3219-6

Ⅰ.①1…　Ⅱ.①李…　Ⅲ.①数控加工—加工　Ⅳ.
①TG659

中国版本图书馆 CIP 数据核字(2022)第 079085 号

"1+X 证书"制度下的数控加工理论与实践
"1+X ZHENGSHU" ZHIDU XIA DE
SHUKONG JIAGONG LILUN YU SHIJIAN
李景魁　著
策划编辑:鲁　黎
责任编辑:杨育彪　　版式设计:鲁　黎
责任校对:谢　芳　　责任印制:张　策

*

重庆大学出版社出版发行
出版人:饶帮华
社址:重庆市沙坪坝区大学城西路 21 号
邮编:401331
电话:(023)88617190　88617185(中小学)
传真:(023)88617186　88617166
网址:http://www.cqup.com.cn
邮箱:fxk@ cqup.com.cn(营销中心)
全国新华书店经销
重庆华林天美印务有限公司印刷

*

开本:787mm×1092mm　1/16　印张:13.75　字数:346 千
2022 年 5 月第 1 版　　2022 年 5 月第 1 次印刷
ISBN 978-7-5689-3219-6　定价:68.00 元

前　言

　　21世纪初,随着国际先进生产技术竞争的加剧及"机械化""信息化"与"智能化"趋势的形成,德国推出了"工业4.0"项目;英国建立了七大先进制造研究中心,并推出了"高价值制造"(HVM)战略;欧盟启动了智能制造系统2020计划。我国也于2015年开始实施"中国制造2025"计划。这些计划结合我国高校"双一流"的建设,"工业4.0""智能时代""机器人"与"新工科(工科+互联网)"等一起成为时代关注的焦点。素有"制造之母"之称的高端机械制造装备行业发挥的作用依然举足轻重。高端机床装备是机器人产业生态圈和智能制造的基础,也是强国高端智能制造得以持续提升和健康发展的保障,还是我国高校为满足社会发展培养专门高素质应用型人才的指南。数控应用研究和数控职业教育领域掀起了学习数控高端装备应用的热潮。

　　本书根据职业大学应用型人才的培养目标,不仅介绍了目前数控加工技术的主要工艺方法,还对工艺的设计及分析进行了讲解。读者通过本书的学习,能对数控加工的工艺方法有较深入和全面的了解。此外,本书也将编程技术融入加工项目中,使读者能够掌握对数控编程指令的运用,加深对各种编程指令的理解。

　　本书由李景魁撰写。本书在编写过程中,力求文字精炼、准确、通俗易懂;尽量做到理论联系实际,使内容丰富、新颖、由浅入深;在突出理论知识的同时,注重实践性和应用性。

　　由于著者水平有限,书中难免存在缺点与错误,恳请读者予以批评指正。

著　者

2021年12月

目录

第一章
数控加工概述

第一节　数控加工总论

一、数控技术的产生

随着科学技术和社会生产的不断发展,机械产品的结构越来越复杂,产品更新越来越快,因此对加工机械产品的生产设备提出了更高(高性能、高精度和高自动化)的要求。传统的普通机床、专用机床、仿形机床已经不能满足加工需要。为此,一种新型的数字程序控制机床应运而生,它极其有效地解决了上述一系列矛盾,为单件、小批量生产特别是复杂型面零件的生产提供了自动化加工手段。数字控制技术(简称"数控技术")于 20 世纪中期在美国率先开始研究,是为了适应航空工业制造复杂零件的需要而产生的。1948 年,美国帕森斯公司受美国空军委托,研制直升机螺旋桨叶片轮廓用样板的加工设备,在制造飞机框架及直升机螺旋桨叶片轮廓用样板时,利用全数字电子计算机对轮廓路径进行数据处理,并考虑了刀具直径对加工路径的影响,提高了加工精度。1949 年,帕森斯公司在麻省理工学院伺服机构试验室的协助下开始从事数控机床的研制工作,经过三年时间的研究,于 1952 年试制成功世界上第一台数控机床试验性样机。这是一台基于脉冲乘法器原理的直线插补三坐标连续控制铣床,即第一代数控机床。1955 年,美国空军花费巨额经费订购了大约 100 台数控机床,此后两年,数控机床在美国进入迅速发展阶段,市场上出现了商品化数控机床。1958 年,美国克耐·杜列克公司在世界上首先研制成功带自动换刀装置的数控机床,称为"加工中心"(Machining Center,MC)。

数控技术的发展过程见表 1-1。

表 1-1　数控技术的发展过程

发展阶段		时间	特点
硬件数控	第 1 代	1952 年	采用电子管
	第 2 代	1959 年	采用晶体管元件和印制电路板
	第 3 代	1965 年	采用小规模集成电路

续表

发展阶段		时间	特点
软件数控	第4代	1970年	采用小型计算机
	第5代	1974年	采用微处理器和半导体存储器的微型计算机数控装置(MNC)
	第6代	20世纪90年代	采用PC+CNC的数控系统

二、数控加工的基本概念

(一)基本术语

现代的机械加工装备已经广泛采用数控设备,为了讨论方便,下面给出几个重要的概念。

(1)数控

数控(NC)是数字控制(Numerical Control)的简称,是借助数字、字符或其他符号对某一个工作过程(如加工、测量或者装配等)进行可编程控制的自动化方法。目前数控一般是采用通用或专用计算机来实现数字程序控制,因此数控也称为计算机数控(Computer Numerical Control,CNC)。

(2)数控技术

数控技术是指采用数字控制的方法对某一个工作过程实现自动控制的技术。在机械加工过程中使用数控机床时,可将其运行过程数字化,这些数字信息包含了机床刀具的运动轨迹、运行速度及其他工艺参数等,而这些数据可以根据要求很方便地实现编辑修改,满足了柔性化的要求。它控制的通常是位移、角度、速度等机械量或与机械量流向有关的开关量。数控的产生依赖于数据载体及二进制形式数据运算的出现,数控技术的发展与计算机技术的发展是紧密相连的。

(3)数控系统

数控系统是实现数控技术相关功能的软、硬件模块的有机集成系统。相对于模拟控制而言,数字控制系统中的控制信息是数字量,模拟控制系统中的控制信息是模拟量。数字控制系统是数控技术的载体,其特点是可以用不同的字长表示不同精度的信息,可以进行算术运算、逻辑运算等,也可以进行复杂的信息处理,还可以通过软件改变信息处理的方式和过程,因而具有较大的柔性。数字控制系统已经广泛用于数控机床、自动生产线、机器人、雷达跟踪系统等自动化设备。

(4)数控设备

数控设备是指应用计算机实现数字程序控制技术的设备。数控设备是目前设备制造的方向,特别是数控机床,是集光、机、电、液等的高技术加工设备,价格较高,维修、维护困难,加工中的编程和机床调整复杂,因此需要具有数控技术基础知识的技能型人才来操作和维护。

(5)数控机床

数控机床是一类采用数字控制技术对机床的加工过程进行自动控制的机床,是数控设备的一种。数控机床是机电一体化的典型产品,是集机床、计算机、电机及拖动、自动控制、检测等技术于一体的自动化设备,使输入数据的存储、处理、运算、逻辑判断等控制机能的实现均可通过计算机软件来完成。从外观及布局看,数控机床除具有与其对应的普通机床的床身、导轨、主轴、工作台及刀架等相同或相似的机床主体外,还具有普通机床不可能配置的两大部分,即对机床进行指挥、控制的计算机数控装置和驱动机床运动的机构,包括机床主轴伺服驱动及进给机构实施位移的进给伺服系统。

（二）数控加工与传统加工

在普通机床上进行零件加工时,操作者根据工序卡的要求操作机床,并同步地不断调整刀具与工件的相对运动轨迹和加工参数,完成切削加工,获得合格的产品,整个加工过程完全取决于操作者的习惯和技术水平。

在数控机床上加工零件时,首先要将刀具和工件的相对运动轨迹,以及加工过程中的主轴速度和进给速度的变换、切削液的开关、工件的夹紧和松开、刀具的交换等几何信息和工艺信息数字化,通过计算机按规定的代码和格式编写成加工程序,然后将程序送入数控系统。数控系统按照程序的要求进行相应的运算、处理,输出控制命令,使各坐标轴、主轴以及辅助动作协调运动,实现刀具与工件的相对运动及零件的自动加工。其加工过程绝大部分是由数控系统的自动控制实现的。

（三）数控加工过程信息的处理和流程

数控加工过程信息的处理和流程如图 1-1 所示。

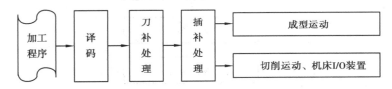

图 1-1　数控加工过程信息的处理和流程

数控加工时,首先要对数控加工程序进行解释（译码）,以程序段为单位转换成刀补处理程序所要求的数据结构（格式）,该数据结构用来描述一个程序段解释后的数据信息,主要包括:X、Y、Z 坐标值;进给速度;主轴转速;G 代码;M 代码;刀具信息;子程序处理和循环调用处理等数据或标志的存放顺序及格式。另外,数控加工程序一般是按照零件轮廓编写的,而数控机床在加工过程中控制的是刀具中心或者假想刀尖点的运动轨迹,因此加工前必须将零件轮廓转换成刀具中心或刀尖点的运动轨迹,即要先进行刀具补偿的处理,然后以系统规定的插补周期进行定时运动,将零件的各种线型（直线或圆弧等）组成的零件轮廓,按照程序给定的进给速度,实时计算出各个坐标轴在插补周期内的位移指令,并送给伺服系统,实现成型运动。同时可编程逻辑控制器（Programmable Logic Controller,PLC）以 CNC 内部或机床各行程开关、传感器、继电器等开关量信号为条件,按照预先设定的逻辑顺序对诸如主轴的启停、换向,刀具的交换,工件的夹紧、松开,液压、冷却、润滑系统的运行等进行逻辑控制。

三、数控加工的原理

数控加工的原理可通过数控加工的执行过程予以阐述。数控机床是实现数控加工的载体,零件的数控加工利用它来完成,其过程为:数控机床通过输入装置（一般为人机交互界面）读取预先编制好的数控加工程序;数控系统调用译码模块,以程序段为基本单位,由系统程序对其逐条处理,按照给定的语法规则将其转换为系统可读可理解的数据格式;在此基础上,通过插补运算,计算出每个周期应发送的控制指令,并分配至各个运动轴的驱动电路,经过转换、放大去驱动伺服电动机,带动各个轴运动,随后利用反馈装置检测执行状态,据此完成闭环控制,使各坐标轴、主轴以及辅助动作相互协调,实现刀具与工件的相对运动,进而自动加工出零件的全部轮廓。数控加工原理示意图如图 1-2 所示。

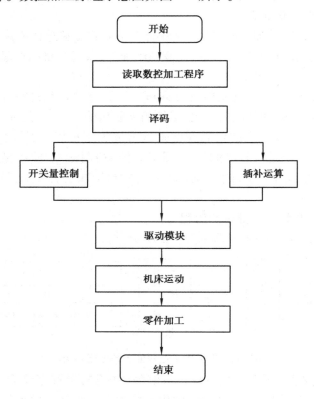

图 1-2　数控加工原理示意图

下面对上述过程中涉及的关键功能以及装置进行详细说明。

(一)数控加工程序及其编制

数控加工程序指明了数控机床在加工时的动作。现阶段,可依据国际标准(ISO 6983-1:2009)(即 G/M 代码)给定的格式规范完成数控加工程序的编写。对于简单零件的加工,手工编程即可实现。复杂零件(如叶片)一般需要借助 CAM 软件完成,如 UG、Power-MILL 等。除此之外,某些数控机床也会自带与之配套的编程软件,利用此软件可以显著提高编程效率,但成本相对较高。

(二)输入装置

输入装置的主要功能是完成数控加工程序的录入或读取。对于外形轮廓简单的零件,其数控加工程序较为简短,可在操作面板或人机交互界面上采用直接录入的方式将数控加工程序输入。而对于复杂零件,其加工程序行数较多,直接录入耗时费力且容易出错,此时利用串口和网口通信完成加工程序传输的方式较为理想。现阶段,传统的纸带阅读机、磁带和软盘输入加工程序的办法已不多见。

(三)伺服系统

伺服系统是数控机床的关键部件,用于实现机床加工过程中的进给运动和主运动。一般情况下,伺服系统主要用于控制机床的进给轴以完成进给运动精确的定位。对于主轴,有的数控机床不需要实现精确定位功能,可以采用三相异步交流电动机驱动;有的数控机床的主轴需要实现精确定位,可以采用伺服电动机驱动主轴回转。伺服系统包括伺服驱动器和伺服电动机两部分,伺服驱动器用于接收来自数控系统的指令,并经过功率放大整形处理之后,控制伺服电动机的运转,伺服电动机则拖动工作台的运动,完成指令给定的目标。

显然,伺服系统位于数控系统的末端,是指令的执行机构,其性能的优劣将直接影响数控机床的性能以及数控加工的质量。因此,要求数控机床的伺服系统具有快速响应的能力,能够忠实地执行来自数控系统的指令。

(四)机床本体

机床本体是数控机床的机械部分,它包括床身、底座、立柱、横梁、工作台、进给机构、刀库和刀架等部件。与普通机床相比,数控机床的床身具有如下特点。

①床身结构刚度高、抗震性强且热变形小。一般通过提高床身结构的静刚度、增大阻尼、调整结构件质量和固有频率等来提升机床床身的刚度和抗震性,从而使床身能够适应数控加工连续切削的生产模式。通过改善床身结构布局、减少发热、控制温升和热补偿等措施,减少床身热变形对加工质量和加工精度的影响。

②伺服驱动系统是机床本体的驱动装置。利用伺服驱动系统可有效缩短机床传动链,简化机床机械传动系统的结构,降低传动链导致的误差,提高数控加工的精度。

③采用高传动效率、高精度、无间隙的传动装置和部件,如滚珠丝杠螺母副、直线导轨、静压丝杠和静压导轨等。

(五)插补运算

数控加工程序段只给出了所给定线段的起点和终点等信息,插补运算是在已知起点和终点的线段间进行"数据点密化"工作。插补运算是数控系统或数控机床的核心功能,它完成了数控加工代码向机床控制指令之间的转换。数控加工程序给出了零件加工时机床应运行的轨迹,但无法指明完成该轨迹具体的控制指令,插补的目的便是根据译码后的数控加工程序,周期性地计算出当前周期的控制指令,逐步完成刀具与零件按照给定轨迹的相对运动,直至零件加工完成。

(六)位置控制

通过插补运算,可以输出一个插补周期内的控制指令。为了令机床各个运动轴准确行进到规定位置,还需要利用位置检测装置(编码器、光栅尺等)将执行机构的位置反馈至数控系统,利用指定位置与实际位置的差值控制伺服电动机运转。

(七)辅助装置

辅助装置在数控加工过程中起辅助作用,但往往也是必不可少的装置,如液压装置和气动装置。该装置一般用来实现零件的夹紧、刀具的自动更换、冷却、润滑、主轴启动和停止等开关指令。

四、数控加工的特点

与传统机床加工相比,数控加工具有以下特点。

(一)零件的加工能力强,适应性好

数控加工可通过多轴联动完成复杂型面的加工,且不需要复杂的工装夹具。另外,随着CAD/CAPP/CAM/CNC 集成技术的发展,零件的自动化编程逐渐简易,数控加工程序的生成

越来越方便,数控加工的适应性也随之提高。

(二)加工精度高,加工质量稳定

数控加工是一种自动化的加工方式,且利用数字指令实现加工时,一般定位精度可达±0.005 mm,重复定位精度可达±0.002 mm。另外,利用数控系统的补偿功能,可对机床传动链误差进行补偿,进一步提高加工精度。

数控加工过程避免了人为因素的干扰,不会因为操作者的个人水平、负面情绪等造成加工质量的下降,零件合格率高且稳定。

(三)生产效率高

数控加工可较为容易地实现工艺集成,在同一个工位上完成多个工序,配合自动换刀装置的使用,可有效缩短加工时间,提高生产加工效率。相比于传统机床,数控机床具有更高的主轴转速和进给量,在机床刚性和刀具寿命允许的前提下,可以采用较大的切削参数完成材料的去除,从而有效提高加工效率。

(四)降低劳动强度

因为数控加工是自动进行的,操作者除完成必要的步骤之外,无须重复繁杂的手工操作,使得劳动强度降低,改善了劳动条件。

(五)加工过程柔性好

数控加工非常适合多品种、小批量生产和产品开发试制,对不同的复杂工件只需要重新编制加工程序即可。尤其对于需要多次改型的零件而言,其数控加工程序往往不会一次性地出现较大改动,或者仅仅依靠调整刀具参数完成程序的修正,大幅缩短了生产准备周期,增强了加工过程的柔性,提高了加工效率。

(六)能完成传统机床难以完成或根本不能加工的复杂零件

复杂零件一般包含曲线、曲面,至少需要两轴或两轴以上联动才能完成加工,采用传统机床利用人工的方式难度非常大,而采用数控加工的方式,可以通过数控系统计算出所需指令,比较容易实现其加工。

(七)具有监控功能和一定的故障诊断能力

随着数控系统的发展,其功能不仅局限于普通的运动控制,借助传感器技术和相关的通信协议,可以实时采集加工过程中的数据,进而实现对加工的监控。另外,在人工智能技术的支持下,可对采集到的数据进行分析,挖掘机床运行状态中的隐含信息,对机床故障进行一定程度的判断,即具有故障诊断能力。

(八)易于集成化管理

数控加工过程基于数控系统实现。现阶段,数控系统的开放性正在逐步增强,开放式数控已经成为主流发展趋势,这使得数控加工过程中的信息采集越来越简单方便,从而令基于此的制造车间透明化程度增强,易于企业上层对其进行管理。

五、数控加工的适应范围

随着数控技术的发展,数控机床的功能不断增加,性能不断提高,数控加工的范围不断扩大,但目前还不能完全取代普通机床。根据数控加工的特点和国内外的大量使用实践,一般可按照数控加工适用程度将零件分成以下三类。

（一）最适合数控加工的零件

形状复杂,用数学模型描述的复杂曲线和曲面轮廓零件,且加工精度要求高;具有难测量、难控制进给、难控制尺寸的不开敞内腔的壳体和盒形零件;必须在一次装夹中完成铣、镗、锪、铰和攻螺纹的多工序零件。上述零件在普通机床上无法加工或者虽然能加工但需要的工时多,难以保证质量,更难保证零件的一致性,但在数控机床上较易加工。

（二）较适合数控加工的零件

在普通机床上加工时易受人为因素(如情绪波动、体力强弱和技术水平等)干扰,且价值较高,一旦质量失控造成经济损失重大的零件;在普通机床上加工必须专门设计复杂工艺装备的零件;需要多次更改设计后才能定型的零件;在普通机床上加工需要长时间调整的零件;在普通机床上加工生产率很低和体力劳动强度较大的零件。这几类零件在分析完可加工性之后,还要在提高生产率和经济效率方面做综合衡量,一般可以把它们作为数控加工的主要选择对象。

（三）暂不适合数控加工的零件

对于批量大,加工余量很不稳定,必须用特定的工艺装备协调加工的零件,采用数控加工后在加工效率和经济效率方面无明显改善的暂不适合数控加工,但随着数控加工技术的发展、数控机床品种的增加、数控加工功能的改善、数控加工效率的提高、数控机床成本的下降,特别是数控自动生产线(FMS)的出现和应用,不适合数控加工的零件会越来越少。

六、现代制造对数控加工技术的要求

进入 21 世纪后,数控加工技术出现了一些新的特征:产品绿色化,提供的产品在全生命周期资源消耗低,无污染或少污染,以及可回收或可重用;参数极端化,产品向高效、高参数、大型化或微型化、成套化的方向发展;生产过程自动化,并向信息化、柔性化方向发展;需求个性化,用户对产品的需求多样化、分散化和个性化,未来的市场需求更加趋于动态多变;产业集群化,同类企业或相近企业在同一地区高度聚集,形成集群化的竞争优势;业务服务化,服务在价值链中的比重大幅上升,制造业不仅要为客户提供有形的装备,还要提供越来越好的服务。为此,对数控加工技术提出了更高的要求。

（一）提高运行速度,缩短加工时间

实现高效的高速加工已经成为现代加工技术的重要发展趋势。运行高速化是指进给率、主轴转速、刀具交换速度、托盘交换速度等实现高速化,并具有高加(减)速率。高速加工不是指加工设备,而是机床、刀具、夹具、数控系统和编程技术的高度集成,机床的高速化需要新的数控系统、高速主轴和高速伺服进给驱动,以及机床结构的优化和轻量化。

（二）加工高精化

近半个世纪以来,加工精度几乎每 8 年提高 1 倍,普通加工精度已由 0.03 mm 提升至 0.003 mm,精密加工精度由 3 μm 提升至 0.03 μm,超精密加工则由 0.3 μm 提升至 0.003 μm,目前的轮廓控制和定位精度已经达到了纳米级。

为了提高加工精度,数控机床不仅要有很高的几何精度,而且还必须有很高的运动轨迹精度。对数控机床的精度要求已经不仅仅局限于静态的几何精度、运动精度,热变形与振动的监测和补偿也越来越受到重视。数控机床的定位精度普遍能达到 0.007 mm 左右,亚微米级机床能达到 0.000 5 mm,纳米级机床能达到 5 nm,最小分辨率为 1 nm 的数控机床也问世并逐渐被使用。除提高数控机床的制造和装配精度外,误差补偿技术的应用也大大减少了数控机床的运动误差。在减少 CNC 数控系统控制误差方面,通常提高控制系统的分辨率,以微小程序段实现连续进给,使 CNC 控制单位精细化。提高位置检测精度和位置伺服系统精度可采用前馈控制和非线性控制等方法。在采用补偿技术方面,除采用齿隙补偿、丝杠螺距误差补偿和刀具误差补偿等方法外,近年来对设备的热变形误差补偿与空间误差的综合补偿技术的研究和应用也越来越被重视。有研究表明,综合误差补偿技术的应用可将加工误差减少60%~80%。

(三)加工复合化

加工复合化是指工件在一台设备上一次装夹后,通过自动换刀等多种措施,完成多工序、多表面的加工,从而打破传统的工序界限和分开加工的工艺规程。复合加工包括工序复合(车、铣、镗、钻和攻螺纹等)、不同工艺复合(集车、铣、滚齿、磨、淬火等不同工艺的复合加工机床可对大直径、短长度回转体类零件进行复合加工)、切削与非切削工序复合(如铣削与激光淬火装置的复合、冲压与激光切割的复合、金属烧结与镜面切削的复合、加工与清洗融于一台机床的复合等)。复合加工不仅提高了工艺的有效性,而且零件在整个加工过程中只有一次装夹,大大缩短了生产过程链,工序间的加工余量大为减少,既减少了装卸时间、省去了工件搬运、减少了半成品库存,又能保证和提高形位精度。

(四)加工过程智能化

随着人工智能技术的不断发展,数控加工技术智能化程度不断提高,主要表现在以下几方面。

(1)加工过程自适应控制技术

监测加工过程中刀具的磨损、破损,切削力、主轴功率等信息的变化并将其反馈,利用数控系统运算,实时调节加工参数和加工指令,使数控机床始终处于最佳状态,以提高加工精度、降低表面粗糙度以及提高设备运行安全性。

(2)加工参数的智能优化和选择

将加工专家和技工的经验、切削加工的一般规律和特殊规律等,按照人工智能中知识的表达方式建立知识智能库存入计算机中,以加工工艺参数数据库为支撑,建立专家系统,并通过它提供的经过优化的切削参数,使加工系统始终处于最优和最经济的工作状态,从而达到提高编程效率和加工工艺水平,缩短生产准备周期的目的。

(3)故障自诊断技术

故障诊断专家系统是诊断装置发展的最新动向,其为数控设备提供了一个包括二次监测、故障诊断、安全保障和经济策略等方面在内的智能诊断和维护决策的信息集成系统。采用智能混合技术,可以在故障诊断中实现以下功能:故障分类、信号提取和特征提取、故障诊断、维护管理。

(五)加工过程网络化

随着信息技术和数字计算机技术的发展,尤其是计算机网络技术的发展,在以网络化、数字化为基本特征的时代,网络化、数字化以及新的制造理念深刻地影响着 21 世纪的制造模式和制造观念。现代加工技术必须满足网络环境下制造集成系统的要求。具有网络功能的加工技术,可以满足诸如加工过程远程故障诊断、远程状态监测、远程加工信息共享、远程操作(如危险环境加工)和远程培训等。

第二节　数控机床的组成

数控机床是机电一体化的高技术产品,集合了机械制造、计算机技术、伺服驱动及检测技术、可编程控制技术、气动液压等技术。其组成一般包括输入输出设备、计算机数控装置(CNC)、可编程控制器(PLC)、伺服驱动及检测反馈、辅助装置、机床主体等。数控机床的构成如图 1-3 所示。

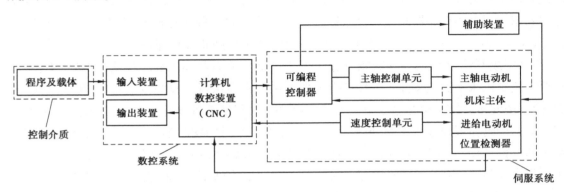

图 1-3　数控机床的构成

一、输入/输出设备及接口

数控设备操作人员与数控系统之间的信息交流过程是通过输入/输出设备或接口来完成的,输入设备的作用是将程序载体(信息载体)上的数控代码传递并存入数控系统内。根据控制存储介质的不同,输入设备包括光电阅读机、磁带机或软盘驱动器等。目前数控机床加工程序主要通过键盘用手工方式直接输入数控系统或由编程计算机把零件图通过软件自动转换成加工的程序,然后再传送到数控系统中。

通常采用的通信方式有:

①串行通信(RS232 等串行通信接口)。

②自动控制专用接口和规范(DNC、MAP 等)。

③网络技术(Internet、LAN 等)。

零件加工程序输入过程有两种方式:一种是边读入边加工(数控系统内存较小时);另一种是一次将零件加工程序全部读入数控装置内部的存储器,加工时再从内部存储器中逐段调出进行加工。

输出设备的作用是通过显示器将加工过程中必要的信息,如坐标值、报警信号等进行显示。

二、数控装置

计算机数控装置(CNC)是机床数控系统的核心,它主要由计算机系统、位置控制、PLC接口、通信接口、扩展功能模块以及相应的控制软件等模块组成。CNC 系统的主要任务是将零件加工程序表达的加工信息(几何信息和工艺信息)进行相应的处理(运动轨迹处理、信息输入/输出处理等),然后变换成各进给轴的位移指令、主轴速度指令和辅助动作指令,控制相应的执行部件(伺服单元、驱动装置和 PLC 等),加工出符合要求的零件,所有这些工作都是通过 CNC 装置内的硬件和软件协调配合,合理组织,使数控机床有条不紊地工作而实现的。

计算机数控系统(CNC)硬件结构形式较多,按 CNC 装置中各印制电路板的插接方式可分为大板式结构和功能模板式结构;按 CNC 装置中微处理器的个数可以分为单微处理器和多微处理器结构等。但总的来说,CNC 装置与通用计算机一样,都是由中央处理器(CPU)及存储数据与程序的存储器组成。存储器分为系统控制软件程序存储器(ROM)、加工程序存储器(RAM)及工作区存储器(RAM)。ROM 中的系统控制软件程序由数控系统生产厂家写入,用来完成 CNC 系统的各项功能,数控机床操作者将各自的加工程序存储在 RAM 中,供数控系统控制机床来加工零件。工作区存储器是系统程序执行过程的活动场所,用于堆栈、参数保存、中间运算结果保存等。中央处理器(CPU)执行系统程序并读取加工程序,经过加工程序段的译码和预处理计算后,再根据加工程序段指令进行实时插补,并通过与各坐标伺服系统的位置、速度反馈信号进行比较,控制机床各坐标轴的位移。同时将辅助动作指令通过可编程序控制器(PLC)发往机床,并接收通过可编程序控制器(PLC)返回的机床的各部分信息,以决定下一步操作。

三、伺服系统

伺服系统是数控设备的驱动执行机构,分为主轴伺服系统和进给伺服系统两大类,驱动系统接收来自数控装置的指令信息,经功率放大后,严格按照指令信息的要求驱动机床移动部件,以加工出符合图样要求的零件。因此,它的伺服精度和动态响应性能是影响数控机床加工精度、表面质量和生产率的重要因素之一。

主轴伺服系统是指机床上带动刀具与工件旋转,产生切削运动且消耗功率最大的运动系统。主轴伺服系统除控制主轴转速外,还有一些特殊的控制,如主轴定向控制、恒线速度切削控制以及同步控制和 C 轴控制等。主轴定向控制实现主轴在某一固定位置的准确定位功能。恒线速度切削控制实现切削点(刀具与工件的接触点)的线速度为恒值的控制功能。同步控制实现主轴转角和某一进给轴进给量保持某种关系的控制功能。C 轴控制实现主轴转向任意位置的控制功能,如用于车削螺纹。

进给伺服系统包括进给驱动装置和进给电动机,主要作用是实现零件加工的成型运动,其控制量是速度和位置。它执行由 CNC 发出的进给指令,经变换、放大后,通过驱动装置精确控制执行部件的运动方向、进给速度和位移量,提供切削过程中各坐标轴所需要的转矩。进给电动机有步进电动机、直流伺服电动机和交流伺服电动机。

进给伺服系统通常由位置控制单元、速度控制单元、驱动单元和机械执行部件等几部分组成,如图 1-4 所示。进给伺服系统是一种精密的位置跟踪与定位系统,按照其位置环路开放与否,可以分为开环和闭环两种,其中闭环系统按照位置检测元件的安装部位不同可以分为全闭环和半闭环两种。全闭环的位置检测元件安装在进给传动链的末端,半闭环的位置检测元件安装在进给传动链的某个传动元件上。

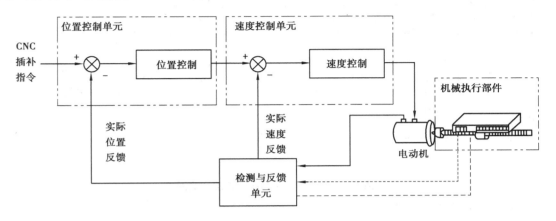

图 1-4　进给伺服系统原理图

(1)开环进给伺服系统

图 1-5 为开环进给伺服系统工作简图。开环伺服系统的伺服驱动装置主要是步进电动机、功率步进电动机和电液脉冲电动机等。由数控系统送出的进给指令脉冲,通过环形分配器,按步进电动机的通电方式进行分配,并经功率放大后送给步进电动机的各相绕组,使之按规定的方式通、断电,从而驱动步进电动机旋转,再经同步齿形带、滚珠丝杠螺母副驱动执行部件。每给一个脉冲信号,步进电动机就转过一定的角度,工作台就走过一个脉冲当量的距离。数控装置按程序加工要求控制指令脉冲的数量、频率和通电顺序,达到控制执行部件运动的位移量、速度和运动方向的目的。由于它没有检测和反馈系统,故称为开环。其特点是结构简单、维护方便、成本较低。但加工精度不高,如果采取螺距误差补偿和传动间隙补偿等措施,定位精度可稍有提高。

图 1-5　开环进给伺服系统工作简图

(2)半闭环进给伺服系统

图 1-6 所示为半闭环进给伺服系统工作简图。半闭环伺服系统具有检测和反馈系统。测量元件(脉冲编码器、旋转变压器和圆感应同步器等)装在丝杠或伺服电动机的轴端部,通过测量元件检测丝杠或电动机的回转角,间接测出机床运动部件的位移,经反馈回路送回控制系统和伺服系统,并与控制指令值比较。如果二者存在偏差,便将此差值信号进行放大,继续控制电动机带动部件向着减小偏差的方向移动,直至偏差为零。由于只对中间环节进行反馈控制,丝杠和螺母副部分还在控制环节之外,故称半闭环。对丝杠螺母副的机械误差,需要在数控装置中用间隙补偿和螺距误差补偿来减小。

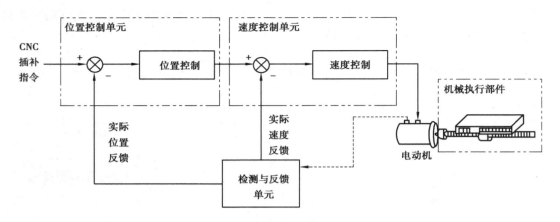

图 1-6　半闭环进给伺服系统工作简图

（3）全闭环进给伺服系统

图 1-7 所示为全闭环进给伺服系统工作简图。它的工作原理和半闭环伺服系统相同,但测量元件(直线感应同步器、长光栅等)装在工作台上,可直接测出工作台的实际位置。该系统将所有部分都包含在控制环之内,可消除机械系统引起的误差,精度高于半闭环伺服系统,但系统结构较复杂,控制稳定性较难保证,成本高,调试、维修困难。

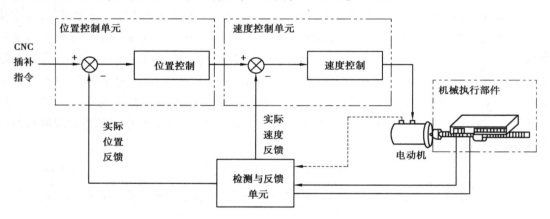

图 1-7　全闭环进给伺服系统工作简图

四、检测反馈装置

检测反馈装置是高性能数控设备中的重要组成部分。检测反馈装置主要有以下两种安装方式:

①安装在机床的工作台或丝杠的直线位移检测元件。

②安装在伺服电动机上的角位移检测元件。

检测反馈装置的作用是,将检测元件准确测出的直线位移或角位移迅速反馈给数控装置,以便与加工程序给定的指令进行比较。如果比较出误差,数控装置将向伺服系统发出新的修正命令,以控制机床有关机构向消除误差的方向进行补偿位移,并如此反复进行,以达到消除其误差的目的。

　　数控设备通常按有、无反馈检测装置及反馈方式将伺服系统分为开环、全闭环、半闭环及混合闭环系统,开环系统无检测反馈装置,其控制精度主要取决于系统的机械传动链和步进电动机运行的精度,而闭环系统的控制精度则主要取决于检测反馈装置的精度。

五、可编程序控制器

　　可编程序控制器(PLC)是一种专门在工业环境下应用的数字运算操作电子系统。它采用可编程序控制器,用来执行逻辑运算、顺序控制、定时、计数和算术运算等操作指令,并通过数字式、模拟式的输入和输出,控制各种类型的机械设备和生产过程。可编程序控制器按其控制对象不同,分为可编程序逻辑控制器(PLC)及用于控制机床顺序动作的可编程序机床控制器(PMC),可编程序机床控制器(PMC)在数控装置(CNC)中接收来自操作面板,机床上各行程开关、传感器、按钮,强电柜中的继电器以及主轴控制、刀库控制的有关信号,经处理后输出有关信号,控制相应的器件运行。

　　CNC 装置和 PLC 协调配合共同完成数控机床的控制,其中 CNC 装置主要完成与数字运算和管理有关的功能,如零件程序的编辑、插补运算、译码、位置伺服控制等;PLC 主要完成与逻辑运算有关的一些动作,没有轨迹上的具体要求,接收 CNC 装置的控制代码辅助功能 M 指令、主轴功能 S 指令、刀具功能 T 指令等顺序动作信息,对其进行译码,转换成对应的控制信号,控制辅助装置完成机床相应的开关动作,如工件的装夹、刀具的更换、冷却液的开与关等一些辅助动作;它还接受机床操作面板的指令,一方面直接控制机床的动作,另一方面将一部分指令送往 CNC 装置,用于加工过程的控制。

六、机床主体

　　数控机床是数控系统的被控制对象,是实现加工零件的执行部件。它主要由主轴传动装置、进给传动装置、支撑床身以及特殊装置,如刀具自动交换系统 ATC（Automatica Tool Changer）、自动工件交换系统 APC（Automatica Pallet Changer）和辅助装置（如液压气动系统、润滑系统、冷却装置、转位和夹紧装置、回转工作台和数控分度头等）组成。与普通机床相比,数控机床在整体布局、外观造型、传动系统、刀具系统的结构以及操作机构等方面都有很大的变化,这种变化的目的是满足数控机床的要求和充分发挥数控机床的特点。数控机床的主要性能指标如下。

　　（1）数控机床的基本能力指标

　　数控机床的基本能力指标主要包括行程范围、工作台面尺寸、承载能力、主轴功率和进给轴转矩、可控轴数和联动轴数等。

　　（2）数控机床的精度指标

　　数控机床的精度指标主要包括几何精度和位置精度。其中位置精度又包括定位精度、重复定位精度、分度精度和回零精度等。

（3）数控机床的运动性能指标

数控机床的运动性能指标主要包括主轴转速、快速移动和进给速度、坐标轴行程、摆角范围、刀库容量和换刀时间、分辨率和脉冲当量等。

（4）数控机床的可靠性能指标

数控机床的可靠性能指标主要包括平均无故障工作时间（MTPF）和平均修复时间（MTTR）。

平均无故障工作时间是指数控机床在可修复的相邻两次故障间正常工作的时间的平均值，它与机床部件和数控系统的质量有关。MTPF 的值越大越好。

平均修复时间是指数控机床从出现故障开始到能正常工作所用的平均修复时间。MTTR 的值越小越好。

第三节　数控机床的分类

从不同的角度出发，数控机床有不同的分类方式，本节列举了几种常见的分类方式，如图 1-8 所示。

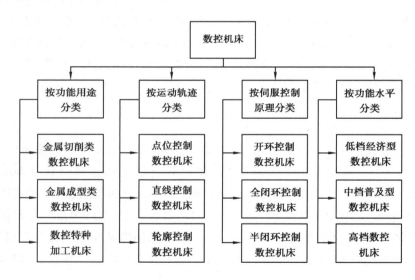

图 1-8　数控机床的分类

一、按功能用途分类

①金属切削类数控机床是较为常见的一类数控机床，根据其完成加工工艺的不同，可分为数控车床、数控铣床和数控加工中心等。

数控加工中心最初是由数控铣床发展而来的，它与数控铣床的最大区别在于加工中心具有自动交换加工刀具的能力。数控加工中心的出现改变了一台机床只能完成一种加工工艺的模式，实现了零件一次装夹、自动完成多种工序加工的功能。最为常见的加工中心是立式加工中心,其实质为安装有自动换刀装置及刀库的数控铣床。

②金属成型类数控机床是对传统金属成型机床数控化后获得的机床,其工作原理不变,均是通过其配套的模具对金属施加强大作用力使其发生物理变形,从而得到想要的几何形状。与传统成型机床相比,金属成型类数控机床通过数控系统完成上述动作。这类数控机床有数控折弯机、数控弯管机和数控压力机等。

③数控特种加工机床是利用数控系统完成特种加工的数控机床,如数控线切割机、数控电火花成形机和数控激光切割机等。

二、按运动轨迹分类

①点位控制数控机床侧重于点定位,即需要实现刀具或工作台从当前点到目标点的准确移动,且移动过程中不进行切削运动,对运动的轨迹也不存在严格要求。常见的点位控制数控机床有数控钻床、数控镗床和数控压力机等。该类数控机床的运动轨迹如图1-9(a)所示,图中虚线箭头表示机床并未切削工件。

②直线控制数控机床与点位控制数控机床相对,其不但需要具有定位功能,还必须实现点到点直线运动时的切削加工。该类数控机床一般有2~3个运动轴,但是无法联动,仅能完成单轴控制。该类数控机床的运动轨迹如图1-9(b)所示,图中实线箭头表示机床在切削工件。

③轮廓控制数控机床能对两个或两个以上的坐标轴进行联动切削加工控制,具有直线、圆弧、抛物线以及其他函数关系的插补功能。该数控机床在加工时,不但要控制起点和终点的位置,还需要通过插补方法准确控制两点之间轮廓任意一点的位置和速度,从而使机床加工出符合图样要求的复杂形状。常见的轮廓控制数控机床有数控车床、数控铣床、数控线切割机和加工中心等,这类数控机床一般具有较为完善的辅助功能,以保证轮廓加工过程顺利、高效地进行。图1-9(c)所示为该类数控机床的运动轨迹。

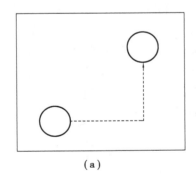
(a)

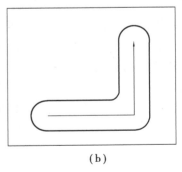
(b)

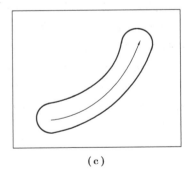
(c)

图1-9 三种运动轨迹

三、按伺服控制原理分类

①对于开环控制数控机床,机床本体不安装位置检测装置,其控制仅依靠数控系统发出的指令予以实现。这种控制方式无法采集末端执行器的反馈信号,不检测其运行状况,指令单向流动,因此称为开环控制。此类数控机床成本低、调试维修方便,但精度往往不高,适用于加工质量要求较低的场合。另外,在对普通机床数控化改造时可考虑此种类型的系统。

如图 1-10 所示,基于步进电动机是实现开环控制数控系统最为常用的一种方式。数控系统根据控制指令,计算出进给脉冲,发送至步进电动机驱动器,随后控制步进电动机转过一定的角度,并通过齿轮传动、滚珠丝杠螺母副驱动工作台运动。

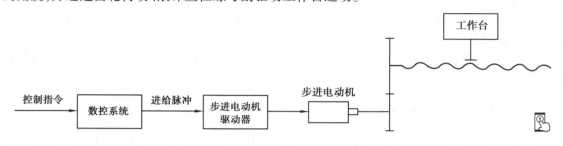

图 1-10　开环控制数控机床示意图

②闭环控制数控机床指的是安装了位置检测装置的数控机床。此类机床在运行时,可以测量出机床进给运动的实际值,并反馈到数控系统,从而获得指令值与实际值的差值,利用差值对运动进行控制,直至差值为零,以实现运动部件的精确控制。

根据位置检测装置安装位置的不同,可进一步将闭环控制数控机床分为全闭环控制数控机床和半闭环控制数控机床。前者一般采用光栅尺作为位置检测装置,该装置可以安装在机床工作台处,从而直接将工作台的位移反馈至数控系统,完成基于误差的控制。显然,全闭环控制数控机床的精度高,主要用于加工质量要求较高的场合。而对于后者,则使用编码器作位置检测装置,即测定丝杠的角位移,进而间接获得工作台位移,因为工作台并未包括在控制环中,因此将其称为半闭环控制数控机床。相比开环控制数控机床和全闭环控制数控机床,此类机床是一种折中的数控机床,其结构简单,调试安装方便,成本不高,控制精度介于以上两类数控机床之间。

图 1-11 和图 1-12 分别给出了闭环控制数控机床和半闭环控制数控机床的示意图。在图1-11 中,数控系统接收给定的位置指令,经过运算将其转换成控制指令传送给伺服驱动器,并传递给伺服电动机。对于不同的数控机床,可能会通过齿轮传动机构减速增扭,也有可能去除齿轮传动机构,直接与滚珠丝杠螺母副相连,进而控制工作台的移动。一旦工作台的移动发生,位置检测装置立刻反馈其位移信息,并与给定的位置指令比较,将差值输送给数控系统,一般将此差值放大后对伺服电动机进行控制,直至此差值为零才终止。

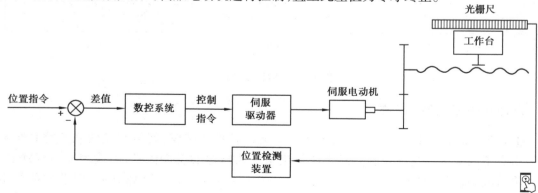

图 1-11　闭环控制数控机床示意图

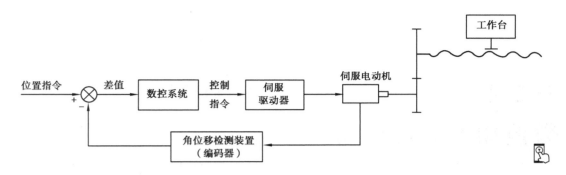

图 1-12　半闭环控制数控机床示意图

　　对于图 1-12 所示的半闭环控制数控机床,其工作过程与图 1-11 所示基本一致,不同之处在于检测装置安装在伺服电动机处或者丝杠端部,检测的变量是角位移,经过一定运算后再与位置指令求得差值,进而完成控制。

四、按功能水平分类

　　数控机床可按照功能水平进行分类,一般分为低档、中档和高档三类,但这种分类方式是相对而言的,早些时候的高档数控机床现阶段可能是低档机床。此处列举几项档次分类的指标:机床进给分辨率、进给速度、伺服系统类型、联动轴数、通信能力、显示功能和 CPU 能力等,具体见表 1-2。

表 1-2　数控机床功能水平分类

档次分类	低档	中档	高档
机床进给分辨率	10 μm	1 μm	0.1 μm
进给速度	8~15 m/min	> 15 m/min 且 ≤24 m/min	>24 m/min 且 ≤ 100 m/min 或更高
伺服系统类型	步进电动机开环控制	伺服电动机半闭环控制	伺服电动机全闭环控制
联动轴数	≤3 轴	4 轴	5 轴或更高
通信能力	无	R232 或 DNC 直接数控等接口	MAP(制造自动化协议)等高性能通信接口,且具有联网功能
显示功能	简单的数码显示或 CRT 字符显示	较齐全的 CRT 显示,有图形、人机对话、自诊断等功能显示	齐全的 CRT 显示,有图形、人机对话、自诊断等功能显示及三维动态图形显示
CPU 能力	8 位单板机或单片机	16 位或 32 位处理器	32 位以上处理器

第二章
数控加工工艺基础

第一节　数控加工工艺的特点

由于数控加工是利用程序进行加工的,因此,数控加工工艺就必须有利于数控程序的编写并体现数控加工的特点,一般数控加工工艺具有如下特点。

(一)数控加工工艺远比普通加工工艺复杂

数控加工工艺要考虑加工零件的工艺性,加工零件的定位基准和装夹方式,还要选择刀具制订工艺路线、切削方法及工艺参数等,而这些在常规工艺中均可以简化处理。因此,数控加工工艺比普通加工工艺要复杂得多,影响因素也多,因而有必要对数控编程的全过程进行综合分析、合理安排,然后整体完善。相同的数控加工任务,可以有多个数控工艺方案,既可以选择以加工部位作为主线安排工艺,也可以选择以加工刀具作为主线来安排工艺。数控加工工艺的多样化是数控加工工艺的一个特色,是与传统加工工艺的显著区别。

(二)数控加工工艺设计要有严密的条理性

由于数控加工的自动化程度较高,相对而言,数控加工的自适应能力就较差,而且数控加工的影响因素较多,比较复杂,需要对数控加工的全过程深思熟虑,数控工艺设计必须具有很好的条理性。也就是说,数控加工工艺的设计过程必须周密、严谨,没有错误。

(三)数控加工工艺的继承性较好

凡经过调试、校验和试切削过程验证的,并在数控加工实践中证明是好的数控加工工艺,都可以作为模板,供后续加工类似零件时调用,这样不仅节约时间,而且可以保证质量。作为模板本身在调用中也是一个不断修改完善的过程,可以达到逐步标准化、系列化的效果。因此,数控工艺具有非常好的继承性。

(四)数控加工工艺具有复合性

采用数控加工后,工件在一次装夹下能完成镗、铣、钻、铰、攻螺纹等多种加工,而这些加工在传统工艺方法下需分多道工序才能完成。因此,数控加工工艺具有复合性的特点,传统加工工艺下的一道工序在数控加工工艺中已转变为一个或几个工步,也可以说数控加工工艺的工序把传统工艺中的工序"集成"了,这使零件加工所需的专用夹具数量大为减少,零件装夹次数及周转时间也大大减少了,从而使零件的加工精度和生产效率有了较大的提高。

(五)需计量的尺寸和精度要求增多

在传统加工工艺下,工件的许多位置尺寸精度是靠专用夹具、钻模等保证的,而夹具和钻模是通过定期检测来反复确认它们是否能满足工艺要求的,因此,加工过程中,工件的这些位置尺寸和精度是不需计量检测的。但在数控加工工艺中,绝大多数位置尺寸和精度要求都是靠机床的功能和定位精度来保证的,需通过检测计量来确认,以决定加工程序乃至工艺方案的修改。所以,数控加工工艺规程中增加了较多需计量、检测的尺寸和形位公差。

(六)采用多坐标联动自动控制加工复杂表面

对于一般简单表面的加工方法,数控加工与普通机床加工无太大的差别。但是对于一些复杂表面、特殊表面或有特殊要求的表面,数控加工与普通机床加工有着根本不同的加工方法。例如对于曲线和曲面的加工,普通加工是用划线、样板、靠模、钳工、成型加工等方法进行的,不仅生产效率低,而且还难以保证加工质量,而数控加工则采用多坐标联动自动控制加工的方法,其加工质量和生产效率是普通机床加工方法无法比拟的。

(七)数控加工工艺必须经过实际验证才能指导生产

由于数控加工的自动化程度高,安全和质量是至关重要的。数控加工工艺必须经过验证才能用于指导生产。在普通机械加工中,工艺员编写的工艺文件可以直接下到生产线用于指导生产,一般不需要上述复杂过程。

第二节 机械加工精度

一、机械加工精度的含义

机械加工精度是指零件加工完成后的实际几何参数(尺寸、几何形状和相互位置)与理想几何参数相符合的程度。理想的几何参数,对尺寸而言,就是平均尺寸;对表面几何形状而言,就是绝对的圆、圆柱、平面、锥面和直线等;对表面之间的相互位置而言,就是绝对的平行、垂直、同轴、对称等。

零件加工完成后的实际几何参数与理想几何参数的偏离程度称为加工误差。加工误差的大小反映了加工精度的高低。加工精度与加工误差都是评价加工表面几何参数的术语。加工精度的高低用公差等级衡量,等级值越小,其精度越高;加工误差用数值表示,数值越大,其误差越大。

加工精度主要包括尺寸精度、形状精度和位置精度。

(一)尺寸精度

尺寸精度是指加工表面本身尺寸(如圆柱面的直径)和表面间尺寸(如孔间距等)的精确程度,如长度、宽度、高度及直径等。尺寸精度的高低用尺寸公差的大小来表示。国家标准(GB/T 1800.1—2020)中规定,标准公差分20个等级,即IT01、IT0、IT1、IT2、…、IT18。IT后面的数字代表公差等级,数字越大,公差值越大,公差等级越低,尺寸精度越低。

(二)形状精度

形状精度是指加工完成后的零件表面的实际几何形状与理想的几何形状相符合的程度,

如圆度、圆柱度、平面度及锥度等。

(三)位置精度

位置精度是指加工完成后,零件有关表面之间的实际位置与理想位置相符合的程度,如平行度、垂直度及同轴度等。

二、影响加工精度的因素及提高精度的措施

在机械加工中,由机床、夹具、工件和刀具组成的统一体,称为工艺系统,其产生的误差有两个组成部分。一部分是静态误差(称为系统误差),是指工艺系统各种原始误差的存在使刀具和工件之间的相对位置关系发生偏移而产生加工误差。这些与工艺系统本身的初始状态有关,例如,机床、夹具、刀具的制造误差,工件因定位和夹紧而产生的装夹误差,采用近似成型方法加工而产生的加工原理误差等。另一部分是动态误差(称为随机误差),与切削过程有关,例如,在加工过程中产生的切削力、切削热和摩擦,它们将引起工艺系统的受力变形、受热变形和磨损,使刀具或工件偏离正确的位置。

提高和保证加工精度的方法,大致可概括为以下几种:直接减少误差法、误差补偿法、误差转移法、误差均分法、误差均化法、就地加工法等。

(一)直接减少误差法

直接减少误差法在生产中应用较广。它是指在查明产生加工误差的主要因素之后,设法消除或减少这些因素。例如,细长轴的车削,由于受热和力的影响而使工件产生弯曲变形,现在采用了大走刀反向车削法,基本消除了轴向切削力引起的弯曲变形。再辅之以弹簧后顶尖,则可进一步消除热变形引起的热伸长的影响。

(二)误差补偿法

误差补偿法是指人为地制造出一种新的误差,去抵消原来工艺系统中的原始误差。当原始误差是负值时,人为的误差就取正值,反之则取负值,并尽量使两者数量大小相等;或者利用一种原始误差去抵消另一种原始误差,也是尽量使两者大小相等、方向相反,从而达到减少加工误差、提高加工精度的目的。

(三)误差转移法

误差转移法实质上是将工艺系统的几何误差、受力变形和热变形等,转移到不影响加工精度的方向上去。例如,当机床精度达不到零件加工要求时,常常不是一味地提高机床精度,而是从工艺上或夹具上想办法,创造条件使机床的几何误差转移到不影响加工精度的方面。例如,磨削主轴锥孔时,保证主轴和轴颈的同轴度,不是靠机床主轴的回转精度来保证,而是靠夹具保证的。当机床主轴与工件之间用浮动连接以后,机床主轴的原始误差就被转移掉了。

(四)误差均分法

加工中,由于毛坯或上道工序加工的半成品精度太低,或者由于工件材料性能改变,或上道工序的工艺改变(如毛坯精化后,把原来的切削加工工序取消),引起定位误差和误差复映过大,因而不能保证加工精度,这时可采用误差均分法。这种办法的实质就是把原始误差按其大小均分为 n 组。例如,可把毛坯(或上道工序的工件)按尺寸误差大小分为 n 组,每组毛坯的误差范围就缩小为原来的 $1/n$,然后按各组分别调整刀具与工件的相对位置或调整定位元件进行加工,就可大大缩小整批工件的尺寸分散范围。

（五）误差均化法

误差不断减少的过程就是误差均化法。它的实质就是利用有密切联系的表面相互比较、相互检查，从对比中找出差异，然后进行相互修正或互为基准加工，使工件被加工表面的误差不断缩小和均化。在生产中，许多精密基准件（如平板、直尺、角度规、端齿分度盘等）都是利用误差均化法加工出来的。

（六）就地加工法

在加工和装配中有些精度问题牵涉零件或部件间的相互关系，如果一味地提高零部件本身精度，不仅困难，有时甚至不可能。此时宜采用就地加工法（也称自身加工修配法），可方便解决看起来非常困难的精度问题。

第三节　机械加工表面质量

一、机械加工表面质量的含义

机械加工表面质量是指零件在机械加工后表面层的微观几何形状误差和物理、化学及力学性能。主要零件的表面质量直接影响机械产品的工作性能、可靠性和寿命。

任何机械加工方法所获得的加工表面都不可能是绝对理想的表面，总存在着表面粗糙度、表面波纹度等微观几何形状误差。表面层的材料在加工时还会发生物理、力学性能变化，甚至在某些情况下发生化学性质的变化。机械加工的表面质量有以下两方面的含义。

（一）表面的几何特性

加工表面的几何形状，总是以"峰""谷"交替的形式出现的，其偏差又有宏观、微观的差别。

①表面粗糙度。它是指加工表面的微观几何形状误差，主要取决于切削残留面积的高度，并与表面塑性变形、振动和积屑瘤的产生有关。车削和刨削时残留面积的高度如图 2-1 所示。表面粗糙度一般用 Ra 表示，Ra 值越大，粗糙度越差。

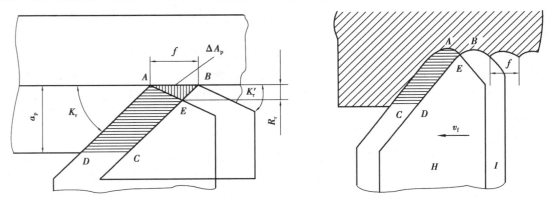

图 2-1　车削和刨削时残留面积的高度

②表面波纹度。它是介于微观几何形状误差与宏观几何形状误差之间的周期性几何形状误差，由工艺系统的低频振动引起。

③表面纹理方向。它是指表面刀纹的方向,取决于该表面所采用的机械加工方法及其主运动和进给运动的关系。一般对运动副或密封件有纹理方向的要求。

④伤痕。它是指在加工表面的一些个别位置上出现的缺陷。它们大多是随机分布的,如砂眼、气孔、裂痕和划痕等。

(二)表面层物理、力学性能

由于机械加工中切削力和切削热的综合作用,加工表面层金属的物理、力学和化学性能会发生一定的变化,主要表现在以下方面。

①加工表面的冷作硬化。它是指工件经过机械加工后表面层的强度、硬度有提高的现象,也称为表面层的强化。

②表面层金相组织变化。机械加工(特别是磨削)中的高温使工件表层金属的金相组织发生了变化,大大降低了零件的使用性能。

③表面层产生残余应力或造成原有残余应力的变化。

二、影响表面粗糙度的因素及改进措施

(一)提高表面粗糙度的工艺措施

机械加工中,导致表面粗糙的主要原因有两个方面:一是刀具相对工件做进给运动时刀尖在工件表面留下的残余面积;二是切削过程中的塑性变形、摩擦、积屑瘤、鳞刺和振动等。降低表面粗糙度值的措施如下。

(1)合理选择切削用量

在切削用量三要素中,切削速度和进给量对表面粗糙度影响较大,背吃刀量对粗糙度没有显著影响。

切削速度是影响表面粗糙度的重要因素。在一定切削条件下,采用中等切削速度加工45号钢,由于积屑瘤的影响,表面粗糙度较大。如果采用低速或高速来加工,可以避免积屑瘤和鳞刺的产生,从而获得较为光洁的表面。通常精加工总是采用高速或低速的切削速度,但应注意切削速度太高可能引起振动。

降低进给量可以降低残余面积的高度,减小加工表面的表面粗糙度。但进给量不宜太小,以免切削厚度太小时,刀具无法切下很薄的铁屑而使刀具与加工表面间产生严重挤压,以致加剧刀具磨损和加工表面的冷作硬化程度。

一般切削深度对表面粗糙度的影响不明显。但当其小到一定数值时,由于刀刃不可刃磨得绝对尖锐而具有一定的刃口半径,正常的切削就不能维持,常出现挤压、打滑和周期性地切入加工表面,从而使表面粗糙度增大。为降低加工表面粗糙度,应根据刀具刃口刃磨的锋利情况选取相应的切削深度。

(2)选择适当的刀具材料和几何参数

根据所加工的材料性质选择合适的刀具材料。从刀具的几何角度考虑,应增大前角和后角,使切削刃锋利,减少切屑的变形和前、后面间的摩擦,抑制积屑瘤和鳞刺的产生。但后角也不宜过大,过大的后角可能导致振动。减小主偏角和副偏角,增大刀尖圆弧半径,可使残余面积高度降低从而减小表面粗糙度,但当工艺系统刚性不足时,容易引起振动,反而会恶化加工表面质量。

（3）改善材料的切削加工性能

采用热处理正火或退火工艺,细化晶粒,可获得表面粗糙度值很小的表面。

（4）加注切削液

在低速精加工中,合理地选择与使用切削液可显著减小表面粗糙度。首先,切削液有冷却润滑作用;其次,加工中使用切削液可降低切削温度,减少摩擦,抑制或消除积屑瘤的产生;最后,切削液还能起冲洗与排屑的作用,保证已加工表面不被切屑挤压划伤。

（二）提高表面物理力学性能的措施

加工过程中工件由于受到切削力、切削热的作用,工件表面层金属的物理力学性能将发生很大的变化。

（1）影响表面层金属冷作硬化的因素及改善措施

切削加工过程中,在表面层产生的塑性变形使晶体间产生剪切滑移,晶格严重扭曲,致使晶粒拉长、破碎和纤维化,从而引起材料的强化,导致表面层的硬度提高,这就是冷作硬化。表面层冷作硬化的程度取决于产生塑性变形的力、速度,以及变形时的温度。因此,加工时影响冷作硬化的因素主要有刀具的几何参数、切削用量和材料性能等,改善措施如下。

①选择合适的刀具几何参数。刀具几何参数的影响主要是刃口圆弧半径和前、后角。当刃口圆弧半径偏大、前角为负值、后角偏小时,工件表面层的挤压增大,且后面的磨损量增大,冷硬层的深度和硬度也随之增大。欲使冷作硬化减小,刀具刃口圆弧半径和前、后角必须改善。

②选择合理的切削用量。首先,选用较大的切削速度。当切削速度增大时,硬化层的深度和硬度都将减小,一方面切削速度增大会使切削温度升高,有助于冷作硬化的恢复;另一方面由于切削速度增大,刀具与工件的接触时间变短,塑性变形程度减小。其次,选用合理的进给量。当进给量增大时,切削力增大,塑性变形程度相应增大,故硬化程度增大;但进给量太小时,由于刀具的刃口圆角在加工表面单位长度上的挤压次数增多,冷作硬化也会增加。

③改善被加工材料的性质。被加工材料的硬度越低、塑性越大,切削加工后冷作硬化越大。

（2）产生残余应力的因素及改善措施

在没有外力作用下零件上存留的应力称为残余应力。残余应力在加工时导致表面层金属产生冷塑性变形或热塑性变形,因此残余应力分为残余压应力和残余拉应力两种。残余拉应力将对零件的使用性能产生不利影响,而适当的残余压应力可以提高零件的疲劳强度,因此常常在加工时有意使工件产生一定的残余压应力。产生残余应力的因素主要是表面层局部冷态塑性变形、局部热态塑性变形、局部金相组织的变化等几方面综合影响的结果。

改善表面残余应力状态的措施有以下几方面。

①采用精密加工工艺。精密加工工艺包括精密切削加工（金刚镗、高速精车、宽刃精刨等）和低粗糙度值高精度磨削。精密切削加工是依靠精度高、刚性好的机床和精细刃磨刀具,用很高或极低的切削速度、很小的背吃刀量在工件表面切去极薄一层金属的过程。由于切削过程残留面积小,又最大限度地排除了切削力、切削热和振动等不利影响,因此能有效去除上道工序留下的表面变质层,加工后表面基本上不带有残余拉应力。低粗糙度值高精度磨削同样要求有很高的精度和刚性,其磨削过程是用经精细修整的砂轮,使每个磨粒上产生多个等高的微刃,以很小的背吃刀量,在适当的磨削压力下,从工件表面切下很微细的铁屑。加上微

刃呈微钝状态时的滑移、挤压、抚平作用和多次无进给光磨阶段的摩擦抛光作用,从而获得很高的加工精度和物理力学性能良好的低粗糙度值表面。

②采用光整加工工艺。光整加工工艺是用粒度很细的磨料对工件表面进行微量切削和挤压擦光的过程。随着加工的进行,工件加工表面各点都能得到基本相同的切削,使误差逐步均化而减小,从而获得极小的表面粗糙度值。由于光整加工时磨具与工件间能相对浮动,与工件定位基准间没有确定的位置,因此一般不能修正加工表面的位置误差。常用的光整加工方法有研磨、珩磨、超精加工及轮式超精磨等。

③采用表面强化工艺。表面强化工艺是通过对工件表面的冷挤压使之发生冷态塑性变形,从而提高其表面硬度强度,并形成表面残余压应力的加工工艺。表面强化工艺并不切除余量,仅使表面产生塑性变形,因此修正工件尺寸误差和形状误差的能力很小,更不能修正位置误差。常用的表面强化工艺有喷丸和滚压。

除上述三种工艺外,采用高频淬火、氮化、渗碳、渗氮等表面热处理工艺也可使表面形成残余压应力,也可采用振动时效等人工时效方法来消除表面层的残余应力。

(3)影响表面层金相组织变化的因素及改善措施

金属材料只有当其温度达到相变温度以上时才会发生金相组织的变化,一般的切削加工切削热大部分被切屑带走,加工温度不高,故不会引起金相组织变化。而磨削时砂轮对金属切削、摩擦要消耗大量能量,每切除相同体积金属的能耗比车削平均高30倍。

磨削的能量几乎全部转化为热能。由于磨削层很薄,带走的热能少,绝大部分的热量传入工件,造成工件温度升高,很容易超过金属材料的相变温度,并伴随产生残余应力甚至裂纹。这种现象也叫磨削烧伤。影响表面层金相组织变化的因素取决于热源强度和作用时间。

减轻磨削热对加工的影响可从两个方面着手:一方面是减少磨削热的产生,另一方面是尽量使已产生的热少传入工件表面层。因此必须合理选择砂轮,正确选用磨削用量,改善润滑冷却条件。

第四节　数控加工工艺分析

一、数控加工内容的选择

对于一个零件来说,并非全部加工工艺过程都适合在数控机床上完成,而往往只是其中的一部分工艺内容适合数控加工。这就需要对零件图样进行仔细的工艺分析,选择最适合、最需要进行数控加工的内容和工序。在考虑选择内容时,应结合本企业设备的实际,立足于解决难题、攻克关键问题和提高生产效率,充分发挥数控加工的优势。

(1)适于数控加工的内容

在选择时,一般可按下列顺序考虑:

①通用机床无法加工的内容应作为优先选择内容。

②通用机床难加工,质量也难以保证的内容应作为重点选择内容。

③通用机床加工效率低、工人手工操作劳动强度大的内容,可在数控机床尚存在富裕加工能力时选择。

（2）不适于数控加工的内容

一般来说，上述这些加工内容采用数控加工后，在产品质量、生产效率与综合效益等方面都会得到明显提高。相比之下，下列一些内容不宜采用数控加工：

①占机调整时间长。如以毛坯的粗基准定位加工第一个精基准，需用专用工装协调的内容。

②加工部位分散，需要多次安装、设置原点。这时，采用数控加工很麻烦，效果不明显，可安排通用机床补加工。

③加工余量大而又不均匀的粗加工。

此外，在选择和决定加工内容时，也要考虑生产批量、生产周期、工序间周转情况等。总之，要尽量做到合理，达到多、快、好、省的目的。要防止把数控机床降格为通用机床使用。

二、选择适合数控加工的零件

数控机床在制造业的普及率逐年提高，但不是所有的零件都适合在数控机床上加工。根据数控加工的特点和国内外大量应用实践经验，一般可按适应程度将零件分为以下三类。

（1）最适应类

①形状复杂，加工精度要求高，通用机床无法加工或很难保证加工质量的零件。

②具有复杂曲线或曲面轮廓的零件。

③具有难测量、难控制进给、难控制尺寸型腔的壳体或盒型零件。

④必须在一次装夹中完成铣、镗、锪、铰或攻丝等多道工序的零件。

对于此类零件，首要考虑的是能否加工出来，只要有可能，就应把采用数控加工作为首选方案，而不要过多地考虑生产率与成本问题。

（2）较适应类

①零件价值较高，在通用机床上加工时容易受人为因素（如工人技术水平、情绪波动等）干扰而影响加工质量，从而造成较大经济损失的零件。

②在通用机床上加工时必须制造复杂专用工装的零件。

③需要多次更改设计后才能定型的零件。

④在通用机床上加工需要做长时间调整的零件。

⑤用通用机床加工时，生产率很低或工人体力劳动强度很大的零件。

此类零件在分析其可加工性的基础上，还要综合考虑生产效率和经济效益，一般情况下可把它们作为数控加工的主要选择对象。

（3）不适应类

①生产批量大的零件（不排除其中个别工序采用数控加工）。

②装夹困难或完全靠找正定位来保证加工精度的零件。

③加工余量极不稳定，而且数控机床上无在线检测系统可自动调整零件坐标位置的

零件。

④必须用特定的工艺装备协调加工的零件。

这类零件采用数控加工后,在生产率和经济性方面一般无明显改善,甚至有可能得不偿失,一般不应该把此类零件作为数控加工的选择对象。另外,数控加工零件的选择,还应该结合本单位拥有的数控机床的具体情况。

三、数控加工零件的工艺性分析

选择并决定数控加工零件及其加工内容后,应对零件的数控加工工艺性进行全面、认真、仔细的分析,主要内容包括产品的零件的图样分析、结构工艺性分析和安装方式等内容。

(一)零件的图样分析

首先应熟悉零件在产品中的作用、位置、装配关系和工作条件,搞清楚各项技术要求对零件装配质量和使用性能的影响,找出主要的和关键的技术要求,然后对零件图样进行分析。

(1)尺寸标注方法分析

零件图上尺寸标注方法应适应数控加工的特点,如图 2-2(a)所示,在数控加工零件图上,应以同一基准标注尺寸或直接给出坐标尺寸。这种标注方法既便于编程,又利于设计基准、工艺基准、测量基准和编程原点的统一。由于零件设计人员一般在尺寸标注中较多地考虑装配等使用方面的特性,而不得不采用如图 2-2(b)所示的局部分散的标注方法,这样就给工序安排和数控加工带来诸多不便。由于数控加工精度和重复定位精度都很高,不会因产生较大的累积误差而破坏零件的使用特性,因此,可将局部的分散标注法改为同一基准标注或直接给出坐标尺寸的标注法。

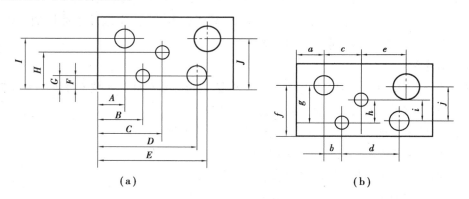

(a) (b)

图 2-2 零件尺寸标注方法分析

(2)零件图的完整性与正确性分析

构成零件轮廓的几何元素(点、线、面)的条件(如相切、相交、垂直和平行等),是数控编程的重要依据。手工编程时,要依据这些条件计算每一个节点的坐标;自动编程时,则要根据这些条件才能对构成零件的所有几何元素进行定义,无论哪一条件不明确,编程都无法进行。因此,在分析零件图样时,务必要分析几何元素的给定条件是否充分,发现问题及时与设计人员协商解决。

（3）零件技术要求分析

零件的技术要求主要是指尺寸精度、形状精度、位置精度、表面粗糙度及热处理等。这些要求在保证零件使用性能的前提下，应经济合理。过高的精度和表面粗糙度要求会使工艺过程复杂、加工困难、成本提高。

（4）零件材料分析

在满足零件功能的前提下，应选用价廉、切削性能好的材料。而且，材料选择应立足国内，不要轻易选用贵重或紧缺的材料。

（二）零件的结构工艺性分析

零件的结构工艺性是指所设计的零件在满足使用要求的前提下制造的可行性和经济性。良好的结构工艺性，可以使零件加工容易，节省工时和材料。而较差的零件结构工艺性，会使加工困难，浪费工时和材料，有时甚至无法加工。因此，零件各加工部位的结构工艺性应符合数控加工的特点。

①零件的内腔和外形最好采用统一的几何类型和尺寸，这样可以减少刀具规格和换刀次数，使编程方便，提高生产效率。

②内槽圆角的大小决定着刀具直径的大小，所以内槽圆角半径不应太小。对于图 2-3 所示零件，其结构工艺性的好坏与被加工轮廓的高低、转角圆弧半径的大小等因素有关。图 2-3（b）与图 2-3（a）相比，转角圆弧半径大，可以采用较大直径的立铣刀来加工；加工平面时，进给次数也相应减少，表面加工质量也会好一些，因而工艺性较好。通常 $R<0.2H$ 时，可以判定零件该部位的工艺性不好。

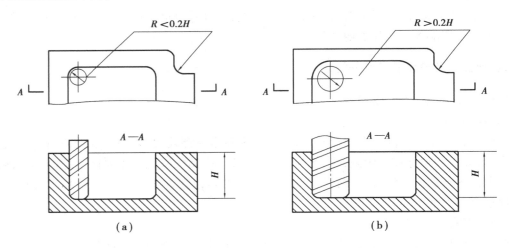

图 2-3　内槽结构工艺性对比

③铣槽底平面时，槽底圆角半径 r 不要过大。如图 2-4 所示，铣刀端面刃与铣削平面的最大接触直径 $d=D-2r$（D 为铣刀直径），当 D 一定时，r 越大，铣刀端面刃铣削平面的面积越小，加工平面的能力就越差，效率越低，工艺性也越差。当 r 大到一定程度时，甚至必须用球头铣刀加工，这是应该尽量避免的。

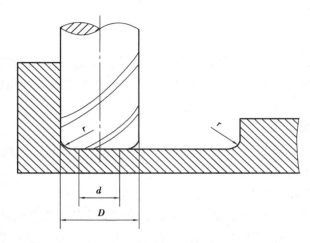

图 2-4　槽底平面图

④应采用统一的基准定位。在数控加工中若没有统一的定位基准,则会因工件的二次装夹而造成加工后两个面上的轮廓位置及尺寸不协调的现象。另外,零件上最好有合适的孔作为定位基准孔。若没有,则应设置工艺孔作为定位基准孔。若无法制出工艺孔,最起码也要用精加工表面作为统一基准,以减少二次装夹产生的误差。

(三)零件的安装方式

数控机床加工时,应尽量使零件能够一次安装,完成零件所有待加工面的加工。要合理选择定位基准和夹紧方式,以减少误差环节。应尽量采用通用夹具或组合夹具,必要时才设计专用夹具。夹具设计的原理和方法与普通机床所用夹具相同,但应使其结构简单,便于装卸,操作灵活。

此外,还应分析零件所要求的加工精度、尺寸公差等是否可以得到保证,有没有引起矛盾的多余尺寸或影响加工安排的封闭尺寸等。

四、数控加工阶段及工序分析

(一)加工阶段划分的目的

(1)保证加工质量

工件在粗加工时切除的金属层较厚,切削力和夹紧力都较大,切削温度较高,将会引起较大的变形,如果不划分加工阶段,粗、精加工混在一起,将无法避免上述原因引起的加工误差。按加工阶段进行加工,在粗加工阶段引起的加工误差可以通过半精加工和精加工进行纠正,从而保证零件的加工质量。

(2)合理使用设备

粗加工余量大,切削用量大,可以采用功率大、刚度好、效率高而精度较低的设备。精加工切削力小,对机床的破坏小,可以采用高精度机床。这样发挥了设备各自的特点,既能提高生产效率,又能最大限度地延长精密设备的使用寿命。

(3)便于及时发现毛坯存在的缺陷

对毛坯存在的各种缺陷,如铸件的气孔、夹砂和余量不足等,粗加工后可以及时发现,便于及时修补或决定报废,以免继续加工造成浪费。

（4）便于安排热处理工序

如粗加工后，一般要安排去应力的热处理，以消除内应力。精加工之前应安排淬火等最终热处理，其变形可以通过精加工予以消除。

加工阶段的划分也不应该绝对化，应根据零件的质量要求、结构特点和生产量灵活掌握。在加工质量要求不高、工件刚性较好、毛坯精度高、加工余量小、生产量较小时，可以不划分加工阶段。对于刚性好的重型工件，由于装夹和运输很费时，也常在一次装夹中完成全部粗、精加工。对于不划分加工阶段的工件，为减少粗加工中产生的各种加工变形对加工质量的影响，在粗加工后，应松开夹紧机构，停留一段时间，让工件充分变形，然后再用较小的夹紧力重新夹紧进行精加工。

（二）加工阶段的划分方法

当零件的加工质量要求较高时，往往不可能用一道工序来满足其要求，而要用几道工序逐步达到所要求的加工质量。为保证加工质量和合理地使用加工设备、人力，常常按工序性质不同，将零件的加工过程分为粗加工、半精加工、精加工和光整加工 4 个阶段。

①粗加工阶段。其任务是切除毛坯上大部分的加工余量，如何提高生产率是该阶段所考虑的问题。

②半精加工阶段。其任务是使主要表面达到一定的精度，留有一定的精加工余量，主要为后面的精加工（如精车、精磨）做好准备，并可以完成一些次要表面的加工，如扩孔、攻螺纹和铣键槽等。

③精加工阶段。其任务是保证各主要表面达到图样所规定的精度要求和表面质量要求。

④光整加工阶段。对零件上精度和表面质量要求很高（IT6 级以上，Ra 为 0.2 μm 以上）的表面，需要进行光整加工，其主要目的是提高尺寸精度，减小表面粗糙度值，一般不用来提高位置精度。

数控加工工序的划分原则：

①保证精度的原则。数控加工要求工序尽可能集中，常常粗、精加工在一次装夹后完成，为了减小热变形和切削力引起的变形对工件形状精度、位置精度、尺寸精度和表面粗糙度的影响，应将粗、精加工分开进行。对于既有内表面（内腔），又有外表面需加工的零件，安排加工工序时，应先安排内、外表面的粗加工，再进行内、外表面的精加工，切不可将零件一个表面（内表面或外表面）加工完成之后，再加工其余表面（内表面或外表面），以保证零件表面加工质量要求。同时，对于一些箱体零件，为保证孔的加工精度，应先加工表面、后加工孔。遵循保证精度的原则，实际上就是以零件的精度为依据来划分数控加工工序。

②提高生产效率的原则。在数控加工中，为了减少换刀次数，节省换刀时间，应将需要用同一把刀加工的部位加工完成之后，再换另一把刀具来加工其余部位，同时应尽量减少刀具的空行程。用同一把刀加工工件的多个部位时，应以最短的路线到达各加工部位。遵循提高生产效率的原则，实际上就是以加工效率为依据划分数控加工工序。

实际中，数控加工工序要根据具体零件的结构特点、技术要求等情况综合考虑。

（三）加工工序的划分方法

工序划分主要考虑生产纲领、所用设备及零件本身的结构和技术要求等。大批量生产时，若使用多轴、多刀的高效加工中心，可按工序集中原则组织生产；若在由组合机床组成的自动生产线上加工，工序一般按分散原则划分。随着现代数控技术的发展，特别是加工中心的应用,工艺路线的安排更多地趋向于工序集中。单件小批生产时,通常采用工序集中原则。成批生产时,可按工序集中原则划分,也可按工序分散原则划分,应视具体情况而定。对于结构尺寸和质量都很大的重型零件,应采用工序集中原则,以减少装夹次数和运输量。对于刚性差、精度高的零件,应按工序分散原则划分工序。

在数控机床上加工的零件,一般按工序集中原则划分工序,划分方法如下。

①按所用刀具划分。以同一把刀具完成的那一部分工艺过程为一道工序。这种方法适用于工件的待加工表面较多、机床连续工作时间较长、加工程序的编制和检查难度较大等情况。加工中心常用这种方法划分。

②按安装次数划分。以一次安装完成的那一部分工艺过程为一道工序。这种方法适用于加工内容不多的工件,加工完成后就能达到待检状态。

③按粗、精加工划分。以粗加工中完成的那一部分工艺过程为一道工序,精加工中完成的那一部分工艺过程为一道工序。这种划分方法适用于加工后变形较大,需粗、精加工分开的零件,如毛坯为铸件、焊接件或锻件的零件。

④按加工部位划分。以完成相同型面的那一部分工艺过程为一道工序,对于加工表面多而复杂的零件,可按其结构特点(如内形、外形、曲面和平面等)划分成多道工序。

(四)加工顺序的安排

在选定加工方法、划分工序后,工艺路线拟定的主要内容就是合理安排这些加工方法和加工工序的顺序。零件的加工工序通常包括切削加工工序、热处理工序和辅助工序(包括表面处理、清洗和检验等),这些工序的顺序直接影响零件的加工质量、生产效率和加工成本。因此,在设计工艺路线时,应合理安排好切削加工、热处理和辅助工序的顺序,并解决好工序间的衔接问题。

(1)切削加工工序的安排

切削加工工序通常按以下原则安排顺序。

①基面先行原则。用作精基准的表面应优先加工出来,因为定位基准的表面越精确,装夹误差就越小。例如加工轴类零件时,总是先加工中心孔,再以中心孔为精基准加工外圆表面和端面。又如箱体类零件总是先加工定位用的平面和两个定位孔,再以平面和定位孔为精基准加工孔系和其他平面。

②先粗后精原则。各个表面的加工顺序按照粗加工→半精加工→精加工→光整加工的顺序依次进行,逐步提高表面的加工精度和减小表面粗糙度。

③先主后次原则。零件的主要工作表面、装配基面应先加工,从而能及早发现毛坯中主要表面可能出现的缺陷。次要表面可穿插进行,放在主要加工表面加工到一定程度后、最终精加工之前进行。

④先面后孔原则。对箱体、支架类零件,平面轮廓尺寸较大,一般先加工平面,再加工孔和其他尺寸,这样安排加工顺序,一方面用加工过的平面定位,稳定可靠;另一方面在加工过的平面上加工孔,比较容易,并能提高孔的加工精度,特别是钻孔,孔的轴线不易偏斜。

(2)热处理工序的安排

为提高材料的力学性能、改善材料的切削加工性和消除工件的内应力,在工艺过程中要适当安排一些热处理工序。热处理工序在工艺路线中的安排主要取决于零件的材料和热处理的目的。

①预备热处理。目的是改善材料的切削性能,消除毛坯制造时的残余应力,改善组织。其工序位置多在机械加工之前,常用的有退火、正火等。

②消除残余应力热处理。由于毛坯在制造和机械加工过程中产生的内应力会引起工件变形,影响加工质量,因此要安排消除残余应力热处理。消除残余应力热处理最好安排在粗加工之后、精加工之前,对精度要求不高的零件,一般将消除残余应力的人工时效和退火安排在毛坯进入机加工车间之前进行。对精度要求较高的复杂铸件,在机加工过程中通常安排两次时效处理:铸造→粗加工→时效→半精加工→时效→精加工。对高精度零件,如精密丝杠、精密主轴等,应安排多次消除残余应力热处理,甚至采用冰冷处理以稳定尺寸。

③最终热处理。目的是提高零件的强度、表面硬度和耐磨性,常安排在精加工工序(磨削加工)之前。常用的有淬火、渗碳、渗氮和碳氮共渗等。

（3）辅助工序的安排

辅助工序主要包括检验、清洗、去毛刺、去磁、倒棱边、涂防锈油和平衡等。其中检验工序是主要的辅助工序,是保证产品质量的主要措施之一,一般安排在粗加工全部结束后精加工之前、重要工序之后、工件在不同车间之间转移前后和工件全部加工结束后。

（4）数控加工工序与普通工序的衔接

数控工序前后一般都穿插有其他普通工序,如衔接不好就容易产生矛盾,因此要解决好数控工序与非数控工序之间的衔接问题。最好的办法是建立相互状态要求,例如:要不要为后道工序留加工余量,留多少;定位面与孔的精度要求及形位公差等。其目的是达到相互能满足加工需要,且质量目标与技术要求明确,交接验收有依据。关于手续问题,如果是在同一个车间,可由编程人员与主管该零件的工艺员协商确定,在制订工序工艺文件中互审会签,共同负责;如果不是在同一个车间,则应用交接状态表进行规定,共同会签,然后反映在工艺规程中。

当数控加工工艺路线确定之后,各道工序的加工内容已基本确定,接下来便可以着手数控加工工序设计。

五、加工余量的确定

（一）加工余量的概念

加工余量一般分为总余量和工序间的加工余量。零件由毛坯加工为成品,在加工面上切除金属层的总厚度称为该表面的加工总余量。每个工序切掉的表面金属层厚度称为该表面工序间的加工余量。工序间的加工余量又分为最小余量、最大余量和公称余量。

①最小余量指该工序切除金属层的最小厚度。对外表面而言,相当于上工序为最小尺寸,而本工序是最大尺寸的加工余量。

②最大余量相当于上工序为最大尺寸,而本工序是最小尺寸的加工余量。

③公称余量为该工序的最小余量加上上工序的公差。

图2-5所示为外表面加工顺序示意图。

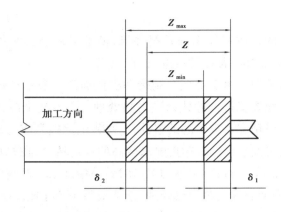

图 2-5　外表面加工顺序示意图

从图 2-5 中可知：

$$Z = Z_{\min} + \delta_1$$

$$Z_{\max} = Z + \delta_2 = Z_{\min} + \delta_1 + \delta_2$$

式中　Z——本工序的公称余量；

　　　$Z_{\min}$——本工序的最小余量；

　　　$Z_{\max}$——本工序的最大余量；

　　　δ_1——上工序的工序尺寸公差；

　　　δ_2——本工序的工序尺寸公差。

但要注意，平面的余量是单边的，圆柱面的余量是两边的。余量是垂直于被加工表面来计算的。内表面的加工余量的其余概念与外表面相同。

由工艺人员手册查出来的加工余量和计算切削用量时所用的加工余量，都是指公称余量。但在计算第一道工序的切削用量时应采用最大余量。

总余量不包括最后一道工序的公差。

（二）加工余量的确定

加工余量的大小，直接影响零件的加工质量和生产率。加工余量过大，不仅会增加机械加工劳动量，降低生产率，而且会增加材料、工具和电力的消耗，增加成本。但若加工余量过小，又不能消除前工序的各种误差和表面缺陷，甚至产生废品。因此，必须合理地确定加工余量。

加工余量的确定方法有：

①经验估算法。经验估算法是根据工艺人员的经验来确定加工余量。为避免产生废品，所确定的加工余量一般偏大，适于单件小批量生产。

②查表修正法。根据有关手册查得加工余量的数值，然后根据实际情况进行适当修正，这是一种广泛使用的方法。

③分析计算法。这是对影响加工余量的各种因素进行分析，然后根据一定的计算式来计算加工余量的方法。此法确定的加工余量较合理，但需要全面的试验资料，计算也较复杂，故很少应用。

确定加工余量时应该注意下面几个问题：

①采用最小加工余量原则在保证加工精度和加工质量的前提下，余量越小越好，余量小可以缩短加工时间，减少材料消耗，降低加工成本。

②余量要充分，防止因余量不足造成废品。

③余量中应包含热处理引起的变形。

④大零件取大余量。

⑤加工总余量(毛坯余量)和工序间的加工余量要分开确定，加工总余量的大小与选择的毛坯制造精度有关。粗加工工序的加工余量不能用查表法确定，其应等于加工总余量减去其他各工序间加工余量之和。

六、选择加工方法和确定加工路线

(一)加工方法的选择

在数控机床上加工零件，一般有以下两种情况，一种是有零件图样和毛坯，要选择适合该零件加工的数控机床；另一种是已经有了数控机床，要选择适合该机床加工的零件。无论哪种情况，都应该根据零件的种类与加工内容选择合适的数控机床和加工方法。

(1)机床的选择

应该根据不同的零件选择最适合的机床进行加工。数控车床适合加工形状比较复杂的轴类零件或由复杂曲线回转形成的内型腔；立式数控铣床和加工中心适合加工平面凸轮样板、形状复杂的平面和立体轮廓，以及模具内外型腔等；卧式数控铣床适合加工箱体、泵体、壳体类零件；多坐标中联动的加工中心适合加工各种复杂的曲线、曲面、叶轮和模具等。

(2)加工方法的选择

加工方法的选择应以满足加工精度和表面粗糙度的要求为原则。由于获得同一级加工精度及表面粗糙度的加工方法一般有很多，故在实际选择时，要结合零件的形状、尺寸和热处理要求等全面考虑。

例如，加工 IT7 级精度的孔，采用镗削、铰削、磨削等加工方法均可达到精度要求。如果加工箱体类零件的孔，一般采用镗削或铰削，而不宜采用磨削加工。一般小尺寸箱体孔选择铰孔，当孔径较大时则应选择镗孔。此外还应考虑生产率和经济性的要求，以及生产设备的实际情况。

对于直径大于 30 mm 且已经铸造出或者锻造出毛坯孔的孔加工，一般采用粗镗→半精镗→孔口倒角→精镗的加工方案。

大直径孔可以采用粗铣→精铣的加工方案。

对于直径小于 30 mm 且无毛坯孔的孔加工，通常采用锪平端面→打中心孔→钻孔→扩孔→孔口倒角→铰孔的加工方案。

有同轴度要求的小孔，一般采用锪平端面→打中心孔→钻孔→半精镗→孔口倒角→精镗(或铰孔)的加工方案。为了提高孔的位置精度，在钻孔工步前推荐安排锪平端面和打中心孔的工步，孔口倒角安排在半精加工之后、精加工之前是为了防止孔内产生毛刺。

对于内螺纹的加工一般根据孔径大小而定。直径在 M5~M20 的内螺纹通常采用攻螺纹的加工方法,直径小于 M5 的内螺纹,一般在加工中心上钻完底孔后,再采用其他手工方法攻螺纹,防止小丝锥断裂;直径大于 M25 的内螺纹,一般采用镗刀片镗削加工。

图 2-6 所示为平面加工方法与加工精度的关系。

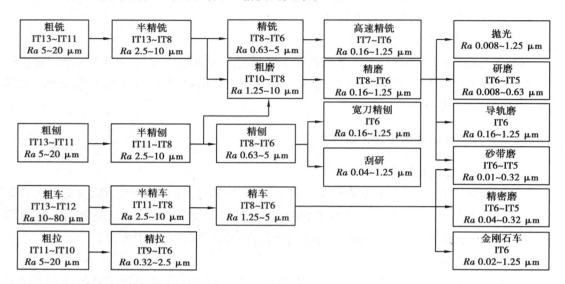

图 2-6 平面加工方法与加工精度的关系

图 2-7 所示为孔加工方法与加工精度之间的相互关系。

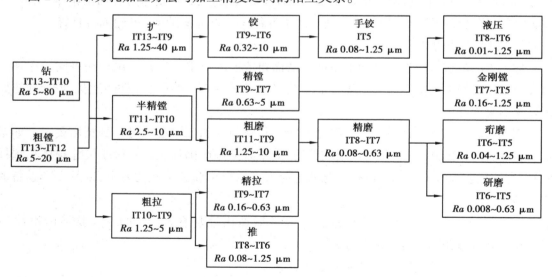

图 2-7 孔加工方法与加工精度之间的相互关系

图 2-8 所示为外圆表面加工方法与加工精度的关系。

有关的详细内容可查阅相关工艺手册。

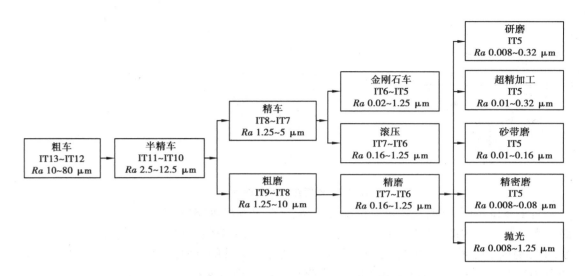

图 2-8　外圆表面加工方法与加工精度的关系

（二）加工路线的确定

（1）加工路线的定义

加工路线是指数控机床在加工过程中刀具的刀位点相对于被加工零件的运动轨迹与方向，即确定加工路线就是确定刀具的运动轨迹和方向。妥善地安排加工路线，对提高加工质量和保证零件的技术要求是非常重要的。加工路线不仅包括加工时的进给路线，还包括刀具定位、对刀、退刀和换刀等一系列过程的刀具运动路线。

（2）加工路线的确定原则

加工路线是刀具在整个加工过程中相对于工件的运动轨迹，包括工序的内容，反映工序的顺序，是编写程序的依据之一。在确定加工路线时，主要遵循以下原则。

①保证零件的加工精度和表面粗糙度。

在铣削加工零件轮廓时，因刀具的运动轨迹和方向不同，可将铣分为顺铣或逆铣，其不同的加工路线所得到的零件表面的质量不同。究竟采用哪种铣削方式，应视零件的加工要求、工件材料的特点以及机床刀具等具体条件综合考虑。数控机床一般采用滚珠丝杠传动，其运动间隙很小，顺铣优于逆铣，所以在精铣内、外轮廓时，为了改善表面粗糙度，应采用顺铣走刀路线的加工方案。

对于铝镁合金、钛合金和耐热合金等材料，建议采用顺铣加工，这对降低表面粗糙度值和提高刀具耐用度都有利。但如果零件毛坯为黑色金属锻件或铸件，表皮硬而且余量较大，这时粗加工采用逆铣较为有利。

②寻求最短加工路线，减少刀具空行程，提高加工效率。

以加工如图 2-9（a）所示零件上的孔的加工路线为例。按照一般习惯，总是先加工均布于同一圆周上的一圈孔后，再加工另外一圈孔，如图 2-9（b）所示的走刀路线，这种走刀路线不是最好的。若改用图 2-9（c）所示的走刀路线，则可减少空刀时间，节省定位时间，提高加工效率。因此，从寻求最短加工路线、减少刀具空行程、提高加工效率考虑，图 2-9（c）所示加工方案是最佳的。

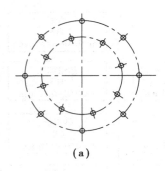 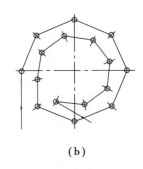 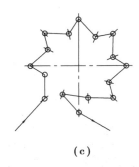

（a）　　　　　　　　　（b）　　　　　　　　　（c）

图 2-9　最短走刀路线的设计

对于点位控制机床，只要求定位精度较高、定位过程尽可能快，而刀具相对于工件的运动路线无关紧要。因此，这类机床应按空程最短来安排加工路线。但对孔位精度要求较高的孔系加工，还应注意在安排孔加工顺序时，防止将机床坐标轴的反向间隙引入而影响孔位精度。如图 2-10 所示零件，若按图 2-10（b）所示路线加工，由于 3、4 孔与 1、2 孔定位方向相反，Y 方向反向间隙会使定位误差增加，影响 3、4 孔与其他孔的位置精度。按图 2-10（c）所示路线，加工完 2 孔后往上多移动一段距离到 P 点，然后再折回来加工 4、3 孔，使方向一致，可避免引入反向间隙。

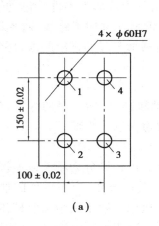 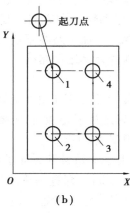 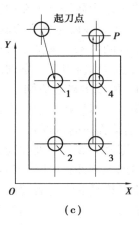

（a）　　　　　　　　　（b）　　　　　　　　　（c）

图 2-10　点位加工路线

上述点位控制的数控机床，还应该计算刀具加工时的轴向运动尺寸，即轴向加工路线的长度。这个长度由被加工零件轴向尺寸加工要求来确定，并需要考虑一些辅助尺寸。如图 2-11 所示的情况，图中的 Z_d 是孔的深度，ΔZ 为引入的距离（一般光滑表面取 2 mm，粗糙表面取 5 mm），Z_p 为钻尖锥尖长，Z 为轴向加工路线的长度。

$$Z_p = \frac{d}{2}\cot\theta$$

式中　d——钻头直径；

图 2-11　轴向加工尺寸的确定　　　　　θ——钻头半锥角。

36

所以，$Z_f = Z_d + \Delta Z + Z_p$，$Z$ 就是程序中 Z 向的坐标尺寸。

③最终轮廓一次连续走刀完成。

为保证工件轮廓表面加工后的表面粗糙度要求，最终轮廓应安排在最后一次走刀中连续加工出来。比如型腔的切削通常分两步完成，第一步粗加工切内腔，第二步精加工切轮廓。粗加工尽量采用大直径的刀具，以获得较高的加工效率，但对于形状复杂的二维型腔，若采用大直径的刀具将产生大量的欠切削区域，不便后续加工，而采用小直径的刀具又会降低加工效率。因此，采用大直径刀具还是小直径刀具视具体情况而定。精加工的刀具则主要取决于内轮廓的最小曲率半径。图 2-12（a）所示为用行切方式加工内腔的走刀路线，这种走刀能切除内腔中的全部余量，不留死角，不伤轮廓。但行切法将在两次走刀的起点和终点间留下残留高度，而达不到要求的表面粗糙度。所以采用图 2-12（b）所示的走刀路线，先用行切法加工，最后再沿轮廓切削一周，使轮廓表面光整。图 2-12（c）所示为采用环切法加工，表面粗糙度较小，走刀路线也较行切法长。三种方案中，图 2-12（a）所示方案最差，图 2-12（b）所示方案最佳。

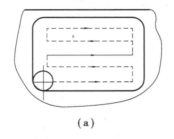 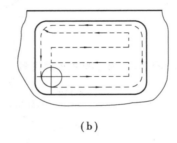 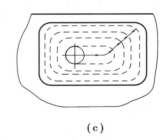

（a）　　　　　　　　　（b）　　　　　　　　　（c）

图 2-12　铣削内腔的三种走刀路线

对于带岛屿的槽形铣削，如图 2-13 所示，若封闭凹槽内还有形状凸起的岛屿，则以保证每次走刀路线与轮廓的交点数不超过两个为原则，按图 2-13（a）所示方式将岛屿两侧视为两个内槽分别进行切削，最后用环切方式对整个槽形内外轮廓精切一刀。若按图 2-13（b）所示方式，来回地从一侧顺次铣切到另一侧，必然会因频繁地抬刀和下刀而增加工时。如图 2-13（c）所示，若岛屿间形成的槽缝小于刀具直径，则必然将槽分隔成几个区域，若以最短工时考虑，则可将各区视为一个独立的槽，先后完成粗、精加工后再去加工另一个槽区。若以预防加工变形考虑，则应在所有的区域完成粗铣后，再统一对所有的区域先后进行精铣。

④选择切入、切出方式。

确定加工路线时首先应考虑切入、切出点的位置和切入、切出工件的方式。

切入、切出点应尽量选在不太重要的位置或表面质量要求不高的位置，因为在切入、切出点，切削力的变化会影响该点的加工质量。

切入、切出工件的方式有法向切入、切出，切向切入、切出，以及任意切入、切出三种方式。因法向切入、切出在切入、切出点会留下刀痕，故一般不用该法，而是推荐采用切向切入、切出和任意切入、切出的方法。对于二维轮廓的铣削，无论是内轮廓还是外轮廓都要求刀具从切向切入、切出；对外轮廓，一般是直线切向切入、切出；而对内轮廓，一般是圆弧切向切入、切出。刀具切入和切出时的外延如图 2-14 所示。

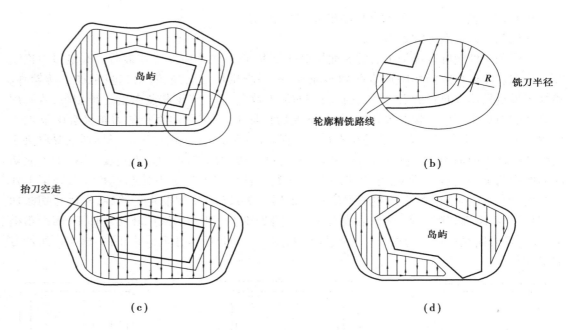

图 2-13　带岛屿的槽形铣削

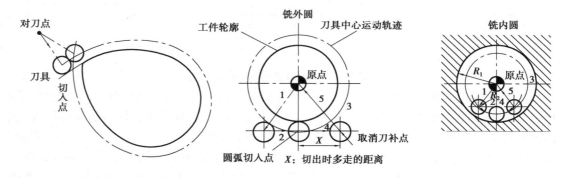

1—建立刀具半径补偿；2—圆弧切入；3—铣削整圆轮廓；4—圆弧切出；5—撤销刀具半径补偿

图 2-14　刀具切入和切出时的外延

另外应避免在工件轮廓面上垂直上、下刀而划伤工件表面；尽量减少在轮廓加工切削过程中的暂停（切削力突然变化造成弹性变形），以免留下刀痕。

⑤选择使工件在加工后变形小的加工路线。

对横截面积小的细长零件或薄板零件应采用分几次走刀加工到最后尺寸或对称去除余量法安排走刀路线。安排工步时，应先安排对工件刚性破坏较小的工步。此外，确定加工路线时，还要考虑工件的加工余量和机床、刀具的刚度等情况，确定是一次走刀还是多次走刀来完成加工，以及在铣削加工中是采用顺铣还是采用逆铣等。

此外，对一些比较特殊的加工内容，在设计加工路线时要结合具体特征进行。比如在数控车床上车削螺纹时，沿螺距方向的 Z 向进给应和工件（主轴）转动保持严格的传动比关系，因此应该避免在进给机构加速或减速的过程中切削。考虑到 Z 向从停止状态到达指令的进给量(mm/r),驱动系统总要有一定的过渡过程,因此在安排 Z 向加工路线时,应使车刀的起点距待加工面(螺纹)有一定的引入距离,如图 2-15 所示。

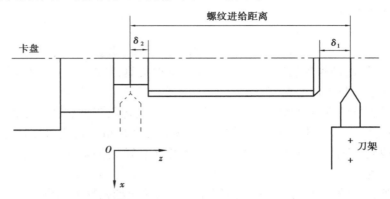

图 2-15　螺纹切削时的引入、引出距离

螺纹切削时的引入距离δ_1一般可为 2~5 mm,其具体大小与机床拖动系统的动态特性、螺纹的螺距和精度以及加工螺纹时的转速有关。对于大螺距和高精度的螺纹,其δ_1值最好取得大一些,以保证螺纹切削时在加速完成后才使刀具接触工件。同时还应增加刀具超越距离δ_2(1~2 mm),并在刀具离开后才开始减速。

七、工件的定位、装夹和夹具选择

(一)工件定位、装夹的基本原则

①力求设计基准、工艺基准与编程原点统一,以减少基准不重合误差和数控编程中的计算工作量。

②设法减少装夹次数,尽可能做到在一次定位装夹中,能加工出工件上全部或大部分待加工表面,以减少装夹误差,提高加工表面之间的相互位置精度,充分发挥数控机床的效率。

③避免采用占机人工调整方案,以免占机时间太长,影响加工效率。

(二)夹具的选择

在数控加工中采用夹具的作用主要是保证加工精度、提高生产率、降低成本、扩大机床的工艺范围、减轻工人的劳动强度。数控加工对夹具提出了两个基本要求:一是要保证夹具的坐标方向与机床的坐标方向相对固定;二是要能协调零件与机床坐标系的尺寸。

具体选择夹具时应考虑的其他几点:

①单件小批量生产时,优先选用组合夹具、可调夹具和其他通用夹具,以缩短生产准备时间和节省生产费用。

②在成批生产时,才考虑采用专用夹具,并力求结构简单。

③零件的装卸要快速、方便、可靠,以缩短机床的停顿时间,减少辅助时间。

④为满足数控加工精度,要求夹具定位、夹紧精度高。

⑤夹具上各零部件应不妨碍机床对零件各表面的加工,即夹具要敞开,其定位、夹紧元件

不能影响加工中的走刀(如产生碰撞等)。

⑥为提高数控加工的效率,批量较大的零件加工可采用气动或液压夹具、多工位夹具。

(三)常用的数控夹具

(1)数控车床夹具

数控车床夹具除常用三爪自定心卡盘、四爪单动卡盘、花盘以及大批量加工中使用的便于自动控制的液压、电动和气动夹具外,还有许多其他夹具,它们主要分为两类,即用于轴类工件的夹具和用于盘类工件的夹具。

①用于轴类工件的夹具。数控车床轴类零件加工时,坯料工件装在主轴顶尖和尾座顶尖上,工件由主轴上的拨盘或拨齿顶尖带动旋转。这类夹具在粗车时能够传递足够大的转矩,以适应主轴高速旋转车削。车削空心轴时常采用圆柱心轴、圆锥心轴、花键心轴或者各种锥套轴和堵头等作为定位装置。

②用于盘类工件的夹具。这类夹具使用在无尾座的卡盘式数控车床上,用于盘类工件的夹具主要有可调卡爪式卡盘和快速可调万能卡盘等。

(2)数控铣床夹具

数控铣床夹具一般安装在工作台上,其形式根据被加工零件的特点有多种多样,如通用台虎钳、数控回转工作台等。

八、数控刀具的选择

数控加工刀具一般优先选用标准刀具,必要时也可考虑采用各种高效复合刀具或专用刀具。此外,应结合生产具体情况,尽可能选用各种先进的刀具,如可转位刀具、整体式硬质合金刀具和陶瓷刀具等。刀具的类型、规格、精度等级应符合加工要求,刀具材料应与工件材料适应。

在刀具性能上,数控加工刀具应该优于普通加工使用的刀具。因此,选择数控机床刀具时,还应该考虑以下因素。

(1)加工性能好

为了适应刀具在粗加工或对难加工材料加工时,能进行大吃刀和快进给,要求刀具必须具有足够的强度,以及能够承受高速切削和强力切削工作条件的性能;对于刀杆细长的刀具(如深孔车削),还必须具有较好的抗振性能。

(2)精度高

为了适应数控加工高精度和自动换刀等要求,刀具及刀夹必须具有较高的精度。如有的整体式立铣刀的径向尺寸精度高达 0.005 mm 等。

(3)可靠性好

为保证数控加工过程中不会因发生刀具意外损坏及潜在缺陷而影响加工的顺利进行,要求刀具及与之组合的附件必须具有良好的可靠性和较强的适应性。

(4)使用寿命长

刀具在使用过程中的不断磨损,会使得刀刃变钝、切削阻力增大、工件表面质量下降,还会造成零件加工尺寸的变化,导致零件报废。因此,数控加工中的刀具,不论是在粗加工、精加工还是特殊加工中,都应具有比普通加工刀具更高的使用寿命,以尽量减少更换或者修磨刀具及对刀次数,从而保证零件的加工质量,提高生产效率。

（5）断屑及排屑性好

数控加工中的断屑和排屑不像普通加工中能及时由操作人员进行清除，切屑缠绕在刀具或工件上，会造成刀具损坏或工件已加工表面的划伤，甚至会伤人或损坏设备，影响加工质量和机床的安全运行，所以要求数控加工刀具应具有良好的断屑及排屑性能。

（6）结构合理

数控刀具的结构应尽可能实现刀具的预调。

目前广泛应用的数控刀具材料主要有金刚石刀具、立方氮化硼刀具、陶瓷刀具、涂层刀具、硬质合金刀具和高速钢刀具等。刀具材料总牌号多，其性能相差很大。表2-1所示为各种刀具材料的主要性能指标。

表2-1　各种刀具材料的主要性能指标

种类		密度 /(g·cm⁻³)	耐热性/ ℃	硬度	抗弯强度 /MPa	热导率 /[W·(m·K)⁻¹]	热膨胀系数 ×10⁻⁶/℃
聚晶金刚石		3.47~3.56	700~800	>9 000HV	600~1 100	210	3.1
聚晶立方氮化硼		3.44~3.49	1 300~1 500	4 500HV	500~800	130	4.7
陶瓷刀具		3.1~5.0	>1 200	91~95HRA	700~1 500	15.0~38.0	7.0~9.0
常用硬质合金	P类	9.0~14.0	900	89.5~92.3HRA	700~1 750	20.9~62.8	7.0~9.0
	K类	14.0~15.5	800	88.5~92.3HRA	1350~1 800	74.5~87.9	
	M类	12.0~14.0	1 000~1 100	88.9~92.3HRA	1 200~1 800	—	
高速钢		8.0~8.8	600~700	62~70HRC	2 000~4 500	15.0~30.0	8~12

数控加工用刀具材料必须根据所加工的工件和加工性质来选择。刀具材料的选用应与加工对象合理匹配，切削刀具材料与加工对象的匹配主要是指二者的力学性能、物理性能和化学性能相匹配，以获得最长的刀具寿命和最大的切削加工生产率。

（1）切削刀具材料与加工对象的力学性能匹配

切削刀具材料与加工对象的力学性能匹配问题主要是指刀具与工件材料的强度、韧性和硬度等力学性能参数要相匹配。具有不同力学性能的刀具所适合加工的工件有所不同。

①刀具材料硬度顺序为：金刚石>立方氮化硼>陶瓷>硬质合金>高速钢。

②刀具材料抗弯强度顺序为：高速钢>硬质合金>陶瓷>金刚石和立方氮化硼。

③刀具材料韧度大小顺序为：高速钢>硬质合金>立方氮化硼、金刚石和陶瓷。

高硬度的工件材料，必须用更高硬度的刀具来加工，刀具材料的硬度必须高于工件材料的硬度，一般要求在60HRC以上。刀具材料的硬度越高，其耐磨性就越好。例如，硬质合金中含钴量增多时，其强度和韧性增加，硬度降低，适合于粗加工；含钴量减少时，其硬度及耐磨性增加，适合于精加工。

具有优良高温力学性能的刀具尤其适合高速切削加工。陶瓷刀具优良的高温性能使其能够以高的速度进行切削，允许的切削速度可比硬质合金高2~10倍。

（2）切削刀具材料与加工对象的物理性能匹配

具有不同物理性能的刀具，例如，高导热和低熔点的高速钢刀具、高熔点和低热胀的陶瓷刀具、高导热和低热胀的金刚石刀具等,所适合加工的工件材料有所不同。加工导热性差的工件时,应采用导热较好的刀具,以使切削热得以迅速传出而降低切削温度。金刚石由于导热系数及热扩散率高,切削热容易散出,不会产生很大的热变形,这对尺寸精度要求很高的精密加工刀具来说尤为重要。

①各种刀具材料的耐热温度:金刚石为 700~800 ℃、PCBN 为 1 300~1 500 ℃,陶瓷刀具为 1 100~1 200 ℃、TiC(N)基硬质合金为 900~1 100 ℃、WC 基超细晶粒硬质合金为 800~900 ℃、HSS 为 600~700 ℃。

②各种刀具材料的导热系数顺序:PCD>PCBN>WC 基硬质合金>TiC(N)基硬质合金>HSS>Si_3N_4基陶瓷>Al_2O_3基陶瓷。

③各种刀具材料的热胀系数大小顺序:HSS>WC 基硬质合金>TiC(N)>Al_2O_3 基陶瓷>PCBN>Si_3N_4基陶瓷>PCD。

④各种刀具材料的抗热振性大小顺序:HSS>WC 基硬质合金>Si_3N_4基陶瓷>PCBN>PCD>TiC(N)基硬质合金>Al_2O_3 基陶瓷。

(3)切削刀具材料与加工对象的化学性能匹配

切削刀具材料与加工对象的化学性能匹配问题主要是指刀具材料与工件材料化学亲和性、化学反应、扩散和溶解等化学性能参数要匹配。材料不同的刀具所适合加工的工件材料有所不同。

①各种刀具材料抗黏结温度高低(与钢)为:PCBN>陶瓷>硬质合金>HSS。

②各种刀具材料抗氧化温度高低为:陶瓷>PCBN >硬质合金>金刚石> HSS。

③各种刀具材料的扩散强度大小(对钢铁)为:金刚石> Si_3N_4基陶瓷>PCBN >Al_2O_3基陶瓷。扩散强度大小(对钛)为:Al_2O_3基陶瓷>PCBN>SiC>Si_3N_4>金刚石。

一般而言,PCBN、陶瓷刀具、涂层硬质合金及 Ti(CN)基硬质合金刀具适合钢铁等黑色金属的数控加工;而 PCD 刀具适合 Al、Mg、Cu 等有色金属材料及其合金和非金属材料的加工。

表 2-2 列出了常用数控加工刀具材料所适合加工的一些工件材料。

表 2-2　数控加工刀具材料所适合加工的工件材料

刀具	高硬钢	耐热合金	钛合金	镍基高温合金	铸铁	纯钢	高硅铝合金	FRP复合材料
PCD	不适合	不合适	优	不合适	不合适	不合适	优	优
PCBN	优	优	良	优	优	—	可用	可用
陶瓷刀具	优	优	不合适	优	优	可用	不合适	不合适
涂层硬质合金	良	优	优	可用	优	优	可用	可用
TiC(N)基硬质合金	可用	不合适	不合适	不合适	优	可用	不合适	不合适

表 2-3 列出了数控加工硬质合金类刀具选用与切削用量的关系。

表 2-3 数控加工硬质合金类刀具与切削用量的关系

P 类	P01	P10	P20	P30	P40
K 类	K01	K10	K20	K30	K40
M 类	M01	M10	M20	M30	M40
进给量	⟶				
背吃刀量	⟶				
切削速度	⟵				

九、对刀点和换刀点的确定

（一）刀位点

在进行数控加工编程时，往往将整个刀具浓缩为一个点，这就是"刀位点"，它是在加工时用于表现刀具加工位置的参照点，即"刀位点"就是刀具的定位基准点。镗刀、车刀的刀位点为刀尖或刀尖圆弧中心；平底立铣刀或端铣刀的刀位点是刀具轴线与刀具底面的交点；球头铣刀的刀位点是球头的球心；钻头的刀位点是钻尖等。

（二）对刀点

刀具究竟从什么位置开始移动到指定的位置呢？所以在程序执行的一开始，必须确定刀具在工件坐标系下开始运动的位置，这一位置即为程序执行时刀具相对于工件运动的起点，称为程序起始点或起刀点。此起始点一般通过对刀来确定，所以该点又称为对刀点。在编制程序时，要正确选择对刀点的位置。对刀点设置原则如下：

①便于数值处理和简化程序编制，对于建立了绝对坐标系的工件，对刀点最好选在工件坐标系坐标原点或已知坐标值的点上。

②便于操作，易于找正并在操作过程中便于观察和检查。

③引起的加工误差小。为了提高零件的加工精度，对刀点应尽量设置在零件的设计基准或工艺基准上。实际操作机床时，可通过手工对刀操作把刀具的刀位点放到对刀点上，即"刀位点"与"对刀点"重合；对刀点也可以设置在夹具或机床上，这时必须保证对刀点与工件定位基准有明确的尺寸联系，从而保证工件坐标系与机床坐标系的关系。

对刀点不仅是程序起点，往往也是程序的终点。因此，在批量生产中要考虑对刀点的重复定位精度。刀具加工一段时间后或每次机床启动时，都要进行刀具回机床原点或参考点的操作，以减小对刀点的累积误差。

对于数控机床来说，在加工开始时，确定刀具与工件的相对位置是很重要的，它是通过对刀来实现的。手动对刀，对刀精度较低，且效率低。而有些工厂采用光学对刀镜、对刀仪、自动对刀装置等，以减少对刀时间，提高对刀精度。

（三）换刀点

换刀点是指数控加工过程中需要换刀时刀具与工件的相对位置点。换刀点常常设在工件的外部，离工件有一定的安全换刀距离，以便顺利换刀，不碰到工件或其他部件。

在数控铣床上,常用机床参考零点为换刀点;在加工中心上,常以换刀机械手的固定位置点为换刀点;在数控车床上,刀架远离工件,以换刀时不碰工件及其他部件为准。

十、切削用量的选择

数控编程时,编程人员必须确定每道工序的切削用量,包括主轴转速、背吃刀量、进给速度等,并以数控系统规定的格式输入程序中。对于不同的加工方法,需选用不同的切削用量。合理地选择切削用量[所谓"合理的"切削用量是指充分利用刀具切削性能和机床动力性能(功率、扭矩),在保证质量的前提下,获得高的生产率和低的加工成本的切削用量],对零件的表面质量、精度、加工效率影响很大。这在实际中也很难掌握,要有丰富的实践经验才能够确定合适的切削用量。在数控编程时只能凭借编程者的经验和刀具的切削用量推荐值初步确定,而最终的切削用量将根据零件数控程序的调试结果和实际加工情况来确定。

切削用量的选择原则:粗加工时以提高生产率为主,同时兼顾经济性和加工成本的考虑;半精加工和精加工时,应在同时兼顾切削效率和加工成本的前提下,保证零件的加工质量。值得注意的是,切削用量(主轴转速、切削深度及进给量)是一个有机的整体,只有三者相互适应,达到最合理的匹配值,才能获得最佳的切削用量。

确定切削用量时应根据加工性质、加工要求,工件材料及刀具的尺寸和材料性能等方面的具体要求,通过查阅切削手册并结合经验加以确定。确定切削用量时除遵循一般的原则和方法外,还应考虑以下因素的影响:

刀具差异的影响——不同的刀具厂家生产的刀具质量差异很大,所以切削用量需根据实际所用刀具和现场经验加以修正。

机床特性的影响——切削性能受数控机床的功率和机床的刚性限制,必须在机床说明书规定的范围内选择,应避免因机床功率不够发生闷车现象,或刚性不足产生大的机床振动现象,影响零件的加工质量、精度和表面粗糙度。

数控机床生产率的影响——数控机床的工时费用较高,相对而言,刀具的损耗成本所占的比重较低,应尽量采用高的切削用量,通过适当降低刀具寿命来提高数控机床的生产率。

(一)背吃刀量的确定

切深是根据工件的余量、形状、机床功率、刚度及刀具刚度确定的。切深变化对刀具寿命影响很大。

①切深过大,切削力超过刀刃的承受力,从而产生崩刃,导致刀尖报废。

②切深过小,微切深时,刀具并没有进行正常切削,只是在工件表面刮擦,导致切削加工时产生硬化层,使刀具耐用度降低,而且工件的表面粗糙度差。

③切削铸铁表面和黑皮表面层时,应该在机床功率允许的条件下,尽量增大切深,否则切削刃尖端会因切削工件表面硬化层,而使切削刃崩刃,发生异常磨损。

④不同材质的工件或同一材质但热处理硬度不同的工件,加工时的切深会有所不同,要根据实际情况决定。

⑤经验有效切削刃长度:

C 型刀片: $\dfrac{2}{3}$ ×刃长 l

W 型刀片: $\dfrac{1}{4}$ ×刃长 l

V 型刀片: $\dfrac{1}{4}$ ×刃长 l

T 型刀片: $\dfrac{1}{2}$ ×刃长 l

D 型刀片: $\dfrac{1}{2}$ ×刃长 l

在工件表面粗糙度值 Ra 要求为 12.5~25 μm 时,如果数控加工的加工余量小于 6 mm,粗加工一次进给就可以达到要求,但在余量较大、工艺系统刚度较差或者机床动力不足时,可以分为几次进给完成。

在工件表面粗糙度值 Ra 要求为 3.2~12.5 μm 时,可分为粗加工和半精加工,粗加工背吃刀量选取同上述,粗加工后留 0.5~1 mm 的余量,半精加工时再切除。

在工件表面粗糙度值 Ra 要求为 0.8~3.2 μm 时,可分为粗加工、半精加工和精加工,半精加工背吃刀量选取 1.5~2 mm,精加工背吃刀量选取 0.3~0.5 mm。

（二）进给量的确定

进给量与加工表面粗糙度有很大的关系,通常按表面粗糙度要求确定进给量。

①进给量应大于倒棱宽度,否则无法断屑,一般取倒棱宽度的两倍左右。

②进给量大,切屑层厚度增加,切削力增大,加工效率高,需较大的切削功率。

③进给量大,切削温度升高,后刀面磨损增大,但对刀具耐用度影响比切削速度小。

④进给量小,后面磨损大,刀具耐用度很快降低,进给量为 0.1~0.4 mm,对后刀面的影响较小,视具体情况而定。

经验公式:

$$f_{粗} = 0.5 × 刀尖圆弧半径$$

具体选择进给量时,一般根据零件加工精度和表面粗糙度以及刀具和零件材料选取。最大进给速度受机床和工艺系统刚度性能的限制。

在保证零件加工质量的情况下,为了提高加工效率,可以选取较大的进给速度。一般数控加工中的进给速度为 100~200 mm/min。

在切断、加工深孔和用高速钢刀具时,一般取较小的进给速度,为 20~50 mm/min。当精加工,表面质量要求较高时,一般取较小的进给速度,为 20~50 mm/min。当非切削或回零过程中,可以选择机床数控系统设定的最大进给速度。

（三）切削速度的确定

①切削速度对刀具耐用度的影响很大,提高切削速度可缩短加工时间、提高加工效率。但线速度过高,切削温度会上升,刀具耐用度也将大大缩短。每家公司的刀具使用寿命都有一个具体时间,一般按该公司样本规定的线速度加工时,每刃连续加工 15~20 min 即到寿命。

如果线速度高于样本规定线速度的 20%，刀具寿命将降低为原来的 1/2；如果提高到 50%，刀具寿命将只有原来的 1/5。

②低切削速度（切削速度为 20～40 m/min）时，工件易振动，刀具耐用度也低。

③同种材料，硬度高，切削速度应下降；硬度低，切削速度应上升。

④切削速度提高，表面粗糙度好；切削速度下降，表面粗糙度差。

主轴转速应根据允许的切削速度和工件（或刀具）直径来选择。其计算公式为

$$n = 1\ 000\ \frac{vD}{\pi}$$

式中　　v——切削速度，由刀具的耐用度决定，m/min；

　　　　n——主轴转速，r/min；

　　　　D——工件直径或刀具直径，mm。

计算的主轴转速 n 最后要根据机床说明书选取机床有的或较接近的转速。

（四）数控机床切削用量选择应注意的特殊因素

（1）拐角处的超程问题

在轮廓加工中，特别是在拐角较大、进给速度较高时，应在接近拐角处适当降低进给速度，在经过拐角后逐渐升速，以保证加工精度。

（2）拐角处可能产生"欠程"

加工过程中，由于切削力的作用，机床、工件、刀具系统产生变形，可能会使刀具运动滞后，从而在拐角处可能产生"欠程"。

（3）自然断屑问题

充分考虑切削的自然断屑问题，通过选择刀具几何形状和对切削用量的调整，使排屑处于最顺畅状态。

（4）刀具耐用度问题

自动换刀数控机床主轴或装刀所费时间较多，所以选择切削用量时要保证刀具加工完一个零件，或保证刀具耐用度不低于一个工作班，最少不低于半个工作班。

总之，切削用量的具体数值应根据机床性能、相关的手册并结合实际经验用类比法确定。同时，使主轴转速、切削深度及进给速度三者能相互适应，以形成最佳的切削用量。

另外，在确定精加工和半精加工的进给速度时，要注意避开积屑瘤和鳞刺的产生区域；在易发生振动的情况下，进给速度的选取要避开自激振动的临界速度；在加工带硬皮的铸、锻件，加工大件、细长件盒薄壁件，以及断续切削时，要注意采用较低的进给速度。

提高切削用量的途径：

①采用切削性能更好的新型刀具材料；

②在保证工件机械性能的前提下，改善工件材料的加工性能；

③改善冷却润滑条件；

④改进刀具结构，提高刀具制造质量。

十一、加工程序的编制、校验和首件试切

（一）数控加工程序的编制方法

数控加工程序的编制就是将零件的工艺过程、工艺参数、刀具位移量与方向以及其他辅助功能（换刀、冷却、夹紧等），按运动顺序和所用数控机床规定的指令代码及程序格式编成加工程序单，再将程序单中的全部内容记录在控制介质上，然后输送给数控装置，从而指挥数控机床加工。这种从零件图纸到控制介质的过程称为数控加工的程序编制。

一般数控加工程序的编制有两种。

①手工编程：从零件图样分析、工艺处理、数值计算、程序单编制、程序输入和校验全过程，全部或主要由人工进行。其主要用于几何形状不太复杂的简单零件，所需的加工程序不多，坐标计算也较简单，出错的概率小。这时用手工编程就显得经济而且及时。因此，手工编程至今仍广泛地应用于简单的点位加工及直线与圆弧组成的轮廓加工中。

②自动编程：利用计算机专用软件编制数控加工程序的过程。其由计算机来完成数控编程的大部分或全部工作，如数学处理、加工仿真、数控加工程序生成等。自动编程方法减轻了编程人员的劳动强度，缩短了编程时间，提高了编程质量，同时解决了手工编程无法解决的复杂零件的编程难题，也利于与 CAD 集成。自动编程主要用于一些复杂零件，特别是具有非圆曲线、曲面的表面（如叶片、复杂模具）；或者零件的几何元素并不复杂，单程序量很大的零件（如复杂的箱体或一个零件上有千百个矩阵钻孔）；或者是需要进行复杂的工步与工艺处理的零件（如数控车削和加工中心机床的多工序集中加工）。

自动编程方法种类很多，发展也很迅速。根据信息输入方式及处理方式的不同，主要分为语言编程、图形交互式编程、语音编程等方法。语言编程以数控语言为基础，需要编写包含几何定义语句、刀具运动语句、后置处理语句的"零件源程序"，经编译处理后生成数控加工程序。这是数控机床出现早期普遍采用的编程方法。图形交互式编程是基于某一 CAD/CAM 软件或 CAM 软件，人机交互完成加工图形的定义、工艺参数的设定后，经软件自动处理生成刀具轨迹和数控加工程序。图形交互式编程是目前最常用的方法。语音编程是通过语音把零件加工过程输入计算机，经软件处理后生成数控加工程序。由于技术难度较大，故尚不通用。

一般图形交互自动编程的基本步骤如下：

①分析零件图样，确定加工工艺：在图形交互自动编程中，同一个曲面，往往可以有几种不同的生成方法，生成方法的不同导致加工方法不同。所以本步骤主要是确定合适的加工方法。

②几何造型：把被加工零件的加工要求用几何图形描述出来，作为原始信息输入计算机，作为图形自动编程的依据，即原始条件。

③对几何图形进行定义：面对一个几何图形，编程系统并不是立即明白如何处理，需要编程员对几何图形进行定义，定义的过程就是告诉编程系统处理该几何图形的方法。不同的定义方法导致不同的处理方法，最终采用不同的加工方法。

④输入必需的工艺参数：把确定的工艺参数，通过"对话"的方式告诉编程系统，以便编程

系统在确定刀具运动轨迹时使用。

⑤产生刀具运动轨迹:计算机自动计算被加工曲面、补偿曲面和刀具运动轨迹,自动产生刀具轨迹文件,储存起来,供随时调用。

⑥自动产生数控程序:自动产生数控程序是由自动编程系统的后置处理程序模块来完成的。不同的数控系统,数控程序指令形式不完全相同,只需修改、设定一个后置程序,就能产生与数控系统一致的数控程序来。

⑦程序输出:由于自动编程系统在计算机上运行,所以其具备计算机所具有的一切输出手段。值得一提的是利用计算机和数控系统都具有的通信接口,只要自动编程系统具有通信模块即可完成计算机与数控系统的直接通信,把数控程序直接输送给数控系统,控制数控机床进行加工。

(二)数控加工程序的校验和首件试切

程序单和所制备的控制介质必须经过校验和试切削才能正式使用。一般的方法是将控制介质上的内容直接输入 CNC 装置进行机床的空运转检查,即在机床上用笔代替刀具、坐标纸代替工件进行空运转画图,检查机床轨迹的正确性。

在具有 CRT 屏幕图形显示的数控机床上,用图形模拟刀具相对工件的运动,则更为方便。但这些方法只能检查运动是否正确,不能查出由于刀具调整不当或编程计算不准而造成工件误差的大小。

因此必须用首件试切的方法进行实际切削检查。它不仅可以查出程序单和控制介质的错误,还可检查加工精度是否符合要求。当发现尺寸有误差时,应分析错误的原因,或者修改程序单,或者进行适当补偿。

第五节　数控加工文件的编写与归档

一、工艺文件的填写

数控加工工艺文件不仅是进行数控加工和产品验收的依据,也是操作者遵守和执行的规程,同时还为产品零件重复生产积累了必要的工艺资料,完成了技术储备,有的则是加工程序的具体说明,目的是让操作者进一步明确加工程序的内容、装夹方式、各个加工部位所选用的刀具及其他技术问题。填写工艺文件主要是指填写数控加工编程任务书、数控加工工序卡片、数控加工刀具卡片、数控加工进给路线图、数控加工程序单等。

(1)数控加工编程任务书

阐明了工艺人员对数控加工工序的技术要求、工序说明和数控加工前应保证的加工余量,是编程人员进行工艺协调工作和编制数控程序的重要依据之一。

(2)数控加工工序卡片

这种卡片是编制数控加工程序的主要依据和操作人员配合数控程序进行数控加工的主要指导性文件。主要包括工步顺序、工步内容、各工步所用刀具及切削用量等。当工序加工十分复杂时,也可把工序简图画在工序卡片上。数控加工工序卡片参考格式见表2-4。

表 2-4 数控加工工序卡片

数控加工工序卡片			零件图号						
			零件名称						
材料牌号			棒材外形尺寸			备注			
设备型号		设备编号			程序编号			冷却液	
工步号	工步内容	刀具号	刀具	量具及检具	主轴转速 /(r·min⁻¹)	轴向(Z) 移动量 /(mm·r⁻¹)	径向(X) 移动量 /(mm·r⁻¹)	吃刀量 /mm	备注
热处理									

（3）数控加工刀具卡片

刀具卡片是组装和调整刀具的依据，内容包括刀具号、刀具名称、刀杆规格、刀柄规格、刀片材料等。其格式参考表 2-5。

表 2-5　数控加工刀具卡片

数控加工刀具卡片							
产品名称或代号	智能单向阀门	零件名称	阀门件一	零件图号	FM-1	程序编号	%0001
序号	刀具号	刀具名称	刀杆规格	刀柄规格		刀片材料	备注
1	T0101	90°外圆车刀	25 mm×25 mm			硬质合金	
2		麻花钻		ϕ25 mm			
3	T0202	内孔车刀	25 mm×25 mm			硬质合金	
4	T0303	内槽刀	25 mm×25 mm			硬质合金	
5	T0404	内螺纹刀	25 mm×25 mm			硬质合金	
6	T0505	切断刀	25 mm×25 mm			硬质合金	
编制		审核		批准		共×页	第1页

（4）数控加工进给路线图

进给路线主要反映加工过程中刀具的运动轨迹,其作用一方面是方便编程;另一方面是帮助操作人员了解刀具的进给轨迹,以便确定夹紧位置和夹紧元件。

（5）数控加工程序单

数控加工程序单是编程员根据工艺分析情况,经过数值计算,按照数控机床的程序格式和指令代码编制的。它是记录数控加工工艺过程、工艺参数、位移数据的清单以及手动数据输入、实现数控加工的主要依据,同时可帮助操作人员正确理解加工程序内容。不同的数控机床、不同的数控系统,数控加工程序单的格式也不同。

二、典型轴类零件的数控加工工艺

如图 2-16 所示为典型轴类零件,该零件材料为 45 号钢,单件小批量生产,现要求对该零件进行数控车削工艺分析,并编写数控车削加工程序。

（1）分析零件图

图 2-16 所示零件表面由内外圆柱面、圆锥面、圆弧面及外螺纹等加工结构组成。零件图尺寸标注完整,轮廓描述清楚,图中多个直径尺寸与轴向尺寸有较高的尺寸精度和表面粗糙度要求。零件材料为 45 号钢,加工切削性能较好。

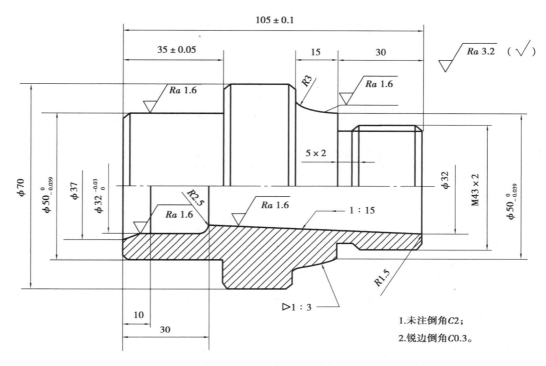

图 2-16　典型轴类零件

（2）加工方案

根据零件结构,需经两次装夹方可完成整个零件的加工。夹具直接采用三爪自定心卡盘,刀具的选择见表 2-6,其加工工序、工艺过程及切削用量见表 2-7 和表 2-8。

表 2-6　刀具的选择

刀具号	刀具类型	刀片规格	刀杆	备注
T01	外圆粗车刀	CNMG120408	PCLNR2020MO8	刀尖角 80°
T02	外圆精车刀	DNMG160404	DDHNR202OM98	刀尖角 55°
T03	内孔车刀	CPNT090304	S16R-SCLPR1103	刀尖角 80°
T04	内孔精车刀	TPGT160304	S16R-STUPR1103	刀尖角 60°
T05	外切槽刀	MWCR3	MTFH32-3	刃宽 3 mm,刀尖圆弧 0.2
T06	外螺纹刀	TTE200	MLTR2020	刀尖角 60°
T07	中心孔钻	—	—	$\phi5$ mm
T08	钻底孔钻头	—	—	$\phi25$ mm

表 2-7 左端数控加工工艺卡片

序号	加工内容	刀具号	刀具类型	切深 /mm	进给量/ (mm · r⁻¹)	主轴转速/ (r · min⁻¹)	程序号
1	车端面	T01	外圆车刀	0.5	0.1	600	手动
2	φ5 的中心钻钻削	T07	中心孔钻	φ5	0.05	1 200	手动
3	钻 φ25 的孔	T08	钻底孔钻头	φ25	0.1	300	手动
4	粗加工工件左端外形	T01	外圆粗车刀	4	0.2	800	
5	精加工工件左端外形	T02	外圆精车刀	0.5	0.1	1 000	
6	粗加工工件左端内形	T03	内孔粗车刀	3	0.2	800	O3907
7	精加工工件左端内形	T04	内孔精车刀	0.5	0.1	1 000	
左端加工,夹毛坯外圆,伸出 65 mm							

表 2-8 右端数控加工工艺卡片

序号	加工内容	刀具号	刀具类型	切深 /mm	进给量/ (mm · r⁻¹)	主轴转速/ (r · min⁻¹)	程序号
1	车端面	T01	外圆粗车刀	—	—	—	手动
2	粗加工工件右端锥孔	T03	内孔粗车刀	3	0.2	800	
3	精加工工件右端锥孔	T04	内孔精车刀	0.5	0.1	1 200	
4	粗加工工件右端外形	T01	外圆粗车刀	4	0.2	800	O3907
5	精加工工件右端外形	T02	外圆精车刀	0.5	0.1	1 000	
6	车 5×2 外槽	T05	外切槽刀	—	0.05	500	
7	加工 M43×2 外螺纹	T06	外螺纹刀	—	2	400	
右端加工,夹 φ50 mm 外圆							

三、平面槽型零件的数控加工工艺

图 2-17 所示为平面槽形凸轮零件。本工序的任务是在铣床上加工槽与孔。零件材料为 HT200,其数控铣床加工工艺分析如下。

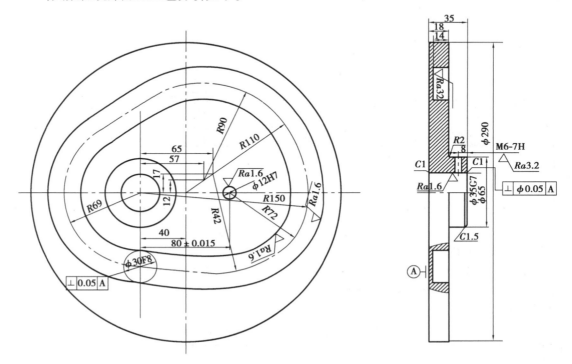

图 2-17　平面槽形凸轮零件

（1）零件图工艺分析

凸轮槽内、外轮廓由直线和圆弧组成,几何元素之间关系描述清楚完整,凸轮槽侧面与 $\phi 20_0^{+0.021}$ mm、$\phi 20_0^{+0.018}$ mm 两个内孔表面粗糙度值要求较低,为 $Ra = 1.6$ μm。凸轮槽内、外轮廓面和 $\phi 20_0^{+0.021}$ mm 孔与底面有垂直度要求。零件材料为 HT200,加工性能较好。

根据上述分析,凸轮槽内、外轮廓及 $\phi 20_0^{+0.021}$ mm、$\phi 20_0^{+0.018}$ mm 两个孔的加工应分粗、精加工两个阶段进行,以保证表面粗糙度要求。同时以底面 A 定位,提高装夹刚度以满足垂直度要求。

（2）确定装夹方案

根据零件的结构特点,加工 $\phi 20_0^{+0.021}$ mm、$\phi 20_0^{+0.018}$ mm 两个孔时,以底面 A 定位（必要时可设工艺孔）,采用螺旋压板机构夹紧。加工凸轮槽内、外轮廓时,采用“一面两孔”的方式定位,即以底面 A 和 $\phi 20_0^{+0.021}$ mm、$\phi 20_0^{+0.018}$ mm 两个孔为定位基准,装夹示意图如图 2-18 所示。

（3）确定加工顺序及进给路线

加工顺序按照基面先行、先粗后精的原则确定。因此应先加工用作定位基准的 $\phi 20_0^{+0.021}$ mm、$\phi 20_0^{+0.018}$ mm 两个孔,然后再加工凸轮槽内、外轮廓表面。为保证加工精度,粗、精加工应分开,其中 $\phi 20_0^{+0.021}$ mm、$\phi 20_0^{+0.018}$ mm 两个孔的加工采用钻孔→粗铰→精铰方案。

进给路线包括平面进给和深度进给两部分。平面进给时,外凸轮廓从切线方向切入,内凹轮廓从过渡圆弧切入。为使凸轮槽表面具有较好的表面质量,采用顺铣方式铣削。深度进给有两种方法:一种是在 *XOZ* 平面(或 *YOZ* 平面)来回铣削逐渐进刀到既定深度;另一种方法是先打一个工艺孔,然后从工艺孔进刀到既定深度。

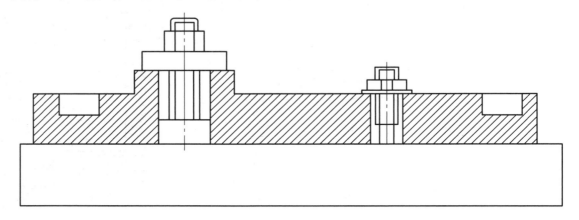

图 2-18　凸轮装夹示意图

(4)刀具的选择

根据零件的结构特点,铣削凸轮槽内、外轮廓时,铣刀直径受槽宽限制,取为 $\phi6$ mm。粗加工选用 $\phi6$ mm 高速钢立铣刀;精加工选用 $\phi6$ mm 硬质合金立铣刀。所选刀具及其加工表面见表 2-9。

表 2-9　平面槽形凸轮数控加工刀具卡

产品名称或代号			零件名称	平面槽型凸轮	零件图号	
序号	刀具号	刀具			加工表面	
		刀具规格名称	数量	刀长/mm		
1	T01	$\phi5$ 中心钻	1		钻 $\phi5$ 中心孔	
2	T02	$\phi19.6$ 钻头	1	45	$\phi20$ 孔粗加工	
3	T03	$\phi11.6$ 钻头	1	30	$\phi12$ 孔粗加工	
4	T04	$\phi20$ 铰刀	1	45	$\phi20$ 孔精加工	
5	T05	$\phi12$ 铰刀	1	30	$\phi12$ 孔精加工	
6	T06	90°倒角铣刀	1		倒角 *C*1.5	
7	T07	$\phi6$ 高速钢立铣刀	1	20	粗加工凸轮槽内、外轮廓	
8	T08	$\phi6$ 硬质合金立铣刀	1	20	精加工凸轮槽内、外轮廓	
编制		审核		批准		

(5)切削用量的选择

凸轮槽内、外轮廓精加工时留 0.1 mm 铣削余量,精铰 $\phi20$、$\phi12$ 两个孔时留

0.1 mm 铰削余量。选择主轴转速与进给速度时,先查切削用量手册,确定切削速度与每齿进给量,然后计算主轴转速与进给速度。

（6）填写数控加工工序卡片

将各工步的加工内容、所用刀具和切削用量填入表 2-10 中。

表 2-10　平面槽形凸轮数控加工工序卡

单位名称		产品名称或代号		零件名称		零件图号
工序号	程序编号	夹具名称		使用设备		车间
		螺旋压板				
工步号	工步内容	刀具号	刀具规格 /mm	主轴转速 /(r·min⁻¹)	进给速度 /(mm·min⁻¹)	背吃刀量 /mm
1	A 面定位钻 $\phi5$ 中心孔两处	T01	$\phi5$	755		
2	$\phi19.6$ 孔	T02	19.6	402	40	
3	钻 $\phi11.6$ 孔	T03	$\phi11.6$	402	40	
4	铰 $\phi20$ 孔	T04	$\phi20$	130	20	0.2
5	铰 $\phi12$ 孔	T05	$\phi12$	130	20	0.2
6	$\phi20$ 孔倒角 $C1.5$	T06	90°	402	20	
7	一面两孔定位,粗铣凸轮槽内轮廓	T07	$\phi6$	1 100	40	4
8	粗铣凸轮槽外轮廓	T07	$\phi6$	1 100	40	4
9	精铣凸轮槽内轮廓	T08	$\phi6$	1 495	20	14
10	精铣凸轮槽外轮廓	T08	$\phi6$	1 495	20	14
11	翻面装夹,铰 $\phi20$ 孔,另一侧倒角 $C1.5$	T06	90°	402	20	
编制：　审核：		批准：			共　页,第　页	

四、工艺文件的归档

（一）工艺文件归档要求

（1）正确性

①正确执行有关法律法规。

②正确贯彻有关标准(包括国际标准、国内标准和企业内部标准)。

③遵循标准化基本原则、方法和要求。

（2）完整性

①完整地叙述其内容。

②图样和技术文件的成套性。

（3）统一性

①图样之间、技术文件之间有关内容中的定义、术语、符号、代号和计量单位等的一致性。

②图样与技术文件之间达到上述要求。

（4）协调性

图样和技术文件中所提及的技术性能和技术指标要协调一致。

（5）清晰性

①表述清楚（简明扼要、通俗易懂）。

②书写规范（文字和符号正确、工整）。

③编制有序（格式符合有关规定）。

（二）工艺文件编制的基本要求

①工艺文件应采用先进的技术，选择科学、可行和经济效果最佳的工艺方案。在保证产品质量的前提下，尽量提高生产效率并降低消耗；工艺文件应做到完整、正确、统一、协调配套和清晰。

②各类工艺文件应依据产品设计文件、生产条件、工艺手段编制，并实施相关标准（明确给出标准名称和代号）的要求；应尽可能采用通用工艺、标准工艺、典型工艺；不允许引用已废止的标准，也不允许使用禁用工艺。

③工艺文件应规定工件加工条件、方法、步骤，以及生产过程中所用工艺设备、工装、主要材料和辅助材料，并明确产品检测和验证要求。必要时工艺文件中应规定刀具、量具、工具的名称和规格。

④对工艺状态与设计图样有不同要求的工序，要特别注明工艺技术状态要求的参数。临时工艺应注明编制依据（如技术单号、更改单号），并规定有限范围（如批次数量、日期）。

⑤工艺规程一般应以产品单个零部件进行编制，结构特征和工艺特征相近的产品零部件应编制通用工艺规程。

⑥工艺附图应标注完成工艺过程所需要的数据（如尺寸、极限偏差、表面粗糙度等），图形应直观、清晰。工艺附图的绘制比例应协调，局部缩放视图应按实际比例进行标注。

⑦为了避免工艺路线更改时的漏改及与生产作业不一致，应明确规定各专业工艺规程编制终检收尾。

第三章
数控机床检测装置

第一节　数控机床检测装置概述

在闭环和半闭环伺服系统中,位置控制是指将计算机数控系统插补计算的理论值与实际值的检测值相比较,用二者的差值去控制进给电动机,使工作台或刀架运动到指令位置。实际值的采集,则需要位置检测装置来完成。位置检测元件可以检测机床工作台的位移、伺服电动机转子的角位移和速度。

一、数控机床对检测装置的主要要求

精密检测装置是高精度数控机床的重要保证。一般来说,数控机床上使用的检测装置应该满足以下要求:

①工作可靠,抗干扰性强。

②能满足精度和速度的要求。

③使用维护方便,适合机床的工作环境。

④成本低。

二、位置检测装置的分类

根据测量原理和测量方式的不同,数控机床中的检测方式可分为如下几类。

(1)直接测量和间接测量

在数控机床中,位置检测的对象有工作台的直线位移及旋转工作台的角位移,检测装置有直线式和旋转式。典型的直线式测量装置有光栅、磁栅、感应同步器等。旋转式测量装置有光电编码器、旋转变压器等。

若位置检测装置测量的对象就是被测量本身,即直线式测量直线位移,旋转式测量角位移,该测量方式称为直接测量。直接测量组成位置闭环伺服系统,其测量精度由测量元件和安装精度决定,不受传动精度的直接影响。但检测装置要和行程等长,这对大型机床来说是一个局限。

若位置检测装置测量出的数值通过转换才能得到被测量,如用旋转式检测装置测量工作台的直线位移,要通过角位移与直线位移之间的线性转换求出工作台的直线位移。这种测量方式称为间接测量。间接测量组成位置半闭环伺服系统,其测量精度取决于测量元件和机床传动链二者的精度。因此,为了提高定位精度,常常需要对机床的传动误差进行补偿。间接测量的优点是测量方便可靠,且无长度限制。

(2)增量式测量和绝对式测量

增量式测量装置只测量位移增量,即工作台每移动一个基本长度单位,检测装置便发出一个检测信号,此信号通常是脉冲形式。增量式检测装置均有零点标志,作为基准起点。数控机床采用增量式检测装置时,在每次接通电源后要回参考点操作,以保证测量位置的正确。绝对式测量是指被测的任一点位置都从一个固定的零点算起,每一个测点都有一个对应的编码,常以二进制数据形式表示。

(3)数字式测量和模拟式测量

数字式测量是以量化后的数字形式表示被测量。得到的测量信号为脉冲形式,以计数后得到的脉冲个数表示位移量。其特点如下:便于显示、处理;测量精度取决于测量单位,与量程基本无关;抗干扰能力强。模拟式测量是将被测量值用连续的变量来表示,模拟式测量的信号处理电路较复杂,易受干扰,数控机床中常用于小量程测量。

对于不同类型的数控机床,因工作条件和检测要求不同,可采用不同的检测方式。目前在数控机床上常用的检测装置见表3-1,本章将对其中常用的几种加以介绍。

表3-1　位置检测装置分类

类型	数学式		模拟式	
	增量式	绝对式	增量式	绝对式
回转型	增量式脉冲编码器,圆光栅	绝对式脉冲编码器	旋转变压器,圆感应同步器,圆形磁栅	多极旋转变压器
直线型	长光栅,激光干涉仪	编码尺	直线感应同步器,磁舞,容栅	绝对值式磁尺

第二节　编码器

编码器又称编码盘,是一种常用的旋转式测量元件,通常装在被测轴上,随被测轴一起转动,可将被测轴的角位移转换成增量脉冲形式或绝对式的代码形式。根据使用的计数制不同,有二进制编码、二进制循环码(格雷码)、余三码和二-十进制码等编码器;根据输出信号形式的不同,可分为绝对值式编码器和脉冲增量式编码器;根据内部结构和检测方式可分为接触式、光电式和电磁感应式三种。脉冲编码器除用在角度测量外,还可用作速度检测。编码器在数控机床中有两种安装方式:一是和伺服电动机同轴连接在一起,称为内装式编码器,伺服电动机再和滚珠丝杠连接,编码器在进给传动链的前端;二是编码器连接在滚珠丝杠末端,称为外装式编码器。

一、光电脉冲编码器

（一）脉冲编码器的分类与结构

脉冲编码器是一种旋转式脉冲发生器，能把机械转角转变为电脉冲，是数控机床上使用广泛的位置检测装置，经过变换电路也可以用于速度检测，同时作为速度检测装置。脉冲编码器分为光电式、接触式和电磁感应式 3 种。从精度和可靠性方面来看，光电式脉冲编码器优于其他两种。数控机床上主要是使用光电式脉冲编码器。脉冲编码器是一种增量检测装置，它的型号是由每转发出的脉冲数来区分的。数控机床上常用的脉冲编码器有 2 000 脉冲/r、2 500 脉冲/r 和 3 000 脉冲/r 等；在高速、高精度数字伺服系统中，应用高分辨率的脉冲编码器，如 20 000 脉冲/r、25 000 脉冲/r 和 3 000 脉冲/r 等，现已有每转发出 10 万个脉冲，乃至几百万个脉冲的脉冲编码器，该编码器装置内部应用了微处理器。

光电式脉冲编码器由光源、透镜、光电盘、光栅板（圆盘）、光电元件和信号处理装置等组成，如图 3-1 所示。光电盘用玻璃材料研磨抛光制成，玻璃表面在真空中镀上一层不透光的铬，再用照相腐蚀法在上面制成向心透光窄缝。透光窄缝在圆周上等分，其数量从几百条到几千条不等。光栅板（圆盘）也用玻璃材料研磨抛光制成，其透光窄缝为两条，每一条后面安装一只光电元件。

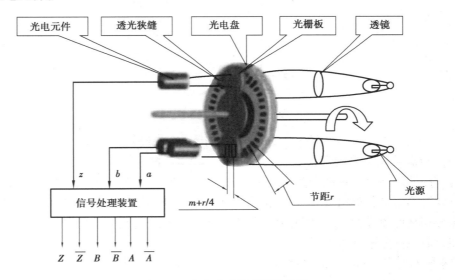

图 3-1 光电脉冲编码器的结构

（二）光电脉冲编码器的工作原理

如图 3-2 所示，当圆光栅旋转时，光线透过两个光栅的线纹部分，形成明暗相间的 3 路莫尔条纹，同时光敏元件接收这些光信号，并转化为交替变换的电信号 A、B（近似于正弦波）和 Z，再经放大和整形变成方波。其中 A、B 信号称为主计数脉冲，它们在相位上相差 90°，如图 3-3 所示；Z 信号称为零位脉冲，"一转一个"，该信号与 A、B 信号严格同步。零位脉冲宽度是主计数脉冲宽度的一半，细分后同比例变宽。这些信号作为位移测量脉冲，如经过频率/电压变换，也可作为速度测量反馈信号。

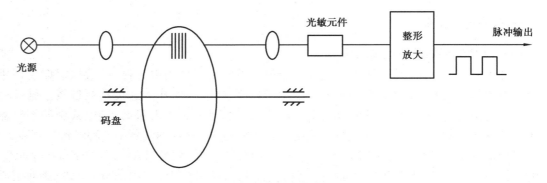

图 3-2　光电脉冲编码器的工作原理

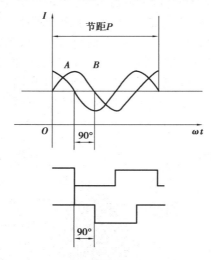

图 3-3　光电脉冲编码器的输出波形

(三)光点脉冲编码器的运用

光电脉冲编码器应用在数控机床数字比较伺服系统中,作为位置检测装置。光电脉冲编码器将位置检测信号反馈给 CNC 装置有几种方式:一是使用减计数要求的可逆计数器,形成加计数脉冲和减计数脉冲;二是使用有计数控制端和方向控制端的计数器,形成正走、反走计数脉冲和方向控制电平。

图 3-4 所示为第一种方式的电路图和波形图。光电脉冲编码器的输入脉冲信号,经过差分驱动传输进入 CNC 装置,仍为 A 相信号和 B 相信号,如图 3-4(a)所示。将 A、$\bar{A}$、B、$\bar{B}$ 信号整形后,变成规则的方波(电路中 a、b 点)。当光电脉冲编码器正转时,A 相信号超前 B 相信号,经过单稳电路变成 d 点的窄脉冲,与 B 相反向后 c 点的信号进入"与门",由 e 点输出正向计数脉冲;而 f 点由于在窄脉冲出现时 b 点的信号为低电平,所以 f 点也保持低电平。这时可逆计数器进行加点计数。当光电脉冲编码器反转,B 相信号超前 A 相信号,在 d 点窄脉冲出现时,因为 c 点是低电平,所以 e 点保持低电平;而 f 点输出窄脉冲,作为方向减计数脉冲。这时可逆计数器进行减计数。这样实现了不同旋转方向时,数字脉冲由不同通道输出,分别进入可逆计数器做进一步的误差处理。

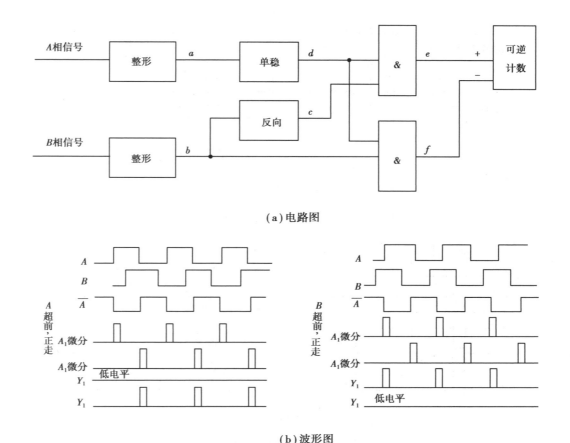

（a）电路图

（b）波形图

图 3-4　脉冲编码器组成计数器方式一

　　图 3-5 所示为第二种方式的电路图和波形图。光电脉冲编码器的输出脉冲信号 A、$\overline{A}$、B、$\overline{B}$ 经过差分驱动传输进入 CNC 装置，为 A 相信号和 B 相信号，该两路信号为电路的输入脉冲，经整形和单稳后变为 A_1、B_1 窄脉冲。正走时，A 脉冲超前 B 脉冲，B 方波和 A_1 窄脉冲进入 C"与非门"，A 方波和 B_1 脉冲进入 D"与非门"，则 C 门和 D 门分别输出高电平和负脉冲。这两个信号使 1、2"与非门"组成的"R-S"触发器置"O"（此时，Q 端输出"0"，代表正方向），使 3"与非门"输出正走计数脉冲。反走时，B 脉冲超前 A 脉冲。B、A_1 和 A、B_1 信号同样进入 C、D 门，但由于信号相位不同，使 C、D 门分别输出负脉冲和高电平，从而将"R-S"触发器置"1"（Q 端输出"1"，代表负方向）、3 门输出反走计数脉冲。不论正走、反走，"与非门"3 都是计数脉冲输出门，"R-S"触发器的 Q 端输出方向控制信号。

　　现代全数字数控伺服系统中，由专门的微处理器通过软件对光电编码器的信号进行采集、传送和处理，完成位置控制任务。

　　上面介绍的光电脉冲编码器主要用在进给系统中。如果在主运动（主轴控制）中也采用这种光电脉冲编码器，则该系统成为具有位置控制功能的主轴控制系统，或者叫作 C 轴控制。在一般主轴控制系统中，采用主轴位置脉冲编码器，其原理与光电脉冲编码器一样，只是光栅线纹数为 1 024/周，经 4 倍频细分电路后，为每转 4 096 个脉冲。

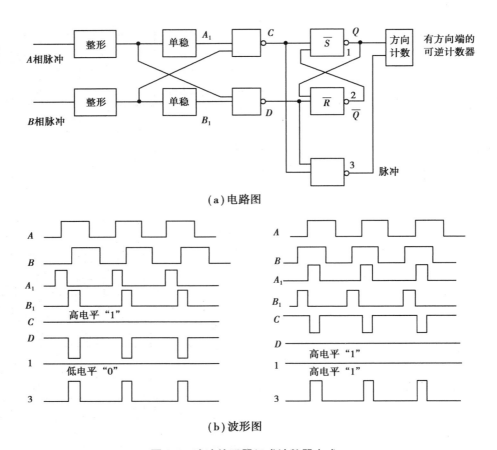

（a）电路图

（b）波形图

图 3-5　脉冲编码器组成计数器方式二

主轴位置脉冲编码器的作用是控制自动换刀时的主轴准停以及车削螺纹时的进刀点和退刀点的定位。加工中心自动换刀时，需要定向控制主轴停在某一固定位置，以便在该处进行换刀等动作，只要数控系统发出换刀指令，即可利用主轴位置脉冲编码器输出信号使主轴停在规定的位置上。数控车床车削螺纹时需要多次走刀，车刀和主轴都要求停在固定的准确位置上，其主轴的起点和终点角度位置依据主轴位置脉冲编码器的"零脉冲"作为基准来准确保证。

在进给坐标轴中，还应用一种手摇脉冲发生器，一般每转产生 1 000 个脉冲，脉冲当量为 1 μm，它的作用是慢速对刀和手动调整机床。

二、绝对编码器

（一）绝对编码器的结构与原理

绝对编码器是一种直接编码式测量装置，它将被测转角直接转换成相应的数码输出，指示其绝对位置。绝对编码器具有无累积误差，断电后信息也不会丢失等优点。安装有绝对编码器的数控机床在开机后不用返回参考点，即可得到各坐标的当前位置。因此，其在数控机床上的应用越来越广泛。

绝对式编码器一般由三大部分组成：旋转的编码盘、光源和光电敏感元件。编码盘由多条刻线和编码轨道（以下简称"码道"）组成，码道为若干个同心的圆环，圆环的数量与编码器的位数成正比。显然，绝对值码盘的分辨率与码道的数量有关。如果用 N 表示码盘的码道数目,即二进制位数,则角度分辨率为 $360°/2^N$。高精度的绝对值编码器已经做到 30 位,分辨率接近 0.001"。

绝对式编码器一般是利用自然二进制或循环二进制(又称格雷码,grey code)方式进行光电转换和编码的。图 3-6 为自然二进制编码的码盘示意图,每个码道代表二进制的一位,靠近圆心的码道代表最高位,越往外位数越低,最外圈是最低位。之所以这样分配是因为最低位的码道要求分割的明暗段数最多,而最外层周长最大,容易分割。由于刻线的不精确,扇形的宽度不可能没有误差。因此,采用二进制编码的缺点是在两个位置交换处可能产生很大的误差。例如,在 0000 和 1111 相互换接的位置,可能会出现在 0000~1111 的各种不同的数值,造成读数误差。在其他位置也有类似的现象,这种误差被称为非单值性误差或读数模糊。为了消除此种现象,常用另一种编码方法,即循环二进制码或称格雷码。图 3-7 为采用二进制循环码的码盘示意图。循环二进制码是一种单位间隔码,特点是两个相邻的计数图案间只有一位数变化,即二进制数有一个最小位数的增量时,只有一位改变状态。它大大减小了由一个状态转换到另一个状态时逻辑的混淆。另外,当多于一位改变了状态时,控制器可以拒绝或修改阅读参数。因此其产生的误差不超过最小的"1"个单位。但是,循环二进制码是一种无权码,不适合计算机和一般数字系统直接处理,因此需要附加一个逻辑处理转换装置将其转换为自然二进制码。从图 3-6 和图 3-7 可以看出 4 位循环二进制码与自然二进制码的对应关系。

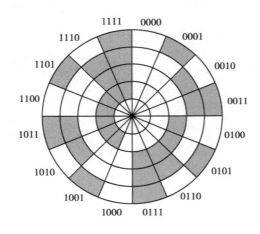 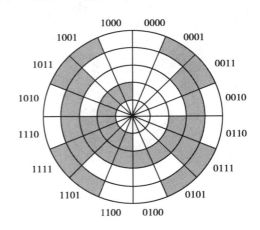

图 3-6　二进制编码盘　　　　　图 3-7　二进制循环码编码盘

从循环二进制码到普通二进制码的转换过程如下:从左边第二位起,将每位与左边一位解码后的值异或,作为该位解码后的值(最左边一位保持不变)。例如,格雷码 0111 为 4 位数,所对应的二进制码也必为 4 位数,设为 $abcd$。根据转换规则

$a=0$

$b=a \text{ XOR } 1=0 \text{ XOR } 1=1$

$c=b \text{ XOR } 1=1 \text{ XOR } 1=0$

$d=c \text{ XOR } 1=0 \text{ XOR } 1=1$

因此,转换的二进制码为 0101。循环二进制码的编码方式不是唯一的,上面讨论的是最常用的一种。

对于如图 3-6 和图 3-7 所示的编码器,当转动超过 360° 时,编码又回到原点。因此,这样的编码只能用于旋转范围在 360° 以内的测量,称为单圈绝对值编码器。如果要测量超过 360°

的旋转,就要用到多圈绝对值编码器。多圈绝对值编码器在单圈编码的基础上再增加圈数的编码,以扩大编码器的测量范围。圈数的编码可以分为电子增量计圈与机械绝对计圈等多种形式。电子增量计圈通过电池记忆圈数,实际上是单圈绝对、多圈增量,优点是省掉了机械齿轮绝对编码,体积小且没有圈数的限制。但它毕竟是多圈增量的,不是真正意义的绝对值,且断电后依赖电池记忆圈数,会存在电池耗尽的问题,可靠性大打折扣。机械绝对计圈编码器采用钟表齿轮机械的原理,当中心码盘旋转时,通过齿轮传动另一组码盘(或多组齿轮,多组码盘),在单圈编码的基础上再增加圈数的编码,以扩大编码器的测量范围,如图 3-8 所示。它由机械位置确定编码,每个位置编码唯一不重复,且无须记忆。机械绝对计圈,无论每圈的位置还是圈数都是绝对的,具有高的可靠性和耐用性,但计量圈数有一定的范围限制,目前应用较多的是 4 096 圈和 65 536 圈。另外,多圈编码器由于测量范围大,实际使用往往富余较多,这样在安装时不必刻意找零点,将某一中间位置作为起始点就可以了,从而大大简化了安装调试难度。

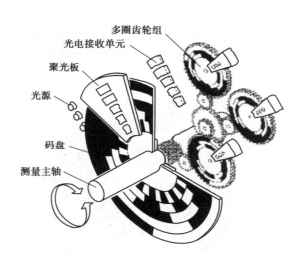
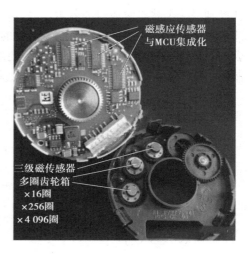

图 3-8 多圈编码器原理图及实物

另外,还有一种混合式绝对编码器,它在上面介绍的绝对编码器的基础上附加增量信号。此种编码器将增量制码与绝对制码做在一块码盘上,码盘的最外圈是高密度的增量制条纹,或增加单独的增量信号码盘。此种类型编码器提供了绝对与增量信号的双输出,优点是:

①增量信号可以作为绝对信号的冗余。

②实际应用时可以利用绝对信号构成位置闭环,而增量信号作为速度闭环,构成位置控制与速度控制的双闭环系统,以达到位置的精确和速度的高效。

③如果增量信号输出为正弦信号,可以采用细分技术,在绝对编码器两个最小相邻码之间,利用相位变化的不同,获得更精细的信号输出,从而大大提高绝对编码器的分辨率。

(二)绝对编码器的信号输出

绝对编码器信号输出有并行输出、串行输出、模拟信号转换输出、总线型输出、变送一体型输出等多种类型,以下讲述前三种。

(1)并行输出

绝对编码器输出的是多位数码(循环二进制码),并行输出就是在接口上有多点高低电平输出,以代表数码的 1 或 0,对于位数不高的绝对编码器,一般就直接以此形式输出数码,可直接进入 PLC 或上位机的 VO 接口,输出即时,连接简单。但是并行输出有如下问题:

①必须是循环二进制码,因为纯二进制码在数据刷新时可能有多位变化,读数会在短时间里造成错码。

②所有接口必须确保连接好,因为如有个别接口连接不良,该处电位始终是 0,将造成错码且难以诊断。

③传输距离不能远,一般一两米,对于复杂环境,最好有隔离。

④由于位数较多,需要多芯电缆,并要确保连接可靠,由此带来工程难度。

(2)串行输出

串行输出就是通过约定,在时间上有先后的数据输出,这种约定称为通信协议。串行输出连接线少,传输距离远,信号传输的可靠性大大提高,一般高位数的绝对编码器都采用串行输出。按照发送指令与数据是否同步,串行输出又可分为同步串行输出和异步串行输出。

同步通信是一种连续串行传送数据的通信方式,字符数据间不允许有间隙,以同步字符作为传送的开始,以实现收发同步。同步通信要求发送时钟与接收时钟保持严格的同步。同步串行接口又称 SSI 通信协议。SSI 接口的编码器数据测定和传送有多种形式,但通常只有两种信号(时钟信号和数据信号),不受编码器精度影响。由编码器读数系统读取数据,并且把该数据持续地发送给并行/串行转换器。当单稳态触发器被时钟信号触发后,数据被存储和传输至具有时钟同步信号的输出端。传输数据帧的长度,由编码器的类型(单圈或多圈)来决定,传输的位数可以是任意的。一般单圈编码器是 13 位,多圈编码器是 25 位。为了增强抗干扰能力和长距离传输,时钟和数据信号采用差分方式传送(RS422)。同步传输可以实现波特率的自适应,在需要高速实时控制的场合采用高速同步时钟,提高数据的传输速度,而在另外一些对数据传输要求不是很高的场合,可以采用低速的波特率来增加传输长度。SSI 通信可以分为主方和从方,主方是一些控制器,如 CNC、PLC 或人机界面等,从方是绝对编码器。主方发送同步时钟脉冲,从方在接收到同步时钟脉冲后在时钟的上升沿送出数据,数据和时钟的传输都是单向的,其工作原理如图 3-9 所示。

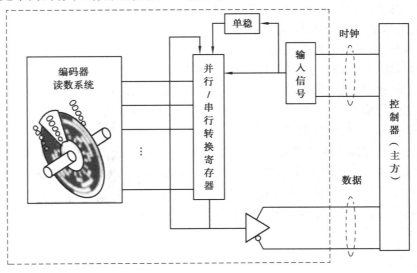

图 3-9　绝对编码 SSI 通信原理图

SSI 只是同步串行通信接口的简称,国际上并没有统一的标准,各个厂家之间可能有细微的差别。在 SSI 基础上,为了进一步提高数据传输的可靠性,许多知名编码器厂商在同步串行信号上增加了循环校验码,采用双向数据传输,并可以读取编码器内部的工作温度、限位开关、加速度等信息,形成了专用接口,如德国约翰内斯·海德汉博士有限公司的 Endat 信号接口,德国 iC-Haus GmbH 公司的 BiSS 开放式串行通信协议等。

异步通信的特点是数据以字符或字节为单位传输的,字符与字符之间是完全异步的;数据传输时,通常以"起始位"开始,以"停止位"结束,靠起始和停止位实现字符的界定。异步通信的优点是不需要时钟同步线,但通信的主从双方必须采用同一个波特率才能实现正确的接收和发送。为此必须有一个波特率的协商机制,比如双方可以先确定一个固定的波特率或通过一个特定的方法得到波特率。常用的异步串行接口有德国西克公司(SICK AG)的 Hiperface 信号接口、RS485、Profibus-DP(DP: Decentralized Periphery)、CANopen、Modbus、DeviceNet 等。这类编码器的特点是可多点连接控制、节省连接线缆、接收设备接口,传输距离远,在多个编码器集中控制的情况下可以大大节省成本,但相对于同步通信的编码器,其数据传输速度受到一定限制。

(3)模拟信号转换输出

绝对编码器内嵌智能芯片和数模转换电路,将内部的数字化信号转换为模拟电流 4~20 mA 或模拟电压 0~5 V 输出,适合需要连接模拟接口的特殊场合。

三、脉冲编码器在数控机床中的运用

①位移测量:由于增量式光电编码器每转过一个分辨角就发出一个脉冲信号,因此,根据脉冲的数量、传动比及滚珠丝杠螺距即可得出移动部件的线位移。如某带光电编码器的伺服电机与滚珠丝杠直联(传动比 1:1),光电编码器 1 024 脉冲/r,丝杠螺距 8 mm,在数控系统伺服中断时间内计脉冲数 1 024 个,则在该时间段里,工作台移动的距离为 8 mm。

②主轴控制:主运动(主轴控制)中采用主轴位置脉冲编码器,则成为具有位置控制功能的主轴控制系统,或者叫作"C"轴控制。可实现主轴旋转与 Z 坐标轴进给的同步控制;恒线速切削控制,即随着刀具的径向进给及切削直径的逐渐减小或增大,通过提高或降低主轴转速,保持切削线速度不变;主轴定向控制等。

③转速测量:由光电编码器发出脉冲的频率或周期可测量转速。利用脉冲频率测量转速是在给定的时间内对编码器发出的脉冲计数,计算出该时间内光电编码器的平均速度。利用脉冲周期测量转速,是在编码器的一个脉冲间隔内采集标准时钟脉冲的个数来计算转速。

④用于交流伺服电动机控制:编码器应用于交流伺服电动机控制中,用于转子位置检测;提供速度反馈信号;提供位置反馈信号。

⑤零点脉冲信号用于回参考点控制,当数控机床采用增量式的位置检测装置时,数控机床在接通电源后要做回到参考点的操作。参考点位置是否正确与检测装置中的零点脉冲信号有关。在回参考点时,数控机床坐标轴先以快速向参考点方向运动,当碰到减速挡块后,坐标轴再以慢速趋近,当编码器产生零点脉冲信号后,坐标轴再移动一设定的距离而停止于参考点。

第三节　光栅尺

一、光栅尺的分类

光栅尺位移传感器是当前高精度数控机床位移测量与反馈的主要传感器,其精度仅次于激光式测量。按照制造方法和光学原理的不同,可分为透射光栅和反射光栅。透射光栅是指在光学玻璃上利用光刻机刻上大量宽度和距离都相等的平行条纹制品,其光源与接收装置分别放置在光栅尺的两侧,通过接收光栅尺透过来的衍射光的变化反映位置变化。反射光栅是指在金属镜面上制成的全反射与漫反射间隔相等的密集条纹制品,其光源与接收装置安装在光栅尺的同一侧,通过接收光栅尺反射回来的衍射光变化反映位置的变化。

透射光栅制作工艺相对简单,光栅条纹边缘清晰,且采用垂直入射光,光电元件可直接接收,因此其读数头结构简单。但由于玻璃的强度限制,其长度受到一定制约。反射光栅由于其基体为金属,其线膨胀系数容易做到与机床本体一致,且不易破碎,接长方便,长度可达百米以上,可用于大行程位移的测量。

光栅尺根据运动方式的不同,分为直线光栅和圆光栅。直线光栅用来测量直线位移,圆光栅用来测量角位移。根据编码输出方式的不同,分为增量式光栅尺和绝对式光栅尺。由于采用绝对式光栅位移传感器的机床,在重新开机后,无须执行回参考点操作,就可以立刻获得各个轴当前的位置值及刀具的空间指向。因此可以省去原点开关,甚至可以省掉行程开关。绝对式光栅位移传感器是高档全闭环数控机床的应用主流。

二、增量式直线光栅尺

下面以采用透射光栅的光栅尺为例,介绍增量式直线光栅尺的工作原理。

(一)结构

增量式直线光栅尺一般由标尺光栅和光栅读数头两部分组成。标尺光栅一般固定在机床活动部件上(如工作台上),光栅读数头装在机床固定部件上,指示光栅安装在光栅读数头中。此种安装方式的优点是读数头固定,其输出导线不移动容易固定。当然也可以将标尺光栅安装在固定部件上,而读数头运动,此时需要安装电缆拖链来保护读数头电缆。当光栅读数头相对于标尺光栅移动时,指示光栅便在标尺光栅上相对移动。图3-10为德国海德汉公司封闭式直线光栅尺实物及结构示意图,图3-11为增量光栅尺读数头的原理图。

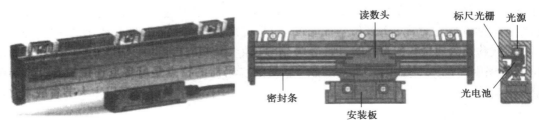

图3-10　封闭式直线光栅尺实物及结构示意图

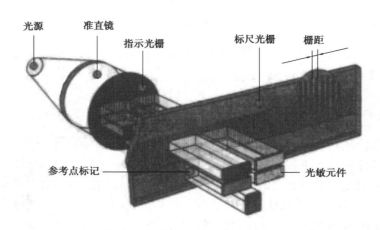

光源　准直镜　指示光栅　标尺光栅　栅距

参考点标记　光敏元件

图 3-11　增量光栅尺读数原理

标尺光栅和指示光栅统称为光栅尺,它们是在真空镀膜的玻璃片或长条形金属镜面上光刻出均匀密集的线纹。光栅的线纹相互平行,线纹之间的距离称为栅距。对于圆光栅这些线纹是圆心角相等的向心条纹,两条向心条纹线之间的夹角称为栅距角。栅距和栅距角是决定光栅光学性质的基本参数。对于直线光栅,玻璃透射光栅的线纹密度一般为每毫米 100~250 个条纹;金属反射光栅的线纹密度一般为每毫米 25~50 个条纹。对于圆光栅,一周内可有 10 800 条线纹(圆光栅直径为 270 mm)。实际应用中,标尺光栅与指示光栅的线纹密度必须相同。

光栅读数头又叫光电转换器,它把光栅莫尔条纹转换为电信号。图 3-11 为垂直入射的读数头原理。读数头由光源、透镜、指示光栅、光敏元件和驱动线路等组成。图中的标尺光栅不属于光栅读数头,但它要穿过光栅读数头,且保证与指示光栅有准确的相互位置关系,间隙要严格保证(一般为 0.05~0.1 mm)。光栅读数头还有分光读数头、反射读数头和镜像读数头等几种。

(二)工作原理

当指示光栅上的线纹和标尺光栅上的线纹之间形成一个小角度 θ,并且两个光栅尺刻面相对平行放置时,在光源的照射下,在垂直栅纹方向上,会形成明暗相间的条纹。这种条纹称为"莫尔条纹",如图 3-12 所示。严格地说,莫尔条纹排列的方向是与两片光栅线纹夹角的平分线相垂直的。莫尔条纹中两条亮纹或两条暗纹之间的距离称为莫尔条纹的宽度,以 W 表示。莫尔条纹具有以下特征。

(1)莫尔条纹的变化规律

当光栅相对移过一个栅距时,莫尔条纹移过一个条纹间距。如图 3-12 所示,线 1,2 是标尺光栅上两条相邻的不透光条纹,线 3 是指示光栅上的一条不透光条纹。线 2 与线 3 交于 A 点,线 1 与线 3 交于 B 点,这两个点都是暗点。当标尺光栅移过一个栅距时,线 2 移到线 1 的位置,A 点移动到原来的 B 点位置。莫尔条纹准确地移过了它自己的一个间距。由于光的衍射与干涉作用,莫尔条纹的变化规律近似正(余)弦函数,变化周期数与两光栅相对移过的栅距数同步。

(2)放大作用

在两光栅栅线夹角 θ 较小的情况下,莫尔条纹宽度 W 和光栅栅距 d 栅线夹角 θ 之间有下列关系:

$$W \approx \frac{d}{\sin \theta}$$

式中，θ 的单位为 rad；W 的单位为 mm。当 θ 角很小时，又有 $\sin \theta \approx \theta$，则

$$W \approx \frac{d}{\theta}$$

若 $d = 0.01$ mm，$\theta = 0.01$ rad，则由上式可得 $W = 1$ mm，即把光栅距转换成放大 100 倍的莫尔条纹宽度。

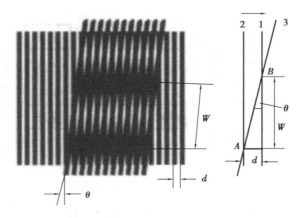

图 3-12　莫尔条纹

（3）均化误差作用

莫尔条纹是由若干光栅条纹共同形成，例如 100 line/mm 的光栅，10 mm 宽的莫尔条纹就由 1 000 条线纹组成，这样栅距之间的相邻误差就被平均化了，消除了栅距不均匀造成的误差。

（三）位移方向的确定

和增量式旋转脉冲编码器一样，采用两个光敏元件即可判断位移方向。为此，需设置两个狭缝，其中心距离为 $W/4$。透过两个狭缝的光，分别为两个光电元件所接收。至于哪一个信号超前，完全取决于移动方向。

（四）光栅位移—数字变换电路

在光栅测量系统中，为了提高分辨率和测量精度，仅靠增大栅线的密度来实现是不现实的，因为线纹密度超过 250 line/mm 的光栅制造非常困难，成本也高。另外，标尺光栅与指示光栅之间的安装间隙与栅距成正比，当栅距很小时，安装调整的难度也会大大增加。工程上常采用莫尔条纹的细分技术来提高光栅检测的分辨率。细分技术包括光学细分、机械细分和电子细分等。伺服系统中，应用最多的是电子细分方法。本书介绍一种常用的四倍频光栅位移—数字变换电路，图 3-13 为该电路的组成，其中（a）为原理框图，（b）为逻辑电路图。

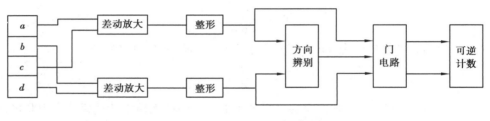

（a）原理框图

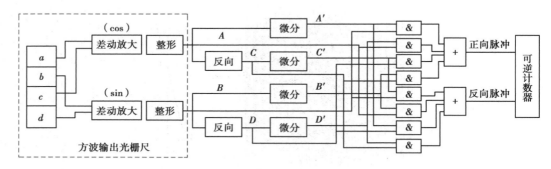

（b）逻辑电路图

图 3-13　四倍频光栅位移—数字变换电路

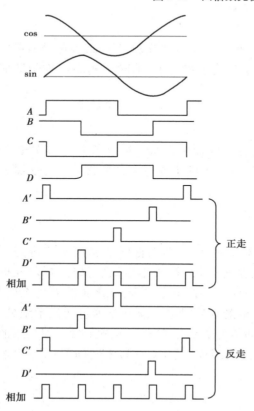

图 3-14　四倍频电路工作波形

图 3-14 为四倍频电路工作波形图。光栅移动时产生的莫尔条纹由光电元件接收，然后经过位移—数字变换电路形成运动时的正向脉冲和负向脉冲，由可逆计数器计数。在一个莫尔条纹的宽度内，按一定间隔放置 4 块光电池，发出的信号分别为 a、b、c 和 d，相位彼此相差 90°。a，c 信号是相位差为 180°的两个信号，送入差动放大器放大，得余弦（cos）信号。同时将信号幅度放到足够大。同理 b、d 信号送入另一个差动放大器，得到正弦（sin）信号。余弦、正弦信号经整形变成方波 A 和 B，A 和 B 信号经反向得 C 和 D 信号。A、C、B、D 信号再经微分变成窄脉冲 A'、C'、B'、D'，即在正走或反走时每个方波的上升沿产生窄脉冲，由与门电路把 0°、90°、180°、270°四个位置上产生的窄脉冲组合起来，根据不同的移动方向形成正向脉冲或反向脉冲，用可逆计数器进行计数，测量光栅的实际位移。本质上讲四倍频是通过电路分别对 A、B 信号的上升沿与下降沿都计数而实现的。

增量式光栅检测装置通常给出这样一值号:A、$\overline{A}$[相当于图 3-13(b)中的 C 信号],B、$\overline{B}$[相当于图 3-13(b)中的 D 信号],Z、$\overline{Z}$ 六个信号。其中,A 与 B 相差 90°,$\overline{A}$、$\overline{B}$ 分别为与 A、B 反相 180°的信号。Z、$\overline{Z}$ 互为反相,是零位参考信号。所有这些信号都是方波信号。图 3-13(b)中,就是利用这些信号组成了四倍频细分电路(图中 A、C、B、D 信号右面的部分)。零位参考信号是增量式光栅尺用来建立绝对基准的。高速高精的增量光栅尺一般输出正弦和余弦模拟信号,此信号进入控制器后,可以采用插补电路利用信号波形相位的变化对其进行 5 倍、10 倍、20 倍甚至 100 倍以上的细分。

需要注意的是,细分技术仅仅提高了光栅尺传感器的分辨率,至于精度还是由光栅尺刻线时的精度所决定的。如某型号光栅尺的指标如下,分辨率为 0.005 μm,精度等级为 ±3 μm。高分辨率不一定代表高精度,但高精度的运动系统一定要选择高分辨率的传感器。

(五)安装注意事项

安装光栅尺位移传感器时,不能直接将传感器安装在粗糙不平的床身上,更不能安装在打底涂漆的床身上。光栅主尺及读数头分别安装在机床相对运动的两个部件上,用千分表检查机床工作台的主尺安装面与导轨运动方向的平行度。千分表固定在床身上,移动工作台,要求平行度达到 0.1 mm/1 000 mm 以内。如果不能达到这个要求,则需设计加工一个光栅尺基座,对基座的要求:

①基座最好长出光栅尺 50 mm 左右;
②基座通过铣、磨工序加工,保证其平面度在 0.1 mm/1 000 mm 以内。

三、绝对光栅尺

绝对光栅尺在开机时立即提供当前的位置信息,无需备用电池,使控制系统(数控、计算机、驱动器、数显表等)在工作状态下能随时、准确、快速地得到机床当前的坐标值,而不像使用增量式直线光栅尺那样,需要进行回零操作,从而大大提高了机床的工作效率,且更可靠和安全。图 3-15 为绝对光栅尺的工作原理图。绝对光栅尺由多组不同刻线周期的光栅条纹组成,按照一定规则排列的光电池接收透过指示光栅和标尺光栅的光强信号,将其转换为二进制的电信号。当前绝对光栅尺的测量步距(分辨率)已达到 1 nm。

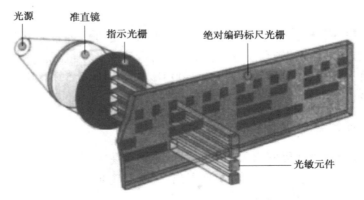

图 3-15 绝对光栅尺的工作原理图

为了更进一步提高分辨率,有些绝对直线光栅尺不但包含绝对码线还包含增量码线。一条刻线用于产生在全长上不重复的连续二进制代码,另一条刻线用于产生常用的正弦波信号(与增量式直线光栅尺相同),通过信号细分提供位置值,同时也能生成供选用的增量信号。图 3-16 为海德汉公司的带增量码线的绝对编码光栅尺的示意图,绝对码线采用了先进的单码道伪随机循环序列码的编码原理。

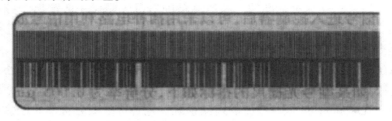

图 3-16　带增量码线的绝对编码光栅尺的示意图

绝对直线光栅尺的信号输出接口与绝对编码器的信号接口相似,主要是以串行通信的方式输出数字信号。另外,各光栅尺制造商都提供不同通信协议类型的绝对式直线光栅尺,用于兼容市场上常见的控制系统,例如 Siemens、FANUC、FAGOR、三菱、松下等。

四、圆光栅

圆光栅又称角度编码器,是指精度高于 ±5″ 和线数高于 10 000 的编码器,一般用于精度要求在数角秒以内的高精度角度测量,如回转工作台、摆头、高精度分度头、测量机等。而旋转编码器通常是指精度等级低于 ±10″ 的编码器,用于旋转运动和角速度测量,也常用于电机、数控机床进给坐标等。

圆光栅有各种规格的直径和刻线数供选择,结构较简洁,玻璃圆光栅主要在转速小于 10 000 r/ min 的场合应用,转速高于 20 000 r/ min 时,使用金属光栅鼓、大直径光栅尺的基体为钢带。最为常用的为在柱面上直接刻线的金属圆光栅。

第四节　旋转变压器

旋转变压器是一种电磁式传感器,又称同步分解器。它是一种测量角度用的小型交流电动机,用来测量旋转物体的转轴角位移和角速度,由定子和转子组成。其中定子绕组作为变压器的原边,接受励磁电压,励磁频率通常用 400 Hz、3 000 Hz 及 5 000 Hz 等。转子绕组作为变压器的副边,通过电磁耦合得到感应电压。

一、旋转变压器的结构

旋转变压器分为有刷和无刷两种。有刷旋转变压器在定子与转子上的两相绕组轴线分别相互垂直,转子绕组的引线(端点)经滑环引出,并通过电刷送到外面来。无刷旋转变压器无电刷与滑环,由分解器和变压器组成,如图 3-17 所示。

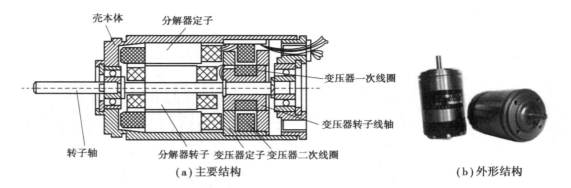

（a）主要结构　　　　　　　　　　（b）外形结构

图 3-17　旋转变压器结构示意图

无刷旋转变压器中变压器的作用就是不通过电刷与滑环把信号传递出来。分解器结构与有刷旋转变压器基本相同。变压器的一次绕组（定子绕组）与分解器转子上的绕组相连，并绕在与分解器转子固定在一起的线轴上，与转子轴一起转动；变器的二次绕组绕在与线轴同心的定子的线轴上。分解器定子的线圈外接激磁电压常用的激磁频率为 400 Hz、500 Hz、1 000 Hz、2 000 Hz 及 5 000 Hz，如果激磁频率较高则旋转变压器的尺寸可以显著减小，特别是转子的转动惯量可以做得很小，适用于加减速比较大或高精度的齿轮、齿条组合使用的场合；分解器转子线圈输出信号接到变压器的一次绕组，从变压器的二次绕组（转子绕组）引出最后的输出信号。旋转变压器又分为单极对和多极对。通常应用的旋转变压器为单极对旋转变压器和双极对旋转变压器，单极对旋转变压器的定子和转子上都各有一对磁极。双极对旋转变压器的定子和转子上都各有两对相互垂直的磁极，其检测精度较高，在数控机床中应用普遍。旋转变压器工作时，通过将其转子轴与电机轴或丝杠连接在一起来实现电机轴或丝杠转角的测量。对于单极对旋转变压器，其转子通常不直接与电机轴相连，而是经过精密齿轮升速后再与电机轴相连。多极对旋转变压器不用升速，可与电动机直接相连，因此，精度更也可以把一个极对数少的和一个极对数多的两种旋转变压器做在一个机壳内，构成"粗测"和"精测"电气变速双通道检测装置，用于高精度检测系统和同步系统。

二、旋转变压器的工作原理

旋转变压器根据互感原理工作，定子与转子之间气隙磁通分布呈正/余弦规律。当定子加上一定频率的激磁电压时，通过电磁耦合，转子绕组产生感应电势，其输出电压的大小取决于定子和转子两个绕组轴线在空间的相对位置。

为便于理解旋转变压器的工作原理，先讨论单极对旋转变压器的工作情况。如图 3-18 所示，由变压器原理，设一次绕组匝数为 N_1，二次绕组匝数为 N_2，$n = N_1/N_2$ 为变压比，当一次侧输入交变电压：

$$U_1 = U_m \sin \omega t$$

二次侧产生感应：

$$U_2 = n U_1 = n U_m \sin \omega t \sin \theta$$

式中　U_1——定子的激磁电压；

U_2——转子绕组感应电势；

U_m——激磁电压幅值；

θ——转子偏转角。

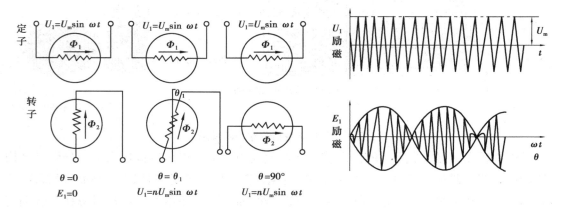

图 3-18　单极式旋转变压器工作原理

旋转变压器是一台小型交流电机，二次绕组跟着转子一起旋转，由式 $U_2 = nU_1 = nU_m\sin \omega t \sin \theta$ 可知：输出电势随着转子的角向位置呈正弦规律变化，当转子绕组磁轴与定子绕组磁轴垂直时 $\theta = 0$，不产生感应电动势，$U_2 = 0$；当两磁轴平行时，$\theta = 90°$，感应电动势 U_2 为最大，为：

$$U_2 = n U_m\sin \omega t$$

因此，只要测量出转子绕组中的感应电势的幅值，便可间接地得到转子相对于定子的位置，即 θ 角的大小。以上是两极绕组式旋转变压器的基本工作原理，在实际应用中，考虑到使用的方便性和检测精度等因素，常采用四极绕组式旋转变压器（即正弦余弦旋转变压器）。这种结构形式的旋转变压器当定子绕组通入不同的激磁电压，可得到两种不同的作方式：鉴相工作方式和鉴幅工作方式。

①鉴相工作方式。给定子的两个绕组通以相同幅值、相同频率，但相位差 $\pi/2$ 的交流激磁电压，则有：

$$U_{1s} = U_m\sin \omega t \quad U_{1c} = U_m(\sin \omega t + \pi/2) = U_m\cos \omega t$$

当转子正转时，这两个激磁电压在转子绕组中产生的感应电压，经叠加，转子的应电压 U_2 为：

$$U_2 = kU_m\sin \omega t \sin \theta + k U_m\cos \omega t \cos \theta = k U_m\cos(\omega t - \theta)$$

式中　　U_m——激磁电压幅值；

k——电磁耦合系数，$k < 1$；

θ——相位角，即转子偏转角。

当转子反转时，同样可得到：

$$U_2 = kU_m\cos(\omega t + \theta)$$

可见，转子输出电压的相位角和转子的偏转角 θ 之间有严格的对应关系，只要检测出转子输出电压的相位角，就可以求得转子的偏转角，也就可得到被测轴的角位移。实际应用时，把定子余弦绕组的激磁电压的相位作为基准相位，与转子绕组的输出电压的相位作比较，来

确定转子偏转角 θ 的大小。

在定子的正、余弦绕组上分别通以频率相同,但幅值分别为 U_{sm} 和 U_{cm} 的交流激磁电压,则有:

$$U_{1s} = U_{sm}\sin \omega t \quad U_{1c} = U_{cm}\sin \omega t$$

当给定电气角为 α 时,交流激磁电压的幅值分别为:

$$U_{sm} = U_m\sin \alpha \quad U_{cm} = U_m\cos \alpha$$

当转子正转时,U_{1s}、U_{1c} 经叠加,转子的感应电压 U_2 为:

$$U_2 = kU_m\sin \alpha \sin \omega t \sin \theta + kU_m\cos \alpha \sin \omega t \cos \theta = k U_m\cos(\alpha - \theta)\sin \omega t$$

当转子反转时,同理有:

$$U_2 = kU_m\cos(\alpha + \theta)\sin \omega t$$

②鉴幅工作方式。可见,转子感应电压的幅值随转子的偏转角 θ 而变化,测量出幅值即可求得偏转角 θ,被测轴的角位移也就可求得了。实际应用时,不断地修改定子激磁电压的幅值(即不断地修改 α 角),让它跟踪 θ 的变化,实时地让转子的感应电压 U_2 总为 0,由公式 $U_2 = kU_m\sin \alpha \sin \omega t \sin \theta + kU_m\cos \alpha \sin \omega t \cos \theta = kU_m \cos (\alpha - \theta) \sin \omega t$ 和公式 $U_2 = kU_m\cos(\alpha+\theta)\sin \omega t$ 可知,此时 $\alpha = \theta$。通过定子激磁电压的幅值计算出电气角 α,从而得出 θ 的大小。无论是鉴相工作方式还是鉴幅工作方式,在转子绕组中得到的感应电压都是关于转子的偏转角 θ 的正弦和余弦函数,所以称为正弦余弦旋转变压器。根据以上分析可知,测量旋转变压器二次绕组的感应电动势 U_2 的幅值或相位的变化,可知转子偏转角 θ 的变化。如果将旋转变压器安装在数控机床的丝杠上,当 θ 角从 0°变化到 360°时,表示丝杠上的螺母走了一个导程,这样就间接地测量了丝杠的直线位移(导程)。当测全长时,由于普通旋转变压器属于增量式测量装置,如果将其转子直接与丝杠相连,转子转动一周,仅相当于工作台 1 个丝杠导程的直线位移,不能反映全行程,因此,要检测工作台的绝对位置,需要加一台绝对位置计数器,累计所走的导程数,折算成位移总长度。

第五节　感应同步器

感应同步器是利用两个平面印刷电路绕组的电磁耦合原理,检测运动件的直线位移或角位移的传感器。它属于模拟式测量,其输出电压随被测直线位移或角位移而改变。

感应同步器按其结构可分为直线式和旋转式。直线式感应同步器用于直线位移测量,旋转式感应同步器用于角位移测量。两者结构略有不同,但其工作原理相同。下面仅介绍直线式感应同步器的结构。

感应同步器的抗干扰性强,对环境要求低,机械结构简单,大量程时接长方便,加之成本较低,所以在数控机床检测系统中得到了广泛的应用。

一、直线式感应同步器

直线式感应同步器的结构如图 3-19 所示,其定尺和滑尺的基板采用与机床热膨胀系数相近的钢板制成,钢板上用绝缘黏结剂贴有铜箔,并利用腐蚀的办法做成图 3-19 所示的矩形绕组。长尺叫定尺,短尺叫滑尺,标准感应同步器定尺长度为 250 mm,滑尺长度为 100 mm,使用时定尺安装在固定部件上(如机床床身)、滑尺安装在运动部件上。

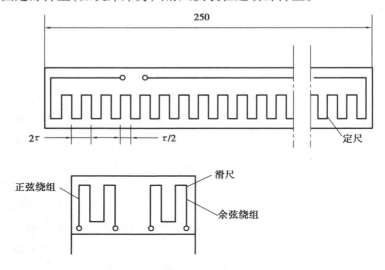

图 3-19　直线式感应同步器结构

由图 3-19 可以看出,定尺绕组是连续的,而滑尺上分布有两个励磁绕组,分别称为正弦绕组(sin 绕组)和余弦绕组(cos 绕组)。当正弦绕组与定尺绕组对齐时,余弦绕组与定尺绕组相差 1/4 节距。感应同步器的定尺和滑尺上矩形绕组的节距相等,均为 2τ,定尺和滑尺之间有(0.25 ±0.05)mm 的均匀气隙,使用时分别安装在相对运动的部件上。定尺安装在机床导轨上,其长度大于被检测件的长度;滑尺较短,安装在运动部件上,并自然接地。

目前生产的直线式感应同步器有标准式、窄式、钢带式和三速式等多种。标准式感应同步器定尺长度为 250 mm,但可用接长的方法接到 18 m。钢带式感应同步器定尺的单根长度可做到 10 m,最长 30 m。直线式感应同步器适用于各种重型、大型和中小型机床。

二、感应同步器的工作原理

由图 3-19 可以看出,当滑尺的两个绕组中任意相通有励磁电流时,由于电磁感应作用,在定尺绕组中必然产生感应电势。定尺绕组中感应的总电势是滑尺上正弦绕组和余弦绕组所产生的感应电势的向量和。

图 3-20 所示为滑尺绕组相对定尺绕组移动时定尺绕组感应电势变化的情况,若向滑尺上的正弦绕组通以交流励磁电压,则在绕组中产生励磁电流,因而绕组周围产生了旋转磁场,*A* 点表示滑尺绕组与定尺绕组重合,这时定尺绕组中感应电势最大,当滑尺从 *A* 点向右平移时,感应电势相应逐渐减小,到两绕组刚好错开 1/4 节距位置即图中 *B* 点时,感应电势为零。再继续移动到 1/2 节距的位置 *C* 点时,得到的感应电势与 *A* 点大小相同,但极性相反。再移动到 3/4 节距即图中 *D* 点时,感应电势又变为零。当移动一个节距到达 *E* 点时,情况与 *A* 点相同。可见,滑尺在移动一个节距的过程中,定子绕组中的感应电势按余弦波形变化一个周期。

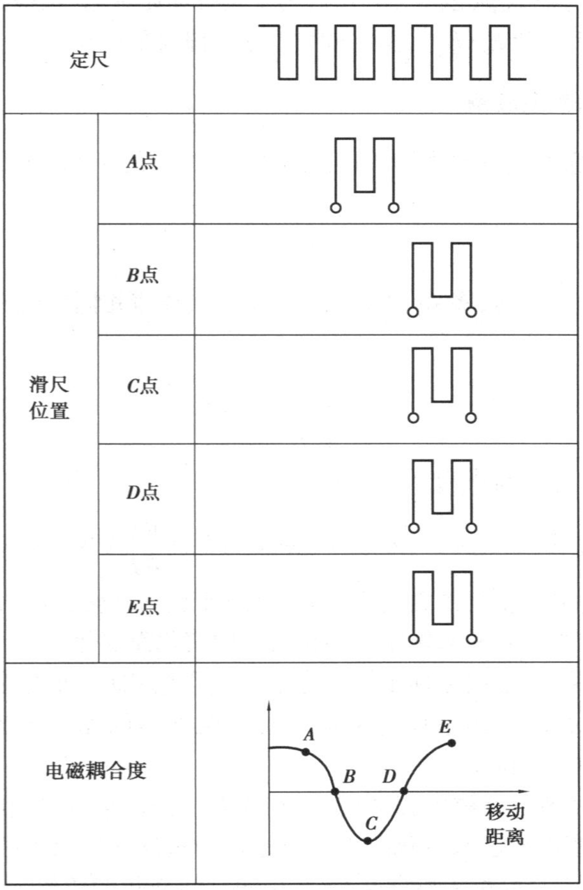

图 3-20　定尺绕组感应电动势变化情况

设定尺绕组节距为 2τ，它对应的感应电压以余弦函数变化了 2π，当滑尺移动距离为 χ 时，对应的感应电压以余弦函数变化相位角 θ。由比例关系

$$\frac{\theta}{2\pi} = \frac{\chi}{2\tau}$$

$$\theta = \frac{2\pi\chi}{2\tau} = \frac{\pi\chi}{\tau}$$

则定尺绕组上的感应电势为

$$E_s = KU_s\cos\theta$$

式中　E_s——定尺绕组感应电势；

$\quad\quad U_s$——滑尺正弦绕组励磁电压；

$\quad\quad K$——定尺与滑尺上绕组的电磁耦合系数；

$\quad\quad \theta$——骨尺相对定尺位移的相位角。

同理，当只对余弦绕组励磁时，定尺绕组中感应电势 E_e 按下述公式变化：

$$E_e = -KU_e\sin\theta$$

当同时给滑尺上两绕组励磁(U_s、U_e)时,则更具叠加原理,定尺绕组中产生的感应电势应是各感应电势的代数和($E = E_s + E_e$),据此就可以求出滑尺的位移。

三、感应同步器的典型应用

根据励磁绕组中励磁供电方式的不同,感应同步器可分为鉴相工作方式和鉴幅工作方式两种。

（1）鉴相工作方式

给滑尺的正弦绕组和余弦绕组分别施加频率相同、幅值相同但时间相位相差 $\frac{\pi}{2}$ 的交流励磁电压,即

$$U_s = U_m \sin \omega t$$
$$U_e = U_m \cos \omega t$$

根据叠加原理,定尺上的总感应电压为

$$E = KU_m \sin \omega t \cos \theta = KU_m \cos \omega t \cos\left(\theta + \frac{\pi}{2}\right) = KU_m \sin(\omega t - \theta)$$

从上式可以看出,在鉴相工作方式中,由于耦合系数 K、励磁电压幅值 U_m 及频率 ωt 均是常数,所以定尺的感应电压 E 就只随空间相位角 θ 的变化而变化。定尺上感应电压与滑尺的位移值有严格的对应关系,通过鉴别定尺感应输出电压的相位,即可测量定尺和滑尺之间的相对位移。例如定尺感应输出电压与滑尺励磁电压之间的相位差为 1.8°。当节距 $2\tau =$ 2 mm 时,滑尺移动了 0.01 mm。

感应同步器鉴相式测量系统框图如图 3-21 所示。CNC 装置发出指令脉冲,经脉冲相位转换器转换为相对于基准相位 θ_0 变化的指令相位 θ_1,即表示位移量的指令式是以相位差角度值给定的。其中,θ_1 的大小取决于指令脉冲数,θ_1 随时间变化的快慢取决于指令脉冲频率,而其相对于 θ_0 的超前或滞后则取决于指令方向（正向和反向）。

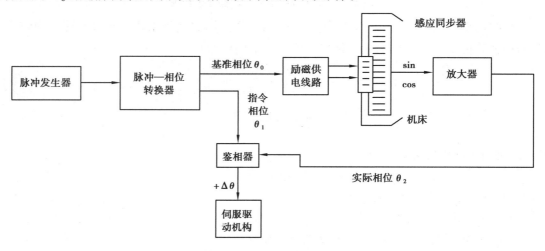

图 3-21　感应同步器鉴相式测量系统框图

从脉冲相位变换器输出的基准脉冲信号经励磁供电线路给感应同步器滑尺的两励磁绕组供电,其过程为基准相位 θ_0 经 π/2 移相,变为幅值相等、频率相同、相位相差 π/2 的正弦、

余弦信号,给正弦绕组、余弦绕组励磁。这样,因为是来源于同一个基准相位 θ_0,所以定尺绕组上所取得的感应电压 E 的相位 θ_2 则反映出两者的相位位置。因此,将指令相位 θ_1 和实际相位 θ_2 在鉴相器中进行比较,若两者相位一致,即 $\theta_1 = \theta_2$,则表示感应同步器的实际位置与给定指令位置相同;若两者位置不一致,则利用其产生的相位差作为控制信号,控制执行机构带动工作台向减小相位差的方向移动。

具体控制过程为:脉冲—相位转换器每接收一个脉冲便产生一个指令位移增量,其大小取决于脉冲—相位转换器的分频系数 N,而分频系数取决于系统分辨率。如果感应同步器一个节距为 2 mm,脉冲当量选定为 0.005 mm,则一个脉冲对应的相位增量为

$$(0.005/2) \times 2\pi = 0.005\pi$$

这样,每发一个脉冲指令,指令相位增加 0.005π,若原来 $\Delta\theta = 0$,此时便产生了一个 0.005π 的相位差,此偏差信号控制伺服机构带动工作台移动,随着过程中 θ_2 逐渐增大,$\Delta\theta$ 逐渐减小,直至 $\Delta\theta = 0$。此时,指令脉冲又使指令相位增加 0.005π,产生一个 $\Delta\theta$。如此循环,使 θ_1 随指令连续变化,而 θ_2 紧跟 θ_1 变化,从而控制伺服电动机带动工作台连续移动,直至 CNC 装置不再发出脉冲时,工作台停止移动。

(2)鉴幅工作方式

供给滑尺上正、余弦绕组以频率相同、相位相同但幅值不同的励磁电压。

$$U_s = U_m \sin\alpha \sin\omega t$$
$$U_c = U_m \cos\alpha \sin\omega t$$

式中　α——给定的电气角。

则在定尺绕组产生的总感应电压为

$$E = K U_m \sin\alpha \sin\omega t \cos\theta - K U_m \cos\alpha \sin\omega t \sin\theta = K U_m \sin(\alpha - \theta)\sin\omega t$$

式中　θ——与位移相对应的角度。

当 $\alpha - \theta$ 的数值很小时,定尺上的感应电压 E 可近似表示为

$$E = K U_m \sin\omega t(\alpha - \theta)$$

而其中

$$\alpha - \theta = \frac{2\pi}{\tau}\Delta x$$

所以

$$E = K U_m \Delta x \frac{2\pi}{\tau}\sin\omega t$$

从上式可以看出,定尺感应电压 E 实际上是误差电压。当位移增量 Δx 很小时,误差电压的幅值和 Δx 成正比。因此说鉴幅式工作方式是以感应电压的幅值大小来反映机械位移的数值,并以此作为位置反馈信号与指令信号进行比较构成闭环伺服系统的。若电气角 α 已知,只要测出 E 的幅值,便能求出与位移对应的角度 θ。实际测量时,不断调整 α,让幅值为零,设初始位置时 $\alpha = \theta$,$E = 0$,该点称为节距零点;当滑尺相对定尺移动后,随着 θ 的不断增加,$\alpha \neq \theta$,$E \neq 0$,若逐渐改变 α 值,直至 $\alpha = \theta$,$E = 0$,此时 α 的变化量就代表了 θ 对应的位移量,即可测得机械位移。

机械位移每改变一个 Δx 的位移增量,就有误差电压 E。值得注意的是,当误差电压很小时,误差电压的幅值才和 Δx 成正比。当 E 超过某一预先设定的门槛电平时,就产生脉冲信

号,并用此来修正励磁信号U_s、U_c,使误差信号重新降低到门槛电平以下,这样就把位移量转化为数字量,实现了对位移的测量。

图 3-22 所示为感应同步器鉴幅测量系统框图。由于感应同步器定尺绕组输出的误差电压 E 比较微弱,所以要经前置放大器放大到一定幅值后,再送到误差变换器。误差变换器经方向判别后,将表示方向正负的符号送入脉冲混合器,并产生实际脉冲值。此环节中包括门槛电路,一旦定尺上的感应电压 E 超过门槛值,便产生实际脉冲值。这些脉冲一方面作为实际位移值送到脉冲混合器;另一方面送到数字正余弦信号发生器,修正励磁电压的幅值,使其按照正余弦规律变化。

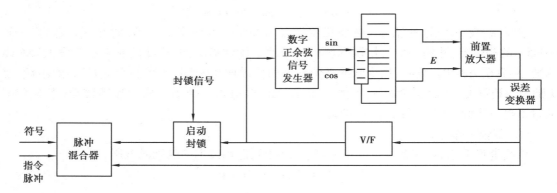

图 3-22 感应同步器鉴幅测量系统框图

门槛电平的整定,是根据脉冲当量来进行的。例如,当脉冲当量为 0.01 mm/脉冲时,门槛电平应整定在 0.007 mm 的数值上,亦即位移 7 μm 产生的误差信号经放大正好达到门槛电平。

脉冲混合器的作用是将来自 CNC 装置的指令脉冲与反馈回来的实际脉冲值进行比较,得到系统的数字量位置误差,再经 D/A 转换器将其转换为模拟电压信号,控制伺服机构带动工作台移动。

D/A 转换器的作用是产生励磁电压。D/A 转换器由多抽头的计数变压器、开关线路和变换计数器组成,计数变压器的抽头必须精确地按照正弦、余弦函数抽出。

四、感应同步器的安装

将感应同步器的输出与数字位移显示器相连,便可方便地将滑尺相对定尺的机械位移准确地显示出来。根据感应同步器的工作方式不同,数字位移显示器也有相位型和幅值型两种。为了提高定尺输出电信号的强度,定尺上输出电压首先应经前置放大器放大后再进入数字显示器中。此外,在感应同步器滑尺绕组与励磁电源之间要设置匹配电压器,以保证滑尺绕组有较低的输入阻抗。图 3-23 所示为直线式感应同步器的安装图,通常将定尺尺座与固定导轨连接,滑尺座与移动部件连接。为了保证检测精度,要求定尺侧母线与机床导轨基准面的平行度允差在全长内为 0.1 mm,滑尺侧母线与机床导轨基准面的平行度允差在全长内为 0.02 mm,定尺与滑尺接触的四角间隙一般不大于 0.05 mm。当量程超过 250 mm 时,需将多个定尺连接起来,此时应使接长后的定尺组件在全长上的累积误差控制在允差范围内。接长后的定尺组件和滑尺组件分别安装在机床两个做相对运动的部件上。

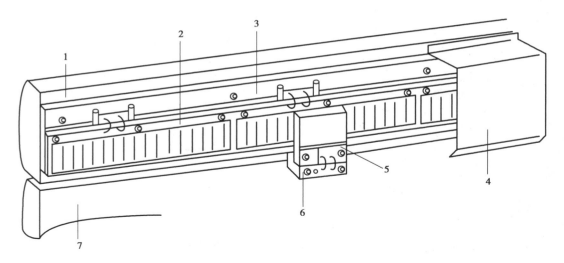

图 3-23　直线式感应同步器的安装图

1—机床不动部件;2—定尺;3—定尺座;4—防护罩;5—滑尺;6—滑尺座;7—机床可动部件

第六节　激活干涉仪

当光栅尺等检测装置不能满足精度要求时,此时可考虑激光干涉测量。激光的波长极短,特别是激光的单色性好,波长值准确,其分辨率可以达到亚纳米级。激光干涉测量,是利用光的干涉原理和多普勒效应来进行位置检测的,按照工作光的频率可分为单频和双频两种。但不论是单频还是双频激光干涉法测量位移,都是以激光波长作为标准对被测长度进行度量的。

一、激光干涉法测距原理(单频干涉)

激光输出可视为正弦光波,其具有几个关键特性:

①波长很短,且精确已知,能够实现精密测量和高分辨率测量。

②方向性好,配置适当的光学准直系统,其发散角可小于 10^{-4} rad,几乎是一束平行光。

③亮度高,由于激光束极窄,其有效功率和照度特别高。

④单色性好,波长分布非常窄,颜色极纯。

⑤高度相干性,所有光波均为同相,能够实现干涉条纹。大多数现代位移干涉仪都使用氦氖激光器,其具有 633 nm 的波长输出。

光的干涉原理表明,两列具有固定相位差,且具有相同频率、相同振动方向或振动方向之间的夹角很小的光互相交叠,将会产生干涉。两束同频激光在空间相遇会产生干涉条纹,其亮暗程度取决于两束光间的相位差 $\Delta\Phi$,亮条:相长干涉(两束光的相位相同),光强最大;暗条:相消干涉(两束光中的相位相反),合成光的振幅为零,光强最小。合成相干光束如图 3-24 所示。

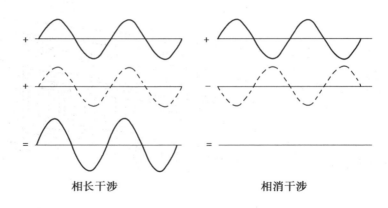

相长干涉   相消干涉

图 3-24　合成相干光束

激光干涉仪中光的干涉光路如图 3-25 所示。由激光器发出的激光光束 b_1 经分光镜 S_1 分成反射光束 b_2 和透射光束 b_3，b_2 由固定角锥反射镜 M_1 反射，b_3 由可动角锥反射镜 M_2 反射，反射回来的光在分光镜处汇合成相干光束 b_4。如果两光程差不变化，探测器将观察到介于相长干涉与相消干涉之间的一个稳定信号。如果两光程差发生变化，每次光路变化探测器都能观察到相长干涉到相消干涉的信号变化，即产生明暗相间的干涉条纹，这些变化（条纹）被数出来，用于计算两光程差的变化。被测长度（L）与干涉条纹变化的次数（N）和激光光源波长之（λ）间的关系是

$$L = N \cdot \frac{\lambda}{2}$$

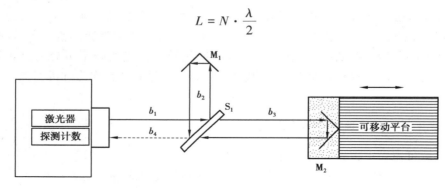

图 3-25　单频干涉光路图

计数时，干涉条纹的变化由光电转换元件接收并转换为电信号，然后通过移相获得两路相差 $\pi/2$ 的光强信号，该信号经放大、整形、倒向及微分等处理，从而获得 4 个相位依次相差 $\pi/2$ 的脉冲信号，最后由可逆计数器计数，从而实现位移量的检测。

激光的波长为 633 nm，激光干涉测量位移时，每移动 316 nm 就会产生一个光强变化循环（明—暗—明），通过在这些循环之间进行相位细分，可以实现分辨率 0.1 nm 的测量。

激光干涉仪是一种增量法测长的仪器，它把目标反射镜与被测对象固联，参考反射镜不动，当被测对象移动时，两路光束的光程差发生变化，干涉条纹将发生明暗交替变化。若用光电探测器接收，并记录下信号变化的周期数，便确定了被测长度。

单频干涉仪抗外界干扰因素的能力差，一般只能在恒温、防震的条件下工作。

二、双频激光干涉测量位移

双频激光测量原理是建立在多普勒效应基础上的,多普勒效应是波源和观察者有相对运动时,观察者接收到波的频率与波源发出的频率并不相同的现象。观察者接收到的波源频率与波源发射频率的差值,称为多普勒频差。观察者和发射源的频率关系为

$$f' = \left(\frac{v \pm v_0}{v \mp v_s} \right) \cdot f$$

式中　f'——观察者接收频率;

f——波源发射频率;

v——波速;

v_0——观察者移动速度;

v_s——波源移动速度。括号中分子和分母的上行运算和下行运算分别为"接近"和"远离"之意。

对于光波来说,不论光源与观察者的相对速度如何,测得的光速都是一样的,即测得的光频率与波长虽有所改变,但两者的乘积即光速保持不变。光源从观察者离开时与观察者从光源离开时有完全相同的多普勒频率。由相对理论给出的光的多普勒频率为

$$f' = \left(\frac{1 - v_s/c}{\sqrt{(1 - v_s/c)^2}} \right) \cdot f$$

式中　c——光速,m/s。

利用二项式展开,当v_s/c 比值很小而略去高次项时,并用 v 代替v_s就可得出

$$\Delta f = f - f' = f \cdot \frac{v}{c}$$

双频激光干涉仪由激光管、稳频器、光学干涉、光电接收、计数器电路等组成,其原理如图 3-26 所示。

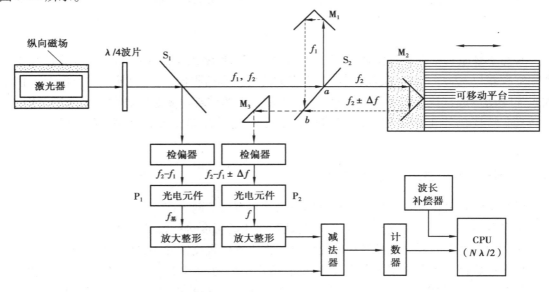

图 3-26　双频激光干涉原理图

将单模激光器放置于纵向磁场中,使输出激光分裂为具有一定频差(1~2 MHz),旋转方向相反的左、右圆偏振光,双频激光干涉仪就是利用这两个不同频率(f_1、f_2)的圆偏振光作为光源。左、右圆偏振光经过 $\lambda/4$ 波片后成为相互垂直的线偏振光(f_1垂直于纸面、f_2平行于纸面),析光镜 S_1 将一小部分反射,经主截面45°放置的检偏器射入光电探测器 P_1,取得频率为 $f_{基}=f_2-f_1$ 的光电流,经放大整形处理后输出一组频率为 f_2-f_1 的连续脉冲,作为后续电路的基准信号;通过析光镜 S_1 的光射向偏振分光镜 S_2,偏振分光镜按照偏振光方向在 a 处将 f_1 和 f_2 分离,偏振方向垂直于纸面的 f_1 光,被折射到固定反射镜 M_1,并被反射至偏振分光镜 S_1 的 b 处。偏振方向平行于纸面的 f_2 光透过偏振分光镜到达测量反射镜 M_2。当测量反射镜随工作台移动时,产生多普勒效应,返回频率变为 $f_2\pm\Delta f$(正负号取决于测量反射镜的移动方向),Δf 即为多普勒频移量。返回的 f_1、$f_2\pm\Delta f$ 光在偏振分光镜的 b 处再度汇合,经直角棱镜 M_3、主截面45°放置的检偏器后到达光电探测器 P_2 得到光电流的频率为 $f=(f_2\pm\Delta f)-f_1=(f_2-f_1)\pm\Delta f$。经放大整形处理后,输出一组频率 $(f_2-f_1)\pm\Delta f$ 的连续脉冲,作为系统的测量信号。图3-27 中的减法器的作用就是实现这两组连续脉冲的相减,即 $\pm\Delta f=(f_2-f_1)\pm\Delta f-(f_2-f_1)$。波长补偿器用于测量环境条件参数,从而补偿由于空气折射率的波动引起的波长变化。

在双频激光干涉仪中,设测量反射镜的速度是 V,由于光线射入可动棱镜,又从它那里返回,这相当于光电接收元件相对光源的移动速度是 $2V$,其多普勒效应可用下式表示

$$\Delta f = \frac{2V}{c}f$$

式中 c——光速;

V——测量反射镜的移动速度;

f——光频。设测量长度为 L,则有

$$L = \int_0^t V\mathrm{d}t = \int_0^t \frac{\Delta fc}{2f}\mathrm{d}t = \frac{\lambda}{2}\int_0^t \Delta f\mathrm{d}t$$

式中,λ 为激光在测量时刻的波长值,频率的时间积分为周期数 N,所以上式可化为

$$L = N \cdot \frac{\lambda}{2}$$

其与单频激光干涉法的位移计算公式相同。但双频激光干涉仪将测量信号叠加在了一个固定频差 (f_2-f_1) 上,属于交流信号,具有很大的增益和信噪比,完全克服了单频激光干涉仪因光强变动造成直流电平漂移,使系统无法正常工作的弊端。测量时即使光强衰减90%,双频激光干涉仪仍能正常工作。由于其具有很强的抗干扰能力,因而特别适合现场条件下使用。

三、激光干涉位移测量技术的应用

激光干涉测量技术在数控机床领域的应用主要有以下两方面:

①在数控机床出厂时或使用过程中,对数控机床的精度进行检测校准;

②利用高精度激光尺代替常规的光栅尺作为机床位置反馈元件,来提高机床的精度。

目前在数控机床上应用的激光尺,主要有雷尼绍公司的 RLE 光纤激光尺,美国光动公司的 LDS 激光尺等。RLE 光纤激光尺利用光纤联接直接将激光束导入轴上测量位置。这种特

性使它从根本上避免了其他激光干涉仪器所遇到的复杂的外部传输情况,因为其他的激光干涉仪器需要光学元件和精密的安装结合起来才能将光束送达轴上。相比较而言,雷尼绍的RLE 激光尺只需在轴上的移动元件上安装一个光学件。为进一步简化安装,RLE 激光尺自带一个准直辅助镜,这样将激光准直过程简化为"即装即用"。

激光干涉位移测量为数控机床提供了一种速度快、精度高和行程长的位置反馈解决方案,主要具有以下优点:

①高精度(1 μm/m),高分辨率(可达 0.1 nm)。

②无热膨胀,无安装应力,运行过程中相互不接触,不会产生磨损。

③安装时,可以尽可能地与运动方向一致,最大可能减小因测量位置和实际位置不一致所产生的阿贝误差。

④只需加工激光头与反射镜的安装位置,无须加工长的安装面,节省制造成本。

⑤可满足长达 100 m 或更长的位置反馈应用需要。

⑥在可测量的范围内,价格与测量长度无关。

⑦信号输出为方波、脉冲、正余弦波等,与主流控制系统兼容。

近年来,随着光导纤维技术的发展,光纤干涉仪得到了广泛的应用。其将单模光纤作为传感元件的一部分代替原光学设计中复杂的光路,提供了与传统分立式干涉仪相比拟的性能,又没有传统干涉仪相关的稳定性问题,使得干涉仪更加简单、紧凑,性能更加稳定。

另外,上面所述的激光干涉位移测量法都需要配备供测量反射镜移动的精密导轨,测量过程不能中断,并且测量方式为增量式,不能测量绝对位移。随着激光技术、红外技术的发展,以多波长激光为基础的无导轨大长度绝对测量技术正受到越来越多的关注。

第七节　霍尔检测装置

霍尔传感器是基于霍尔效应而将被测量转换成电动势输出的一种传感器,具有结构牢固,体积小,质量轻,寿命长,安装方便,功耗小,频率高(可达 1 MHz),耐振动,不怕灰尘、油污、水气及烟雾等的污染和腐蚀等优点。目前,已发展成为品种多样的磁传感器族,是全球使用量排名第三的传感器产品。按霍尔器件的功能可将其分为:霍尔线性传感器和霍尔开关器件,前者输出模拟量,后者输出数字量。霍尔线性器件精度高、线性度好;霍尔开关器件无触点、无磨损、输出波形清晰、无抖动、无回跳、位置重复精度高(可达 μm 级)。

一、霍尔元件的工作原理和结构

霍尔效应是磁电效应的一种,由美国物理学家霍尔于 1879 年在研究金属的导电机理时发现。它是指当电流垂直于外磁场通过导体时,在导体的垂直于磁场和电流方向的两个端面之间会出现电势差的现象,这个电势差也被称为霍尔电势差。

现以 N 型半导体为例,分析霍尔效应原理,如图 3-27 所示。N 型半导体在 Y 方向施加电场,当无外加磁场时电子沿电场方向移动,形成电流I_c。当与半导体平面垂直方向(即与电流垂直方向)加一磁场 B 时,则半导体中电子受到洛仑兹力的作用,使电子运动发生偏移,并在

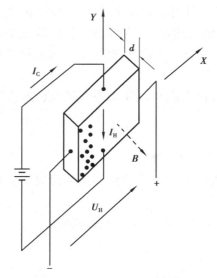

图 3-27 半导体的霍尔效应

图示的左侧面形成电子积累,于是在半导体两侧面的 X 方向形成电场,这个电场使电子在受到洛仑兹力作用的同时,还受到与它相反的电场力作用。随着电子积累的增加,电场力逐渐增大,直到洛仑兹力和电场力相等时,电子积累达到动态平衡。此时,半导体两侧面建立的电场称为霍尔电场,相应的电动势称为霍尔电动势。上述过程产生的现象就是霍尔效应。在半导体 N 方向两侧面引出电极,可以输出霍尔电动势或霍尔电压 U_H。

$$U_H = \frac{1}{d} B I_C R_H$$

式中　　B——磁感应强度;

I_C——控制电流;

d——半导体厚度;

R_H——霍尔常数。

该公式表明,霍尔电动势与输入电流 I_C、磁感应强度 B 成正比,且当 B 的方向改变时,霍尔电动势的方向也随之改变。若施加的磁场为交变磁场,则霍尔电动势为同频率的交变电动势。

具有上述霍尔效应的元件称为霍尔元件,由半导体材料制成,常用的材料有锗(Ge)、硅(Si)、锑化铟(InSb)、砷化镓(GaAs)等。式 $U_H = \frac{1}{d} B I_C R_H$ 中的霍尔电动势或霍尔电压太低,无法直接应用。实用的霍尔元件由霍尔敏感元件、放大器和调节器等集成封装而成,称为霍尔集成电路,有 3 脚、4 脚、5 脚等多种结构形式。图 3-28 为 3 脚霍尔集成元件的电路原理图。霍尔元件与所需磁路结构组成的整体称为霍尔传感器,常用的霍尔传感器有位移传感器、速度传感器、电流传感器、功率传感器、振动传感器、加速度传感器、压力传感器等。本节将重点介绍霍尔电流传感器和霍尔位移传感器。

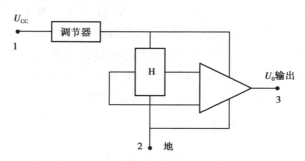

图 3-28　3 脚霍尔集成电路原理图

二、霍尔电流传感器

霍尔电流传感器是霍尔传感器的一种,它能测量各种波形的交直流电流,具有非接触测量,且测量精度高,不需要切断电路电流,测量频率范围广、功耗低等优点。

根据安培定律,在载流导体附近会产生正比于该电流的磁场。从式$U_H = \frac{1}{d}B\,I_C R_H$可知,霍尔电压$U_H$与磁感应强度$B$成线性关系,而磁感应强度可利用载流导线经过集磁部分后获得。根据安培定律,电流与磁感应强度的关系为

$$B = \frac{\mu_0 \mu_r}{2\pi R}NI$$

式中　B、μ_0、μ_r——离通电距离R处的磁通、真空磁导率、相对磁导率;

I、N——通电导体的电流及匝数;

R——通电导体的空间垂直距离。

将该公式代入式$U_H = \frac{1}{d}B\,I_C R_H$,可得

$$U_H = \frac{NI\,I_C\,\mu_0\,\mu_r\,R_H}{2\pi Rd}$$

从该公式可知,霍尔元件输出电压U_H与通电导体的电流I正比,用霍尔元件检测这一磁场就可以获得正比于该磁场的霍尔电动势。通过检测霍尔电动势的大小来间接测量电流的大小,是霍尔电流传感器的基本测量原理。霍尔电流传感器输出信号还需要放大和补偿电路才能提供检测信号,常用的这种电路有选频式和磁补偿式霍尔电流传感器电路,其中磁补偿式霍尔电流传感器是一种频带宽、精度高的电流测量装置。

图 3-29 为一种典型的磁补偿式(也称为磁平衡式或零磁通式)霍尔传感器。霍尔传感器放置在聚磁环气隙中,检测气隙磁通,如果磁通不为零,霍尔传感器就有电压信号输出。

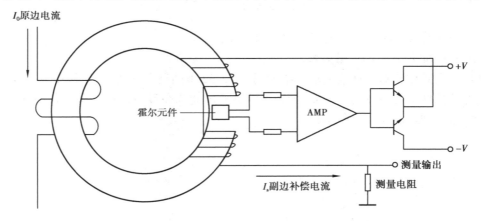

图 3-29　磁补偿式霍尔传感器电路原理图

该电压信号经高增益放大器放大后,控制相应的功率管导通,从电源获得一个补偿电流I_s。由于I_s要流过多匝绕线,多匝绕线所产生的磁场与主电流I_0所产生的磁场相反,使霍尔电动势输出逐渐减小,当$I_0 N_1 = I_s N_2$,时,I_s不再增加,这时霍尔元件起到指示零磁通的作用。上述过程是一个动态平衡过程,建立平衡所需的时间极短(1 μs)。主电流I_0的任何变化都会破坏这一平衡的磁场,一旦磁场失去平衡,霍尔元件就会有信号输出(可正可负)。经放大后立即有相应的电流流过次级线圈,进行补偿。因此从宏观上看,次级补偿电流的安匝数在任何时候都是与主电流的安匝数相同。只要测得补偿绕组中的小电流,就可根据匝数比推算出主

电流的大小，即$I_0 = I_s(N_2/N_1)$。磁平衡式霍尔电流传感器的主要特点是霍尔元件处于零磁通状态，聚磁环中不会产生磁饱和，也不会产生大的磁滞损耗和涡流损耗。

霍尔电流传感器不仅能测量静态、动态电流参数，还可测量电流波形，完全可以替代传统的互感器和分流器，在数控机床伺服系统中，主要用于全数字伺服系统的电流环中。

三、霍尔位移传感器

霍尔直线位移传感器的原理如图 3-30 所示。

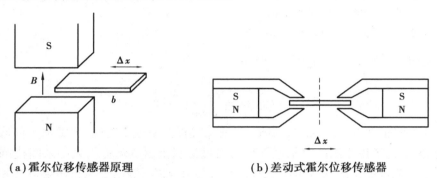

（a）霍尔位移传感器原理　　　　　　　（b）差动式霍尔位移传感器

图 3-30　霍尔直线位移传感器

假设磁场只均匀集中在磁极气隙中，无边缘效应，如图 3-30（a）所示。霍尔元件在 x 方向的长度为 b，在控制电流 I 作用下，产生的霍尔电势 U_H 与霍尔器件的位移 Δx 有如下关系

$$U_H = K_H I B \frac{x_0 + \Delta x}{b}$$

式中　　x_0——霍尔器件在极下气隙中的初始长度；

　　　　K_H——霍尔元件的灵敏系数。

实际使用的传感器常做成差动式结构，如图 3-30（b）所示。以霍尔元件作为变换器，配以相应的力学机械结构，将压力、压差、加速度等参量转化为位移 Δx，可以构成各种非电量测量的霍尔压力、压差、加速度等传感器。

第四章
数控车削技术分析

第一节 数控车削加工工艺的制订

制订工艺是数控车削加工的前期重要技术准备工作。工艺制订得合理与否，对程序编制、机床的加工效率和零件的加工精度都有重要影响。因此，应遵循一般的工艺原则，并结合数控车床的特点认真而详细地制订好零件的数控车削加工工艺。

数控车削工艺相对普通车削工艺的特点：工序的内容更复杂；工序的安排更为详尽。其主要内容有：分析零件图纸、确定工件在车床上的装夹方式、各表面的加工顺序和刀具的进给路线以及刀具、夹具和切削用量等。

一、零件图结构工艺分析

数控车床所能加工零件的复杂程度比数控铣床低，数控车床最多能控制 3 个轴（即 X、Z、C 轴），加工出的曲面是刀具（包括成型刀具）的平面运动和主轴的旋转运动共同形成的，所以数控车床的刀具轨迹不会太复杂，其难点主要在于加工效率、加工精度的提高，特别是对切削性能差的材料或切削工艺差的零件，例如小深孔、薄壁件、窄深槽等，这些结构的零件允许刀具运动的空间狭小、工件结构刚性差，安排工序时要特殊考虑。下面以数控车床加工的典型结构为例，进行相应的工艺分析。

（1）零件的配合表面和非配合表面

一般零件包括配合表面和非配合表面。配合表面标注有尺寸公差、形位公差以及表面粗糙度等要求，这些部位的加工包括三部分工艺安排：首先去除余量以接近工件形状，然后半精车至留有余量的工件轮廓形状，最后精加工完成。

在实际生产中为提高效率、延长刀具使用寿命，精加工时往往只对有精度要求的部位进行精加工，也就是说粗加工时只对需要精加工的部位留余量。为达到此目的需要人为地在编制加工工艺时改变被加工件的结构尺寸，具体来讲就是改变需要精加工部位的尺寸。设改变后的尺寸为 D_1，图纸标注尺寸中值为 D，则：

$$D_1 = D + 精加工余量$$

采用改变工件结构尺寸的方法可以避免对工件不必要的部位进行精加工,特别是在大批量生产中可有效地提高生产率、减小刀具损耗、提高产品合格率。

(2)悬伸结构

大部分车床在切削时是在零件悬伸状态下进行的。悬伸件的加工分两种形式,一种是尾端无支撑,另一种是尾端有顶尖支撑。尾端用顶尖支撑是为了避免工件悬伸过长时,造成刚性下降,在切削过程引起工件变形。

工件切削过程中的变形与悬伸长度成正比,可以采取几种方式减小工件悬伸过长造成的变形。

①合理选择刀具角度。

主偏角:刀具要求径向切削力越小越好,因为造成工件悬伸部分弯曲的主要是径向力。刀具主偏角常选用93°。

前角:为减小切削力和切削热,应选用较大的前角(15°~30°)。

刃倾角:选择正刃倾角+3°,使切屑流向未加工表面,并使卷屑效果更好,避免产生切屑缠绕。

刀尖圆弧半径:为减小径向切削力应选用较小的刀尖圆弧半径($R<0.3$ mm)。

②选择循环去除余量方式。

此方式适用于悬伸较长、尾端无支撑、径向变形较小的台阶轴。数控车床在粗加工时(料)要去除较多的余量,其合理的方法是循环去除余量。循环去余量的方式有两种,一种是局部循环去余量,如图4-1(a)所示,另一种是整体循环去余量,如图4-1(b)所示。

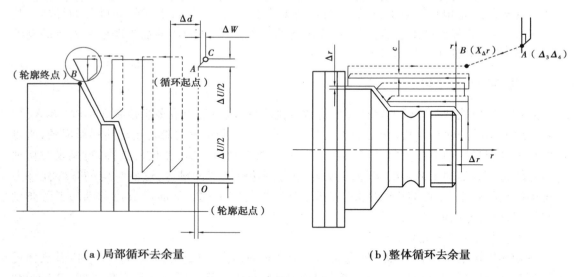

(a)局部循环去余量　　　　　　　　(b)整体循环去余量

图4-1　循环去余量

整体循环去余量方式的径向进刀次数少、效率高,但会在切削开始时就减小工件根部尺寸,从而削弱了工件抵抗切削力变形的能力;局部循环去余量方式从被加工件的悬臂端依次向卡盘方向循环去除余量,此种方式虽然增加了径向进刀次数、降低了加工效率,但工件可获得更好的抵抗切削力变形的能力。

③改变刀具轨迹补偿切削力引起的变形。

随工件悬伸量的加大,工件因切削力产生的变形将增大,在很多情况下采用上述方法仍不能解决问题。

因切削力产生变形的规律是离固定端越远、变形越大,在尾端无支撑情况下形成所谓的倒锥形;在尾端有支撑的情况形成所谓的腰鼓形。遇到这种情况时,可以改变刀具轨迹来补偿因切削力引起的工件变形,加工出符合图纸要求的工件。刀具轨迹的修改要根据实际测得的工件变形量设计。

（3）内腔狭小类结构

某些套类零件直径较小、长度较长、内表面起伏较大,使得切削空间狭小、刀具动作困难。针对这类结构的工件在设定刀具切削运动轨迹时,不能完全按照工件的结构形状编程,必须留出退刀空间。当孔深而且长时,为增强镗刀杆的刚性,刀杆在型腔的允许空间内应尽可能粗。

（4）台阶式曲线深孔结构

此类结构与空间狭小类结构有相似之处,不同的是内孔曲面自端面向内逐渐缩小,且大小端直径尺寸相差较大,此类结构的典型模具是圆瓶形型腔。加工这类结构零件的主要问题是刀杆刚性、刀头合理的悬伸长度及刀具的切削角度。加强刀杆刚性可根据被加工型腔曲线设计变截面刀杆,材料可选用合金钢加淬火处理,如仍不能满足使用要求,可采用硬质合金刀杆(如瑞士山特维克生产的刀杆),但成本相对较高,常被一些专业生产厂家采用。

（5）薄壁结构

薄壁类零件自身结构刚性差,在切削过程中易产生振动和变形,承受切削力和夹紧力能力差,容易引起热变形,在编制加工此类结构工件的程序时要注意以下几方面的问题:

①增加切削次数以逐步修正由于材料去除所引起的工件变形。

对于结构刚性较好的轴类零件,因去除多余材料而产生变形的问题不严重,一般只安排粗车和精车两道工序。但对于薄壁类零件至少要安排粗车→半精车→精车甚至更多道工序。在半精车工序中修正因粗车引起的工件变形,如果还不能消除工件变形,要根据具体变形情况适当再增加切削工序。

从理论上讲,工件被去除的金属越多引起的变形量也越大,反之亦然。对薄壁零件前道工序加工给后续加工所留的加工余量是可以计算的,但引起薄壁件切削变形的因素较多且十分复杂,如材料、结构形状、切削力、切削热等,预先往往很难估计,通常是在实际加工中测量,根据实际测量值安排最佳切削工序和合理的后道工序余量。以半精加工工序为例,计算后续加工余量的公式为

半精加工余量=粗加工后工件变形量+精加工余量

如果采用更多的加工工序,计算方法依此类推。

②工序分析。

薄壁类零件应按粗、精加工分序,以降低粗加工对变形的影响。薄壁件通常需要加工工件的内、外表面,内表面的粗加工和精加工都会导致工件变形,所以应按粗、精加工分序。首先内、外表面粗加工,然后内、外表面半精加工,依此类推,均匀地去除工件表面多余部分,这样有利于消除切削变形。此种方法虽然增加了走刀路线、降低了加工效率,但提高了加工

精度。

③加工薄壁结构件的顺序安排。

薄壁类零件的加工要经过内、外表面的粗加工、半精加工、精加工等多道工序,工序间的顺序安排对工件变形量的影响较大,一般应做如下考虑:

a.粗加工时优先考虑去除余量较大的部位。因为余量去除大工件变形量就大,两者成正比。如果工件外圆和内孔需去除的余量相同,则首先进行内孔粗加工,因为先去除外表面余量时,工件刚性降低较大,而在内孔加工时,排屑较困难,使切削热和切削力增加,两方面的因素会使工件变形扩大。

图 4-2　开缝套筒

b.精加工时优先加工精度等级低的表面(虽然精加工切削余量小,但也会引起被切削工件微小变形),然后再加工精度等级高的表面(精加工可以再次修正被切削工件的微小变形量)。

c.保证刀具锋利,加注切削液。

d.增加装夹接触面积。增加接触面积可使夹紧力均布在工件上,使工件不易变形。通常采用开缝套筒(图 4-2)和特殊软卡爪。

（6）螺纹加工

螺纹的车削是数控车床常见的加工任务。螺纹种类按牙型分有三角、梯形、矩形等,按螺纹在零件中的部位有轴向直螺纹、锥面螺纹、端面螺纹等。螺纹实际上是由刀具的直线运动和主轴按预先输入的比例转数同时运动而形成的。切削螺纹使用的是成型刀具,螺距和尺寸精度受机床精度影响,牙型精度由刀具精度保证。

常见螺纹介绍及加工工艺:

①轴向直螺纹。

轴向直螺纹在加工中最为常见,通常在切削螺纹时需要多次进刀才能完成。由于螺纹刀具是成型刀具,所以刀刃与工件接触线较长,切削力较大。切削力过大会损坏刀具或在切削中引起震颤,在这种情况下为避免切削力过大可采用斜进法,如图 4-3 所示。一般情况下,当螺距小于 1.5 mm 时可采用直进法,如图 4-4 所示。

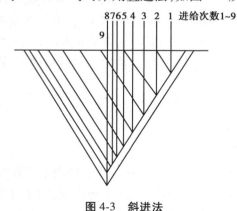

图 4-3　斜进法　　　　　　　　　　　图 4-4　直进法

直进法与斜进法在数控车床编程系统中一般有相应的指令,也有的数控系统根据螺距的大小自动选择直进法或斜进法,轴向螺纹进刀方向垂直于主轴轴线。轴向螺纹有内螺纹和外螺纹两种形式。

直进法切削方法,由于两侧刃同时工作,切削力较大,而且排屑困难,因此在切削时,两切削刃容易磨损。在切削螺距较大的螺纹时,由于切削深度较大,刀刃磨损较快,从而造成螺纹中径产生误差;但是其加工的牙形精度较高,因此一般多用于小螺距螺纹加工。由于其刀具移动切削均靠编程来完成,所以加工程序较长;由于刀刃容易磨损,因此加工中要做到勤测量。

斜进法切削方法,由于为单侧刃加工,加工刀刃容易损伤和磨损,使加工的螺纹面不直,刀尖角发生变化,而造成牙形精度较差。但由于其为单侧刃工作,刀具负载较小,排屑容易,并且切削深度为递减式。因此,此加工方法一般适用于大螺距螺纹加工。由于此加工方法排屑容易,刀刃加工工况较好,在螺纹精度要求不高的情况下,此加工方法更为方便。在加工较高精度螺纹时,可采用两刀加工完成,即先用斜进法进行粗车,然后用直进法进行精车。但注意刀具起始点要准确,不然容易乱扣,造成零件报废。

②轴向锥螺纹。

轴向锥螺纹在机械结构中经常采用,数控车床一般都具有加工轴向锥螺纹的功能,如图4-5所示。

加工轴向锥螺纹时机床 X、Z、C 轴按比例联动,进刀方向垂直于主轴轴线。轴向锥螺纹也有内螺纹和外螺纹两种形式。

③端面螺纹。

端面螺纹进刀方向平行于主轴轴线,端面螺纹切削方向一般由外向内,如图4-6所示。端面螺纹没有内、外之分。

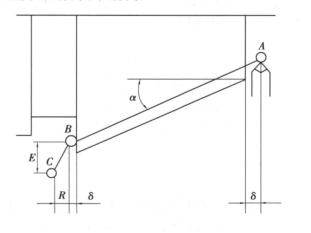

图 4-5　轴向锥螺纹

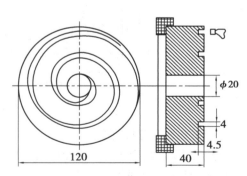

图 4-6　端面螺纹

④锥面螺纹。

如图4-7所示,送料器为锥面螺纹,锥面螺纹与轴向锥螺纹车削的区别在于进刀方向,锥面螺纹进刀方向同端面螺纹一样平行于机床主轴轴线,在编制这类加工工艺时要特别注意螺纹的切深进给方向,根据进刀方向的不同采用相应指令。

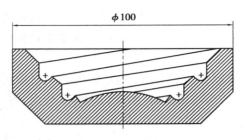

图 4-7　送料器示意图

二、工序和装夹方式的确定

在数控车床上加工零件,应按工序集中的原则划分工序,在一次安装下尽可能完成大部分甚至全部表面的加工。根据零件的结构形状不同,通常选择外圆、端面或内孔、端面装夹,并力求设计基准、工艺基准和编程原点的统一。在批量生产中,常用下列两种方法划分工序。

（1）按零件加工表面的位置精度高低划分

将位置精度要求较高的表面安排在一次安装下完成,以免多次安装所产生的安装误差影响位置精度。例如,图 4-8 所示的轴承内圈,其内孔对小端面的垂直度、滚道和大挡边对内孔回转中心的角度差及滚道与内孔间的壁厚差均有严格的要求,精加工时划分成两道工序,用两台数控车床完成。第一道工序采用图 4-8(a)所示的以大端面和大外径装夹的方案,将滚道、小端面及内孔等安排在一次安装下完成,很容易保证上述的位置精度。第二道工序采用图 4-8(b)所示的以内孔和小端面装夹方案,车削大外圆和大端面。

（2）按粗、精加工划分

对毛坯余量较大和加工精度要求较高的零件,应将粗车和精车分开,划分成两道或更多的工序。将粗车安排在精度较低、功率较大的数控车床上,将精车安排在精度较高的数控车床上。如图 4-8 所示的轴承内圈就是按粗、精加工划分工序的。

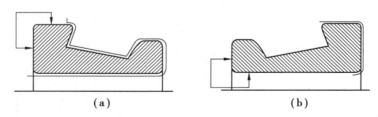

（a）　　　　　　　　　　　（b）

图 4-8　轴承内圈

（3）按所用刀具划分

数控车削加工中,为减少换刀次数,节省换刀时间,应尽量将需用同一把刀加工的加工部位全部完成后,再换另一把刀来加工其他部位。同时应尽量减少空行程,用同一把刀加工工件的多个部位时,应以最短的路线到达各加工部位。

下面以车削图 4-9(a)所示手柄零件为例,说明工序的划分及装夹方式的选择。

该零件加工所用毛坯料为 ϕ32 mm 棒料,批量生产,加工时用一台数控车床。工序的划分及装夹方式如下:

第一道工序按图 4-9(b)所示将一批工件全部车出,包括切断夹棒料外圆柱面,工序内容有:先车出 ϕ12 mm 和 ϕ20 mm 两圆柱面及圆锥面(粗车掉 R42 mm 圆弧的部分余量),然后按总长要求留下加工余量切断。

第二道工序[图4-9(c)],用 ϕ12 mm 外圆及 ϕ20 mm 端面装夹,工序内容有:先车削 SR7 mm 球面的30°圆锥面,然后对全部圆弧表面半精车(留少量的精车余量),最后换精车刀将全部圆弧表面一刀精车成形。

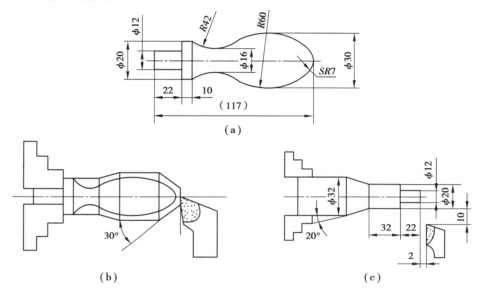

图 4-9　手柄加工工序示意图

三、加工工序的安排

在分析了零件图样和确定了工序、装夹方式之后,接下来即要确定零件的加工顺序。制订零件车削加工顺序一般遵循下列原则。

(1)先粗后精

数控车削加工应按照粗车→半精车→精车的顺序进行。

①粗车切余量:在较短的时间内将工件表面上大部分余量去掉。

②半精车做准备:当粗车后所余余量的均匀性满足不了精加工要求时,要安排半精车,为精车做准备。

③精车保证精度:在粗车、半精车的基础上,精车可一刀切出零件轮廓,保证加工精度。

粗、精加工区示意图如图4-10所示。

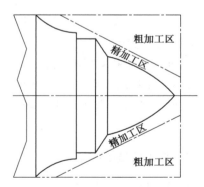

图 4-10　粗、精加工区示意图

(2)先近后远

加工原则为:先加工离对刀点距离近的部位,后加工离对刀点距离远的部位,如图4-11所示。如此考虑问题的原因有两个:

①缩短刀具移动距离,减少空行程。

②有利于保持坯件或半成品的刚性,改善切削条件。

例如:当加工图 4-11 所示零件时,如果按 $\phi38$ mm→$\phi36$ mm→$\phi34$ mm 的次序安排车削,不仅会增加刀具返回对刀点所需的空行程时间,而且一开始就削弱了工件的刚性,还可能使台阶的外直角处产生毛刺(飞边)。对这类直径相差不大的台阶轴,第一刀的最大背吃刀量可为 3 mm 左右,未超限时宜按 $\phi34$ mm→$\phi36$ mm→$\phi38$ mm 的次序先近后远地安排车削。

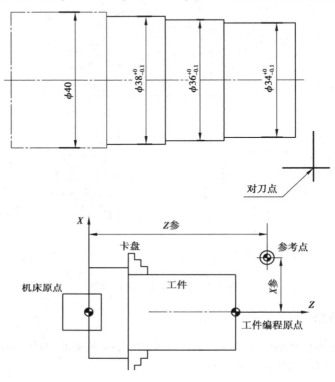

图 4-11　先近后远加工原则示意图

（3）内外交叉

内外交叉是相对既有内表面(内型、腔)又有外表面需要加工的零件而言的。加工这类零件时,不可先将内表面加工完毕再加工外表面,也不可先将外表面加工完毕再加工内表面,要对内表面和外表面交叉加工。安排加工时要先进行内、外表面粗加工,后进行内、外表面精加工。

四、加工路线的确定

数控车削加工路线指车刀从起刀点(或机床固定原点)开始运动,直至返回该点并结束加工程序所经过的路径,包括切削加工的路径及刀具切入、切出等非切削空行程路径。

由于精加工切削过程的进给路线基本上都是沿零件轮廓顺序进行的,所以确定进给路线的重点在于确定粗加工及空行程的进给路径。

在数控车削加工中,加工路线的确定一般要遵循以下几个原则:

①能保证被加工工件的精度和表面粗糙度。

②使加工路线最短,减少空行程时间,提高加工效率。

③尽量简化数值计算的工作量,简化加工程序。

④对某些重复使用的程序,应使用子程序。

其中,使加工路线最短不仅可以节省整个加工过程的执行时间,还能减少一些不必要的刀具消耗及机床进给机构滑动部件的磨损等。最短进给路线的类型及实现方法如下。

(1)最短的切削进给路线

使切削进给路线最短可有效提高生产效率,降低刀具损耗。安排最短切削进给路线时,还要保证工件的刚性和加工工艺性等符合要求。图 4-12 给出了三种不同的粗车切削进给路线,其中图 4-12(c)所示矩形路线最短,因此在同等切削条件下其切削时间最短,刀具损耗最少。

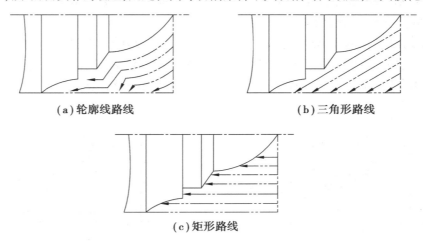

(a)轮廓线路线　　　　　　　　　(b)三角形路线

(c)矩形路线

图 4-12　粗车切削进给路线

(2)最短的空行程路线

①巧用起刀点。

图 4-13(a)为采用矩形循环方式进行粗车的一般情况示例。考虑到在精车等加工过程中需要换刀方便,故将对刀点 A 设置在离毛坯件较远的位置,同时将起刀点与对刀点重合在一起。图 4-13(b)为另设起刀点的示例。

第一刀:$A→B→C→D→A$。第一刀:$B→C→D→E→B$。

第二刀:$A→E→F→G→A$。第二刀:$B→F→G→H→B$。

第三刀:$A→H→I→J→A$。第三刀:$B→I→J→K→B$。

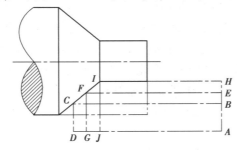 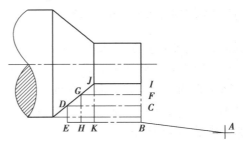

(a)起刀点与对刀点重合进给路线　　　　(b)起刀点与对刀点不重合进给路线

图 4-13　采用矩形循环方式进行粗车

显然,图 4-13(b)所示的进给路线较短。该路线也可以在其他循环切削加工(如螺纹车削)中使用。

②合理安排"回零"路线。

在手工编制复杂轮廓的加工程序时,为简化计算过程,便于校核,程序编制者有时通过执行"回零"操作指令,使每一刀加工完成后的刀具终点全部返回对刀点位置,然后再执行后续程序。这样会增加进给路线的距离,降低生产效率。因此,合理安排"回零"路线时,应使前一刀的终点与后一刀的起点间的距离尽量短,或者为零,以满足进给路线最短的要求。另外,选择返回对刀点指令时,在不发生干涉的前提下,宜尽可能采用 X、Z 轴双向同时"回零"指令。

(3)大余量毛坯的阶梯切削进给路线

图 4-14 列出了两种大余量毛坯的粗加工切削进给路线。在同样的背吃刀量下,图 4-14(a)所示的加工所剩余量过多,进给路线不合理;图 4-14(b)所示的加工按 1 至 5 的顺序切削,每次切削所留余量相等,进给路线属合理的阶梯切削进给路线。

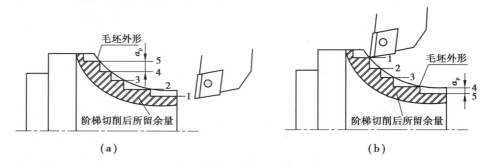

图 4-14 大余量毛坯的粗加工切削进给路线

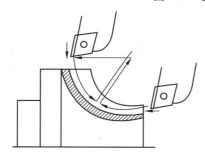

图 4-15 顺着工件毛坯轮廓进给的路线

根据数控机床的加工特点,加工大余量毛坯时也可不用阶梯切削法,可选择顺着工件毛坯轮廓进给,依次从轴向和径向进刀,如图 4-15 所示。

(4)圆弧粗加工进给路线

车外凸圆弧时可采用三角形走刀路线和同心圆走刀路线,如图 4-16 所示。

①车锥法(斜线法)。

车锥法采用三角形走刀路线。采用三角形走刀路线车外凸圆时,要合理确定起点和终点坐标,否则可能损伤圆弧表面,或者使余量太大。在实际加工时,粗车走刀路线不能超过图 4-16(a)所示的 AB 线,否则就会导致圆弧表面受损。由于 $AC = BC = 0.586R$,因此当 R 太大时,我们可取 $AC = BC = 0.5R$。采用三角形走刀路线车外凸圆弧面时,需要计算每次进刀起点,终点坐标,且精加工余量不均匀。车锥法一般适用于圆心角小于 90°的圆弧车削。

②车圆法(同心圆法)。

车圆法采用同心圆走刀路线,用不同的半径切除毛坯余量。此方法车削空行程时间较长。车圆法适用于圆心角大于 90°的圆弧粗车。

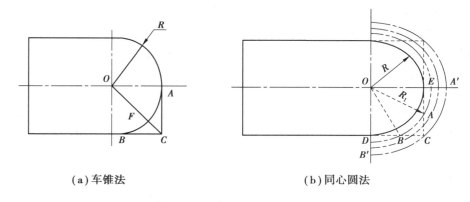

（a）车锥法　　　　　　　　　（b）同心圆法

图 4-16　圆弧表面粗车方法

（5）精加工进给路线

精加工进给路线是指完工轮廓的进给路线。零件的完工轮廓应由最后一刀连续加工而成。尽量不要在连续的轮廓中安排切入、切出、换刀及停顿，以免切削力突然变化造成弹性形变，致使光滑连接的轮廓上产生表面划伤、形状突变或滞留刀痕等缺陷。

①换刀加工时进给路线的安排。换刀加工主要根据工步顺序要求确定各刀加工的先后顺序及各刀进给路线的衔接方式。

②切入、切出及接刀点位置的选择。切入、切出及接刀点应选有空刀槽或表面有拐点、转角的位置。

③各部位精度要求不一致的精加工进给路线。若各部位精度相差不是很大，则我们应以最严的精度为准，安排连续走刀加工所有部位。若精度相差很大，则应将精度接近的表面安排在同一刀具走刀路线内加工，并先加工精度较低的部位，再单独安排精度较高的部位的走刀路线。

五、换刀

（1）固定点换刀

数控车床的刀盘结构有两种：一是刀架前置，其结构同普通车床相似，经济型数控车床多采用这种结构；另一种是刀盘后置，这种结构是中高档数控车床常采用的。

换刀点是一个实际上相对固定的点，它不随工件坐标系的位置改变而发生位置变化。换刀点最安全的位置是换刀时刀架或刀盘上的任何刀具不与工件发生碰撞的位置。这种设置换刀点方式的优点是安全、简便，在单件及小批量生产中经常采用；缺点是增加了刀具到零件加工表面的运动距离，降低了加工效率，机床磨损也加大，批量生产时往往不采用这种设置换刀点的方式。

（2）跟随式换刀

在批量生产时，为缩短走刀路线，提高加工效率，在某些情况下可以不设置固定的换刀点，每把刀有其各自不同的换刀位置。这里应遵循的原则是：第一，确保换刀时，刀具不与工件发生碰撞；第二，力求最短的换刀路线，即采用所谓的"跟随式换刀"。

跟随式换刀不使用机床数控系统提供的回换刀点的指令，而使用快速定位。这种换刀方式的优点是能够最大限度地缩短换刀路线，但每一把刀具的换刀位置要经过仔细计算，以确保换刀时刀具不与工件碰撞。跟随式换刀常应用于被加工工件有一定批量、使用刀具数量较多、刀具类型多、径向及轴向尺寸相差较大时。

使用跟随式换刀方式,换刀点位置的确定与刀具的安装参数有关。如果加工过程中更换刀具,刀具的安装位置改变,程序中有关的换刀点也要修改。

（3）排刀法

在数控车削的生产实践中,为缩短加工时间、提高生产效率,针对特定几何形状和尺寸的工件常采用所谓的排刀法。这种刀具排列方式的好处是在换刀时,刀盘或刀塔不需要转动,是一种加工效率很高的安排走刀路线的方法。

使用排刀法时,程序与刀具位置有关。一种编程方法是使用变换坐标系指令,为每一把刀具设立一个坐标系;另一种方法是所有刀具使用一个坐标系,刀具的位置差由程序坐标系补偿,但刀具一旦磨损或更换就要根据刀尖实际位置重新调整程序,十分麻烦。

六、数控车削加工参数的确定

数控车床加工中的切削用量包括:背吃刀量、主轴转速或切削速度（用于恒线速切削）、进给速度或进给量。切削用量的选择是否合理,对于能否充分发挥数控车床的潜力与刀具的切削性能,实现优质、高产、降低成本和安全操作具有很重要的作用。数控编程时,编程人员必须确定每道工序的切削用量,并以指令的形式写入程序中。

对于不同的加工方法,需要选用不同的切削用量,数控车床切削用量的选择原则如下:

粗车时,首先应选择一个尽可能大的背吃刀量 a_p,其次选择一个较大的进给量 f,最后确定一个合理的切削速度 v_c。增大背吃刀量可以减少进给次数,增大进给量有利于断屑。根据以上原则选择粗车切削用量,有利于提高生产效率,减少刀具损耗,降低加工成本。

精车时,对工件精度和表面粗糙度有着较高要求,加工余量不大且较均匀,因此选择精车切削用量时,应着重考虑如何保证工件的加工质量,并在此基础上尽量提高生产效率。因此精车时,应选用较小（但不能太小）的背吃刀量 a_p（一般取 $0.1 \sim 0.5$ mm）和进给量 f,并选用切削性能高的刀具材料和合理的几何参数,以尽可能提高切削速度 v_c。

此外,在安排粗、精车削用量时,应注意机床说明书给定的允许切削用量范围,对主轴采用交流变频调速的数控车床,由于主轴在低转速时扭矩降低,尤其应注意此时的切削用量的选择。

（1）背吃刀量的确定

在工艺系统刚性和机床功率允许的条件下,尽可能选取较大的背吃刀量,以减少进给次数。当零件的精度要求较高时,则应考虑适当留出精车余量,其所留精车余量一般比普通车削时所留余量少,常取 $0.1 \sim 0.5$ mm。

（2）主轴转速的确定

①车外圆时的主轴转速。车外圆时主轴转速应根据零件上被加工部位的直径,并按零件和刀具的材料及加工性质等条件所允许的切削速度来确定。切削速度除了计算和查表选取外,还可根据实践经验确定。需要注意的是交流变频调速数控车床低速输出力矩小,因而切削速度不能太低。

②车螺纹时的主轴转速。车螺纹时主轴转速将受到螺纹的螺距（即导程）大小、驱动电动机的升降特性及螺纹插补运算速度等多种因素影响,故对于不同的数控系统,推荐不同的主轴转速选择范围。

（3）进给速度的确定

进给速度是指在单位时间内，刀具沿进给方向移动的距离（单位为 mm/min）。有些数控车床规定可以选用进给量（单位为 mm/r）表示进给速度。

确定进给速度的原则：

切削用量都应在机床说明书给定的允许范围内选择，并应考虑机床工艺系统的刚性和机床功率的大小。常用的切削用量选择见表 4-1～表 4-3。

表 4-1　硬质合金外圆车刀切削速度的参考数值

工件材料	热处理状态	$a_p = 0.3 \sim 2$ $f = 0.08 \sim 0.3$ mm/r $v_e/(m \cdot min^{-1})$	$a_p = 2 \sim 6$ $f = 0.3 \sim 0.6$ mm/r $v_e/(m \cdot min^{-1})$	$a_p = 6 \sim 10$ $f = 0.6 \sim 1$ mm/r $v_e/(m \cdot min^{-1})$
低碳钢易切钢	热轧	140～180	100～120	70～90
中碳钢	热轧	130～160	90～110	60～80
	调质	100～130	70～90	50～70
合金结构钢	热轧	100～130	70～90	50～70
	调质	80～110	50～70	40～60
工具钢	退火	90～120	60～80	50～70
灰铸铁	HBS<225	90～120	60～80	50～70
高锰钢			10～20	
铜及铜合金		200～250	120～180	90～120
铝及铝合金		300 ～600	200～400	150～200
铸铝合金		100～180	80～150	60～100

注：切削钢及灰铸铁时刀具耐用度约为 60 min。

表 4-2　硬质合金车刀粗车外圆及端面的进给量

工件材料	车刀刀杆尺寸 $B \times H/$ （mm×mm）	工件直径 $d_m/$mm	背吃刀量				
			≤3	3～5	5～8	8～12	>12
			进给刀量 $f/$(mm $\cdot$ r^{-1})				
碳素结构钢、合金结构钢及耐热钢	16×25	20	0.3～0.4	—	—	—	—
		40	0.4～0.5	0.3～0.4	—	—	—
		60	0.5～0.7	0.4～0.6	0.3～0.5	—	—
		100	0.6～0.9	0.5～0.7	0.5～0.6	0.4～0.5	—
		400	0.8～1.2	0.7～1.0	0.6～0.8	0.5～0.6	—
	20×30 25×25	20	0.3～0.4	—	—	—	—
		40	0.4～0.5	0.3～0.4	—	—	—
		60	0.5～0.7	0.5～0.7	0.4～0.6	—	—
		100	0.8～1.0	0.7～0.9	0.6～0.8	0.4～0.7	—
		400	1.2～1.4	1.0～1.2	0.8～1.0	0.6～0.7	0.4～0.5

续表

工件材料	车刀刀杆尺寸 $B \times H$/（mm×mm）	工件直径 d_m/mm	背吃刀量				
			≤3	3~5	5~8	8~12	>12
			进给刀量 f/（mm·r⁻¹）				
铸铁及铜合金	16×25	40	0.4~0.5	—	—	—	—
		60	0.5~0.8	0.5~0.8	0.4~0.6	—	—
		100	0.8~1.2	0.7~1.0	0.6~0.8	0.5~0.7	—
		400	1.0~1.4	1.0~1.2	0.8~1.0	0.6~0.8	—
	20×3 025×25	40	0.4~0.5	—	—	—	—
		60	0.5~0.9	0.5~0.8	0.4~0.7	—	—
		100	0.9~1.3	0.8~1.2	0.7~1.0	0.5~0.8	—
		400	1.2~1.8	1.2~1.6	1.0~1.3	0.9~1.1	0.7~0.9

注：1.加工端表面及有冲击的工件时，表内进给量应乘系数 $k=0.75~0.85$。

2.在无外皮加工时，表内进给量应乘系数 $k=1.1$。

3.加工耐热钢时，进给量不大于 1 mm/r。

4.加工淬硬钢时，进给量应减小。当钢的硬度为 44~56 时，乘系数 $k=0.8$；当钢的硬度为 57~62 时，乘系数 $i=0.5$。

表 4-3　按表面粗糙度选择进给量的参考值

工件材料	表面粗糙度 R_a/mm	切削速度范围 v_e/（m·min⁻¹）	刀尖圆弧半径 r_e/mm		
			0.5	1.0	2.0
			进给刀量 f/（mm·r⁻¹）		
铸铁、青铜、铝合金	>5~10	不限	0.25~0.40	0.40~0.50	0.50~0.60
	>2.5~5		0.15~0.25	0.25~0.40	0.40~0.60
	>1.25~2.5		0.10~0.15	0.15~0.20	0.20~0.35
碳钢及合金钢	>5~10	<50	0.30~0.50	0.45~0.60	0.55~0.70
		>50	0.40~0.55	0.55~0.65	0.65~0.70
	>2.5~5	<50	0.18~0.25	0.25~0.30	0.30~0.40
		>50	0.25~0.30	0.30~0.35	0.30~0.50
	>1.25~2.5	<50	0.10	0.11~0.15	0.15~0.22
		50~100	0.11~0.16	0.16~0.25	0.25~0.35
		>100	0.16~0.20	0.20~0.25	0.25~0.35

注：$r_e=0.5$ mm，用于 12 mm×12 mm 以下刀杆；

$r_e=1$ mm，用于 30 mm×30 mm 以下刀杆；

$r_e=2$ mm，用于 30 mm×45 mm 及以上刀杆。

第二节　数控车床坐标系

一、坐标轴

数控车床使用:x 轴、z 轴组成的直角坐标系,x 轴与主轴的轴线垂直,z 轴与主轴轴线平行,接近工件的方向为负方向,离开工件的方向为正方向。

二、机床坐标系、机床零点和机床参考点

①机床坐标系是 CNC 进行坐标计算的基准坐标系,是机床固有的坐标系。

②机床零点是机床上的一个固定点,由安装在机床上的零点开关或回零开关决定。通常情况下,回零开关安装在 x 轴和 z 轴正方向的最大行程处。

③机床参考点是机床零点偏移数据参数设置值后的位置。

注意:如果车床上没有安装零点开关,不要进行机床回零操作,否则可能导致运动超出行程限制、机械损坏。

三、工件坐标系、局部坐标系和程序零点

①工件坐标系是按零件图纸设定的直角坐标系,又称为浮动坐标系,当零件装夹到机床上后,根据工件的尺寸用 G50 设置刀具当前位置的绝对坐标,在 CNC 中建立工件坐标系。通常工件坐标系的 z 轴与主轴轴线重合,x 轴位于零件首端或尾端。工件坐标系一旦建立便一直有效,直到被新的工件坐标系取代。

②局部坐标系是在工件坐标系中再创建的子工件坐标系。

③程序零点是用 G50 设定工件坐标系的当前位置,执行程序回零操作后就回到此位置。

注意:在上电后如果没有用 G50 设定工件坐标系,请不要执行程序回零的操作,否则会产生报警。

四、绝对坐标与增量坐标

在编程时,表示刀具(或机床)运动位置的坐标值通常有两种方式,一种是绝对坐标,另一种是增量(对)坐标。刀具(或机床)运动位置的坐标值是相对固定的坐标原点给出的,即称为绝对坐标,如图 4-17 所示。

A、B、C 点坐标均是以固定的坐标原点计算的,其坐标值为 A 点($x15$,$z10$)、B 点($x26$,$z25$),C 点($x40$,$z18$)。

刀具(或机床)运动位置的坐标值是相对于前一位置(或起点),而不是相对于固定的坐标原点给出的,称为增量(或相对)坐标。常使用第二坐标 u、w 表示增量坐标,如图 4-18 所示。

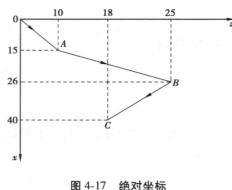

图 4-17　绝对坐标

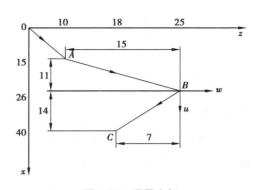

图 4-18　增量坐标

A、B、C 点坐标值若是以增量坐标值给定时,则 A 点($u15,w10$)、B 点($u11,w15$)、C 点($u14,w-7$)。

第三节　数控车床的对刀方法

一、对刀基本概念

（1）数控车床工件坐标系

数控车床把机床坐标零点设在主轴线与卡盘定位面交点处,即建立了数控车床坐标系。

工件坐标系是编程时使用的坐标系,又称编程坐标。其目的是在不知工件在机床坐标系中位置的情况下便于编程。工件坐标系坐标轴的意义必须与机床坐标轴相同。工件坐标系的原点,也称工件零点或编程零点,其位置由编程者自行确定。编程零点的确定原则是简化编程计算,便于找正,故应尽量将编程零点设在零件图的尺寸基准或工艺基准处。一般来说,数控车床的编程零点一般选在主轴中心线与工件右端面或左端面的交点处。

（2）对刀

工件进行加工前,必须通过对刀来建立机床坐标系和工件坐标系的位置关系。所谓对刀,是指将刀具或对刀工具移向对刀点,并使刀具的刀位点和对刀点重合的操作。对刀的目的是确定程序原点在机床坐标系中的位置,对刀点可与程序原点重合,也可在任何便于对刀之处,但该点与程序原点之间必须有确定的坐标联系。对刀的过程同时也确定工件坐标系与机床坐标系的关系。

（3）刀补量

刀尖从当前位置移到参考点的距离,即非基准刀移到基准刀的差值。为简化编程,程序设计时参与切削的每一把刀尖都是从同一点（程序起点或参考点）出发的,但实际上每一把刀转到切削方向时,刀尖不能处于同一点上,需要把它们移到同一点上,这个过程称为对刀。如果设定一把刀为基准刀,其余刀与基准刀的偏移量称为刀补量。

二、装夹毛坯件和刀具

①装夹毛坯件。装夹毛坯件的伸出长度为工件总长加限位的长度再加切断位置尺寸。

②装夹刀具。刀具要装正,刀头伸出长度为 20～25 mm(特殊情况除外),对正中心高(主轴中心位置)。

三、对刀的基本方法

目前绝大多数的数控车床采用手动对刀,其基本方法有以下几种。

(1)光学对刀法

这是一种按非接触式设定基准重合原理而进行的对刀方法,其定位基准通常由光学显微镜(或投影放大镜)上的十字基准刻线交点来体现。这种对刀方法比定位对刀法的对刀精度高,并且不会损坏刀尖,是一种广泛采用的方法。

(2)定位对刀法

定位对刀法的实质是按接触式设定基准重合原理而进行的一种粗定位对刀方法,其定位基准由预设的对刀基准点来体现。对刀时,只要将各号刀的刀位点调整至与对刀基准点重合即可。该方法简便易行,因而得到较广泛的应用,但对刀精度受到操作者技术熟练程度的影响,一般情况下其精度都不高,还需在加工或试切中修正。

(3)试切对刀法

在以上各种手动对刀方法中,均因可能受到手动和目测等多种误差的影响而使其对刀精度十分有限,往往需要通过试切对刀,以得到更加准确和可靠的结果。

第四节　　数控车削编程

一、数控编程

(一)数控编程的定义

为了使数控机床能根据零件加工的要求进行动作,必须将这些要求以机床数控系统能识别的指令形式告知数控系统,这种数控系统可以识别的指令称为程序,制作程序的过程称为数控编程。

数控编程不仅仅指编写数控加工指令的过程,它包括从零件分析到编写加工指令,再到制成控制介质及程序校核的全过程。

在编程前,首先要进行零件的加工工艺分析,确定加工工艺路线、工艺参数、刀具的运动轨迹、位移量、切削参数(切削速度、进给量、背吃刀量)及各种辅助功能(换刀、主轴正反转、切削液开/关等);然后根据数控机床规定的指令及程序格式编写加工程序单;再把这一程序单中的内容记录在控制介质(如移动存储器、硬盘、CF 卡)上。程序正确无误后,采用手工输入方式或计算机传输方式将数控程序输入数控机床的数控装置中,从而指挥机床加工零件。

(二)数控编程的分类

数控编程可分为手工编程和自动编程两种。

(1)手工编程

手工编程是指所有编制加工程序的全过程(图样分析、工艺处理、数值计算、编写程序单、制作控制介质、程序校验)都是由手工来完成的。

手工编程不需要计算机、编程器、编程软件等辅助设备,只需要合格的编程人员。手工编程具有编程快速、及时的优点,但其缺点是不能进行复杂曲面的编程。手工编程比较适合批量较大、形状简单、计算方便、轮廓由直线或圆弧组成的零件的加工。对于形状复杂的零件,特别是具有非圆曲线、列表曲线及曲面的零件,采用手工编程则比较困难,最好采用自动编程的方法进行编程。

（2）自动编程

自动编程是指通过计算机自动编制数控加工程序的过程。

自动编程的优点是效率高、程序正确性好。自动编程由计算机替代人完成复杂的坐标计算和书写程序单的工作,它可以解决许多手工编程无法完成的复杂零件的编程难题,但其缺点是必须具备自动编程系统或编程软件。

自动编程的方法主要有语言式自动编程和图形交互式自动编程两种。前者是通过高级语言的形式,表示出全部加工内容,计算机采用批处理方式,一次性处理、输出加工程序。后者是采用人机对话的处理方式,利用 CAD/CAM 功能生成加工程序。

CAD/CAM 软件的编程与加工过程为:图样分析、工艺分析、三维造型、生成刀具轨迹、后置处理生成加工程序、程序校验、程序传输并进行加工。

当前常用的数控车床自动编程软件有 Mastercam 数控车床编程软件、CAXA 数控车床编程软件等。

（三）手工编程的步骤

手工编程的步骤如图 4-19 所示,主要有以下几个方面的内容。

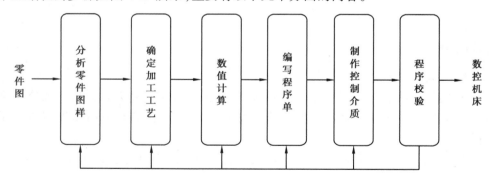

图 4-19　手工编程的步骤

①分析零件图样。分析零件图样包括零件轮廓分析,零件尺寸精度、几何精度、表面粗糙度、技术要求的分析,零件材料、热处理等要求的分析。

②确定加工工艺。确定加工工艺包括选择加工方案,确定加工路线,选择定位与夹紧方式,选择刀具,选择各项切削参数,选择对刀点、换刀点等。

③数值计算。选择编程原点,对零件图样各基点进行正确的数学计算,为编写程序单做好准备。

④编写程序单。根据数控机床规定的指令及程序格式,编写加工程序单。

⑤制作控制介质。简单的数控程序直接采用手工输入机床,当程序自动输入机床时,必须制作控制介质。现在大多数程序采用移动存储器、硬盘作为存储介质,采用计算机传输来

输入机床。目前,老式的控制介质——穿孔纸带已基本停止使用了。

　　⑥程序校验。程序必须经过校验,且正确后才能使用。程序校验一般采用机床空运行的方式进行校验,有图形显示卡的机床可直接在 CRT 显示屏上进行校验,现在有很多学校还采用计算机数控模拟进行校验。以上方式只能进行数控程序、机床动作的校验,如果要校验加工精度,则要进行首件试切校验。

二、数控加工程序的格式与组成

　　每一种数控系统,根据系统本身的特点与编程的需要,都有一定的程序格式。不同的数控系统,其程序格式也不尽相同。因此,编程人员在按数控程序的常规格式进行编程的同时,还必须严格按照系统说明书的格式进行编程。本书以 FANUC 0i 系统为例来进行说明。

　　(一)程序的基本结构

　　数控加工程序可分为主程序和子程序,但不论主程序还是子程序,每个程序都是由程序名、程序内容和程序结束三部分组成。

　　(1)程序名

　　程序名位于程序的开头,由大写字母 O 及其后的 4 位数字构成。如果输入的数字不够 4 位,系统会自动在其前面加 O 补足 4 位。每个程序都有唯一的程序名(程序名不允许重复)。

　　(2)程序内容

　　程序内容由若干条程序段构成。每条程序段由以程序段号(如 N10、N20 可以省略)开始、以"+"结束的若干个代码字构成。代码字由一个英文字母(称代码地址)和其后的数值(称为代码值)构成。

　　(3)程序结束

　　程序结束中要加入取消刀补段时(T0100),注意系统参数的设定,对应地修改程序。程序的基本结构示例见表4-4。

表 4-4　程序的基本结构示例

程序	结构
O0001	程序名
N10 G99 G40G21	程序内容
N20 T0101	
N30 G00 X100.0 Z100.0	
N40 M03S800	
…	
N200 G00 X100.0 Z100.0	
N210 M30	程序结束

　　注:1.FANUC 系统程序号的书写格式为 O××××,其中 O 为地址符,其后为四位数字,数值从 O0001 到 O9999。

　　2.O0000 被数控系统 MDI(人工数据输入)方式所占用,不能作为程序号。

（二）程序段的基本结构

（1）程序段基本格式

程序段是程序的基本组成部分，每个程序段由若干个数据字构成，而数据字又由表示地址的英文字母、特殊文字和数字构成，如X30.0、G01等。

程序段格式是指一个程序段中字、字符、数据的排列、书写方式和顺序。

目前，字——地址程序段格式是常用的格式，具体格式如图4-20所示。

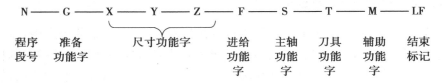

图4-20　程序段格式

例如，"N50 G01 X30.0 Z30.0 F100 S800 T01 M03；"。

（2）程序段的组成

①程序段号。

程序段号由地址符"N"开头，其后为若干位数字。

在大部分系统中，程序段号仅作为"跳转"或"程序检索"的目标位置指示。因此，它的大小及次序可以颠倒，也可以省略。程序段在存储器内以输入的先后顺序排列，而程序的执行是严格按信息在存储器内的先后顺序一段一段地执行的，也就是说执行的先后次序与程序段号无关。但是，当程序段号省略时，该程序段将不能作为"跳转"或"程序检索"的目标程序段。

程序段号也可以由数控系统自动生成，程序段号的递增量可以通过机床参数进行设置，一般可设定增量值为10。

②程序段内容。

程序段的中间部分是程序段的内容，程序段内容应具备6个基本要素，即准备功能字、尺寸功能字、进给功能字、主轴功能字、刀具功能字、辅助功能字等，但并不是所有程序段都必须包含所有功能字，有时一个程序段内仅包含其中一个或几个功能字也是允许的。

例如，如图4-21所示，为了将刀具从P_1点移到P_2点，必须在程序段中明确以下几点：

a.移动的目标是哪里？

b.沿什么样的轨迹移动？

c.移动速度有多快？

d.刀具的切削速度是多少？

e.选择哪一把刀移动？

f.机床还需要哪些辅助动作？

对于图4-21中的直线刀具轨迹，其程序段可写成如下格式：

N10 G90 G01 X100.0 Z60.0 F100 S300 T0101 M03；

如果在该程序段前已指定了刀具功能、转速功能、辅助功能，则该程序段可写成：

N10 G01 X100.0 Z60.0 F100；

③程序段结束。

程序段以结束标记"CR（或LF）"结束，实际使用时，常用符号"；"或" ＊ "表示"CR（或LF）"。

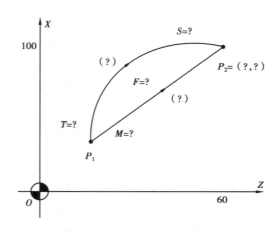

图 4-21　程序段的内容

FANUC 0i 系统的程序段以结束标记"LF"结束,实际使用时,常用符号";"。

（3）程序的斜杠跳跃

有时,在程序段的前面有"/"符号,该符号称为斜杠跳跃符号,该程序段称为可跳跃程序段。如下列程序段:

/N10 G00 X100.0;

这样的程序段,可以由操作者对程序段和执行情况进行控制。当操作机床使系统的"跳过程序段"信号生效时,程序执行时将跳过这些程序段;当"跳过程序段"信号无效时,程序段照常执行,此时该程序段和不加"/"符号的程序段相同。

（4）程序段注释

为了方便检查、阅读数控程序,在许多数控系统中允许对程序进行注释,注释可以作为对操作者的提示显示在屏幕上,但注释对机床动作没有丝毫影响。

程序的注释应放在程序段的最后,不允许将注释插在地址和数字之间,FANUC 系统的程序注释用"（）"括起来。

例:

00001;（程序号）

G98 G40 G21;（程序初始化）

T0101;（换 1 号刀,取 1 号刀具补偿）

三、数控车床编程程序的基础指令

（一）常用功能指令的属性

（1）指令分组

所谓指令分组,就是将系统中不能同时执行的指令分为一组,并以编程号区别。例如 G00、G01、G02、G03 就属于同组指令,其编号为 01 组。类似的同组指令还有很多,详见表 4-5。

同组指令具有相互取代作用,同一组指令在一个程序段内只能有一个生效,当在同一程序段内出现两个或两个以上的同组指令时,一般以最后输入的指令为准,有的数控机床还会出现机床系统报警。因此,在编程过程中要避免将同组指令编入同一程序段内,以免引起混淆。对于不同组的指令,在同一程序段内可以进行不同的组合。

例:

G98 G40 G21;该程序段是规范的程序段,所有指令均为不同组指令。

例:

G01 G02 X30.0 Z30.0 R30.0 F100;该程序段是不规范的程序段,其中 G01 与 G02 是同组指令。

(2)模态指令

模态指令(又称为续效指令)表示该指令在一个程序段中一经指定,在接下来的程序段中一直持续有效,直到出现同组的另一个指令时,该指令才失效;与其对应的仅在编入的程序段内才有效的指令称为非模态指令(或称为非续效指令)。如 G 指令中的 G04 指令,M 指令中的 M00、M06 等指令是非模态指令。除此之外,还有初态指令,是指开机后或运行加工程序之前的系统指令。

模态指令的出现,避免了在程序中出现大量的重复指令,使程序变得简洁明了。同样地,在尺寸功能字中出现前后程序段的重复,则该尺寸功能字也可以省略。如下例中有下画线的指令可以省略:

G01 X20.0 Z20.0 F150;

<u>G01</u> X30.0 <u>Z20.0</u> F150;

G02 <u>X30.0</u> Z-20.0 R20.0 F100;

上例中有下画线的指令可以省略。因此,以上程序可写成如下形式:

G01 X20.0 720.0 F150;

X30.0 F150;

G02 Z-20.0 R20.0 F100;

对于模态指令与非模态指令的具体规定,通常情况下,绝大多数的 G 指令与所有的 F、S、T 指令均为模态指令,M 指令的情况比较复杂,需查阅有关系统的出厂说明书。

(3)开机默认指令

为了避免编程人员出现指令遗漏,数控系统中对每一组的指令,都选取其中的一个作为开机默认指令,该指令在开机或系统复位时可以自动生效,因而在程序中允许不再编写。

常见的开机默认指令有 G01、G18、G40、G54、G99、G97 等。当程序中没有 G96 或 G97 指令时,用指令"M03 S200;"指令的主轴正转转速是 200 r/min。

(二)数控系统常用代码

数控系统常用的系统功能有准备功能、辅助功能、其他功能 3 种,这些功能是编制数控加工程序的基础。

(1)准备功能(G 代码)

准备功能也称 G 功能或 G 指令,是控制数控机床做好某些准备动作的指令。G 代码由代码地址 G 和其后的多位代码值组成,用来规定刀具相对工件的运动方式,进行坐标设定等多种操作。

G 代码字分为 00、01、02、03、06、07、12、14、16、21 组。除 00 与 01 组代码不能共段外,同

一程序段中可以输入几个不同组的 G 代码字,如果在同一个程序段中输入了两个或两个以上的同组 G 代码字时,最后一个 G 代码字有效。

常用 G 代码见表 4-5。

表 4-5　常用 G 代码表

G 指令	组别	功能	程序格式及说明
G00▲	01	快速点定位	G00 X_Z_;
G01		直线插补	G01 X_Z_F_;
G02		顺时针方向圆弧插补	G02X_Z_R_F_;
G03		逆时针方向圆弧插补	G02X_Z_I_K_F_;
G04	00	暂停	G04 X1.5; 或 G04 U1.5; 或 G04 P1500;
G17	16	选择 XY 平面	G17;
G18▲		选择 ZX 平面	G18;
G19		选择 YZ 平面	G19;
G20▲	06	英寸输入	G20;
G21		毫米输入	G21;
G27	00	返回参考点检测	G27X_Z_;
G28		返回参考点	G28X_Z_;
G30		返回第 2、3、4 参考点	G30 P3 X_Z_; 或 G30 P4 X_Z_;
G32	01	螺纹切削	G32X_Z_F_;（F 为导程）
G34		变螺距螺纹切削	G34X_Z_F_K_;
G40▲	07	刀尖半径补偿取消	G40;
G41		刀尖半径左补偿	G41 G01 X_Z_;
G42		刀尖半径右补偿	G42G01 X_Z_;
G50▲	00	坐标系设定或最高限速	G50 X_Z_; G50 S_;

续表

G 指令	组别	功能	程序格式及说明
G52		局部坐标系设定	G52 X_Z_;
G53		选择机床坐标系	G53 X_Z_;
G54▲		选择工件坐标系 1	G54;
G55	14	选择工件坐标系 2	G55;
G56		选择工件坐标系 3	G56;
G57		选择工件坐标系 4	G57;
G58		选择工件坐标系 5	G58;
G59		选择工件坐标系 6	G59;
G65	00	宏程序非模态调用	G65P_L_<自变量指定>;
G66	12	宏程序模态调用	G66P_L_<自变量指定>;
G67▲		宏程序模态调用取消	G67;
G70		精车循环	G70P_Q_;
G71		粗车循环	G71U_R_; G71P_Q_U_W_F_;
G72		平端面粗车循环	G72 W_R_; G72P_Q_U_W__F_;
G73	00	多重复合循环	G73 U_W_R_; G73 P_Q_U_W_F_;
G74		端面切槽循环	G74R_; G74 X(U)_Z(W)_P_Q_R_F_;
G75		径向切槽循环	G75 R_; G75 X(U)_Z(W)_P_Q__R_F_;
G76		螺纹复合循环	G76P_Q_R_; G76X(U)_Z(W)_R_P_Q_F_;
G90		内、外圆切削循环	G90 X_Z_F_; G90 X_Z_R_F_;
G92	01	螺纹切削循环	G92X_Z_F_; G92X_Z_R_F_;
G94		端面切削循环	G94X_Z_F_; G94X_Z_R_F_;

G 指令	组别	功能	程序格式及说明
G96	02	恒定线速度	G96 S200；（200 m/min）
G97▲		每分钟转数	G97 s800；（800 r/min）
G98	05	每分钟进给	G98 F100；（100 mm/min）
G99▲		每转进给	G99 F0.1；（0.1 mm/r）

注：1.标记▲的指令是开机默认有效指令，但原有的 G21 或 G20 仍保持有效。

2.表中 00 组 G 指令都是非模态指令。

（2）辅助功能（M 代码）

辅助功能也称 M 功能或 M 指令。它由地址 M 和后面的两位数字组成，从 M00 到 M99 共 100 种。

辅助功能主要控制机床或系统的开、关等辅助动作，如开、停冷却泵，主轴正、反转，程序的结束等。

同样，由于数控系统以及机床生产厂家的不同，M 指令的功能也不相同，甚至有些 M 指令与 ISO 标准指令的含义也不相同。因此，一方面，迫切需要对数控指令进行标准化；另一方面，在进行数控编程时，一定要按照机床说明书的规定进行。

在同一程序段中，既有 M 指令，又有其他指令时，M 指令与其他指令执行的先后次序由机床系统参数设定。因此，为保证程序以正确的次序执行，有很多 M 指令如 M30、M02 等，最好以单独的程序段进行编程。

常用辅助功能指令见表 4-6。

表 4-6　常用 M 代码表

代码	功能	备注
M00	程序暂停	
M01	程序选择停	
M02	程序运行结束	
M03	主轴顺时针转	功能互锁，状态保持
M04	主轴逆时针转	
M05	主轴停止	
M08	冷却液开	功能互锁，状态保持
M09	冷却液关	
M10	尾座进	功能互锁，状态保持
M11	尾座退	

续表

代码	功能	备注
M12	卡盘夹紧	功能互锁,状态保持
M13	卡盘松开	
M14	主轴位置控制	功能互锁,状态保持
M15	主轴速度控制	
M20	主轴夹紧	功能互锁,状态保持
M21	主轴松开	
M24	第二主轴位置控制	功能互锁,状态保持
M25	第二主轴速度控制	
M30	程序运行结束,光标返回程序开头	
M32	润滑开	功能互锁,状态保持
M33	润滑关	
M41	主轴自动换挡	功能互锁,状态保持
M42		
M43		
M44		
M50	取消主轴定向	功能互锁,状态保持
M51	主轴定向第 1 点	
M52	主轴定向第 2 点	
M53	主轴定向第 3 点	
M54	主轴定向第 4 点	
M55	主轴定向第 5 点	
M56	主轴定向第 6 点	
M57	主轴定向第 7 点	
M58	主轴定向第 8 点	
M63	第二主轴顺时针转	功能互锁,状态保持
M64	第二主轴逆时针转	
M65	第二主轴停	
M98	子程序调用	
M99	子程序结束,并返回主程序	
M9000~9999	调用宏程序	

（3）其他功能

①坐标功能。

坐标功能字（又称尺寸功能字）用来设定机床各坐标的位移量。它一般以 X、Y、Z、U、V、W、P、Q、R（用于指定直线坐标）和 A、B、C、D、E（用于指定角度坐标）及 I、J、K（用于指定圆心坐标）等地址为首,在地址符后紧跟"+"或"−"号及一串数字。如 X100.32、A30.0、I−10.0 等。

②刀具功能。

刀具功能是指系统进行选刀或换刀的功能指令,也称为 T 功能。刀具功能用地址 T 及后缀的数字来表示,FANUC 系统刀具功能指定方法是 T4 位数法。T4 位数法可以同时指定刀具和选择刀具补偿,其 4 位数的前两位数用于指定刀具号,后两位数用于指定刀具补偿存储器号,刀具号与刀具存储器号允许不相同,但为方便编程与操作,一般将刀具号与刀具存储器号设置成相同数字。

例：

T0101：表示选用 1 号刀具及选用 1 号刀具补偿存储器号中的补偿值；

T0102：表示选用 1 号刀具及选用 2 号刀具补偿存储器号中的补偿值。

③进给功能。

用来指定刀具相对于工件运动的速度功能称为进给功能,由地址 F 和其后缀的数字组成。根据加工的需要,进给功能分每分钟进给和每转进给两种。

a.每分钟进给。直线运动的单位为 mm/min。每分钟进给通过准备功能字 G98 来指定,其值为大于 0 的常数。

例：

G98 G01 X20.0 F100；表示进给速度为 100 mm/min

b.每转进给。直线运动的单位为 mm/r。每转进给通过准备功能字 G99 来指定,其值为大于 0 的常数。

例：

G99 G01 X20.0 F0.2；表示进给速度为 0.2 mm/r

在编程时,进给速度不允许用负值来表示,一般也不允许用 F0 来控制进给停止。但在实际操作过程中,可通过机床操作面板上的进给倍率开关来对进给速度值进行修正,因此,通过倍率开关,可以控制进给速度的值为 0。至于机床开始与结束进给过程中的加、减速运动,则由数控系统来自动实现,编程时无须考虑。

④主轴功能。

用来控制主轴转速的功能称为主轴功能,又称为 S 功能,由地址 S 和其后缀数字组成。根据加工的需要,主轴的转速分为线速度 v 和转速 S 两种。

a.转速 n。转速 n 的单位是 r/min,用准备功能 G97 来指定,其值为大于 0 的常数。

例：

G97 S1000；表示主轴转速为 1 000 r/min

b.恒线速度 v。有时,在加工过程中为了保证工件表面的加工质量,转速常用恒线速度来指定,恒线速度的单位为 m/min,用准备功能 G96 来指定。

例：

G96 S100；表示主轴转速为 100 m/min

采用恒线速度进行编程时,为防止转速过高引起事故,有很多系统都设有最高转速限定指令,同时系统参数也可直接设置最高转速。

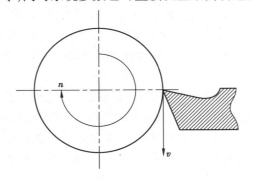

图 4-22 线速度与转速换算关系

c.线速度 v 与转速 S 之间的换算。线速度 v 与转速 S 之间可以相互换算,换算关系如图4-22所示。即

$$v = \pi Dn/1\,000$$

$$n = 1\,000v/(\pi D)$$

式中　　v——切削线速度,m/min;

D——工件直径,mm;

n——主轴转速,r/min。

在编程时,主轴转速不允许用负值来表示,但允许用 S0 使转动停止。在实际操作过程中,可通过机床操作面板上的主轴倍率开关来对主轴转速值进行修正,一般其调速为 50% ~ 120%。

d.主轴的启停。在程序中,主轴的正转、反转、停转由辅助功能 M03、M04、M05 进行控制。其中,M03 表示主轴正转,M04 表示主轴反转,M05 表示主轴停转。

例:

G97 M03 S300;表示主轴正转,转速为 300 r/min;

M05;表示主轴停转

四、坐标功能指令规则

(一)绝对坐标与增量坐标

在 FANUC 车床系统中,不采用指令 G90/G91 来指定绝对坐标与增量坐标,而直接以地址符 X、Z 组成的坐标功能字表示绝对坐标,用地址符 U、W 组成的坐标功能字表示增量坐标。绝对坐标地址符 X、Z 后的数值表示工件原点至该点间的矢量值,增量坐标地址符 U、W 后的数值表示轮廓上前一点到该点的矢量值。如图 4-23 所示的 AB 与 CD 轨迹中,B 点与 D 点的坐标如下。

B 点的绝对坐标为 X20.0、Z10.0,增量坐标为 U-20.0、W-20.0;

D 点绝对坐标为 X40.0、Z0,增量坐标为 U40.0、W-20.0。

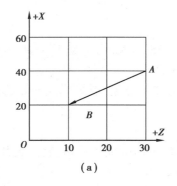

(a)

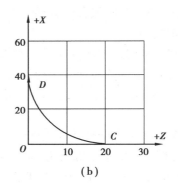

(b)

图 4-23 绝对坐标与增量坐标

（二）公制与英制编程

坐标功能字决定编程单位使用公制还是英制，多数系统用准备功能字来选择，FANUC 系统采用 G21/G20 来进行公/英制的切换。其中 G21 表示公制，而 G20 表示英制。

例：

G20 G01 U20.0；表示刀具向 X 正方向移动 20 in（1 in＝25.4 mm）

G21 G01 U50.0；表示刀具向 X 正方向移动 50 mm

注意：公、英制对旋转轴无效。

（三）小数点编程

数字单位以公制为例分为两种，一种是以 mm 为单位，另一种是以脉冲当量（即机床的最小输入单位）为单位，现在大多数机床常用的脉冲当量为 0.001 mm。

对于数字的输入，有些系统可省略小数点，有些系统则可以通过系统参数来设定是否可以省略小数点，而有些系统小数点不可省略。对于不可省略小数点编程的系统，当使用小数点进行编程时，数字以 mm［英制为 in，角度为（°）］为输入单位，而当不用小数点编程时，则以机床的最小输入单位作为输入单位。

如从 A 点（X0，Z0）移动到 B 点（X50，Z0）有以下 3 种表达方式：

X50.0；

X50.；（小数点后的 0 可省略）

X50000；（脉冲当量为 0.001 mm）

以上 3 组数值均表示 X 坐标值为 50 mm，50.0 与 50 000 从数学角度上看两者相差了 1 000 倍。因此，在进行数控编程时，不管哪种系统，为保证程序的正确性，最好不要省略小数点的输入。此外，脉冲当量为 0.001 的系统采用小数点编程时，其小数点后的位数超过三位时，数控系统按四舍五入处理。例如，当输入 X50.1234 时，经系统处理后的数值为 X50.123。

（四）直径、半径方式编程

由于被车削零件的径向尺寸在图样标注和测量时均采用直径尺寸表示，所以在直径方向编辑时，X（U）通常以直径量表示。如果要以半径量表示，则通常要用相关指令在程序中进行规定。

直径、半径方式编程可通过程序中的编程指令或修改机床参数来改变。对于 FANUC 车削系统，只能通过修改机床参数来改变直径、半径方式编程，如在 FANUC Series 0i Mate-TC 系统中，半径编程或直径编程由 1006 号参数的第 3 位（DIA）设定。对于数控车床而言，开机默认直径方式编程，即用直径尺寸对 X 轴方向的坐标数据进行表述。

第五章
数控铣削技术分析

第一节　数控铣床简介

一、数控铣床的用途

一般的数控铣床是指规格较小的升降台式数控铣床。数控铣床多为三坐标、两轴联动的机床。一般情况下，数控铣床只能用来加工平面曲线的轮廓。

与普通铣床相比，数控铣床的加工精度高，精度稳定性好，适应性强，操作劳动强度低，特别适用于板类、盘类、壳具类、模具类等复杂形状零件或对精度保持性要求较高的中、小批量零件的加工。

二、数控铣床的分类

数控铣床按其主轴位置分为立式数控铣床，卧式数控铣床，立、卧两用数控铣床三类，如图 5-1 所示。

①立式数控铣床。其主轴垂直于水平面。小型数控铣床一般都采用工作台移动、升降及主轴不动方式，与普通立式升降台铣床结构相似；中型数控铣床一般采用纵向和横向工作台移动方式，且主轴沿垂直溜板上下运动；大型数控铣床因要考虑到扩大行程，缩小占地面积及满足一定的刚度要求等技术问题，往往采用龙门架移动方式，其主轴可以在龙门架的纵向与垂直溜板上运动，而龙门架则沿床身作纵向移动，这类结构又称为龙门数控铣床。

②卧式数控铣床。其主轴平行于水平面。为了扩大加工范围和扩充功能，卧式数控铣床通常采用增加数控转盘或万能数控转盘来实现四至五坐标，进行"四面加工"。

③立、卧两用数控铣床。其主轴方向可以更换（有手动与自动两种），既可以进行立式加工，又可以进行卧式加工。与其他两类铣床相比，其使用范围更广，功能更全。当采用数控万能主轴头时，其主轴头可以任意转换方向，因此利用它可以加工出与水平面呈各种不同角度的工件表面。在增加数控转盘后，就可以实现对工件的"五面加工"。

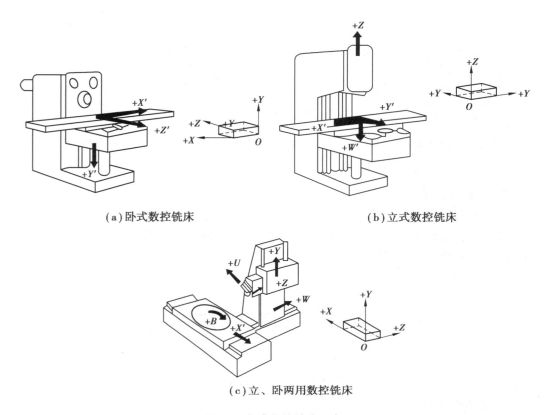

（a）卧式数控铣床　　　　　　　　（b）立式数控铣床

（c）立、卧两用数控铣床

图 5-1　各类数控铣床示意

数控铣床按机床数控系统控制的坐标轴数量分为 2.5 坐标联动数控铣床（只能进行 X、Y、Z 三个坐标中的任意两个坐标轴联动加工）、三坐标联动数控铣床、四坐标联动数控铣床、五坐标联动数控铣床四类。

第二节　数控铣削加工概述

一、数控铣削加工工艺范围

铣削加工是机械加工中常用的加工方法之一，它主要包括平面铣削和轮廓铣削，也包括对零件进行钻、扩、铰、镗、镗加工及螺纹加工等。数控铣床与普通铣床相比，具有加工精度高、加工范围广和自动化程度高等显著特点。数控铣削主要适合于下列几类零件的加工。

（一）平面类零件

平面类零件是指加工面平行或垂直于水平面，以及加工面与水平面的夹角为定值，这类加工面可展开为平面，如图 5-2 所示。

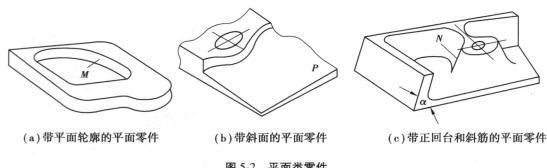

（a）带平面轮廓的平面零件　　　（b）带斜面的平面零件　　　（c）带正回台和斜筋的平面零件

图 5-2　平面类零件

（二）变斜角类零件

加工面与水平面的夹角呈连续变化的零件称为变斜角类零件,如图 5-3 所示。变斜角类零件的变斜角加工面不能展开为平面,但在加工中,加工面与铣刀圆周接触的瞬间为一条线,所以最好采用四坐标或五坐标数控铣床摆角加工。

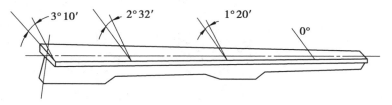

图 5-3　变斜角类零件

（三）立体曲面类零件

加工面为空间曲面的零件称为立体曲面类零件,如图 5-4 所示。曲面类零件的加工面不能展开为平面,加工时,加工面与铣刀始终为点接触。一般采用三轴联动数控铣床加工;当曲面较复杂、通道较狭窄、会伤及毗邻表面及需刀具摆动时,要采用四轴甚至五轴联动数控铣床加工。

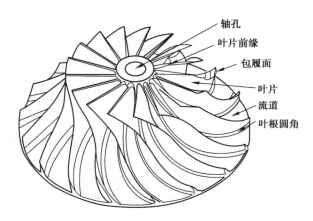

图 5-4　立体曲面类零件(叶轮)

二、数控铣削加工工艺特点

工艺规程是工人在加工时的指导性文件。由于普通铣床受控于操作工人,因此,在普通铣床上用的工艺规程实际上只是一个工艺过程卡,铣床的切削用量、走刀路线、工序的工步等往往都是由操作工人自行选定的。数控铣床加工的程序是数控铣床的指令性文件。数控铣床受控于程序指令,加工的全过程都是按程序指令自动进行的。因此,数控铣床加工程序与普通铣床工艺规程有较大差别,涉及的内容也较广。数控铣床加工程序不仅要包括零件的工艺过程,还要包括切削用量、走刀路线、刀具尺寸以及铣床的运动过程。因此,要求编程人员对数控铣床的性能、特点、运动方式、刀具系统、切削规范以及工件的装夹方法都要非常熟悉。工艺方案的好坏不仅会影响铣床效率的发挥,而且将直接影响到零件的加工质量。由此可见,数控铣床加工工艺与普通铣床加工工艺在原则上基本相同,但数控加工的整个过程是自动进行的,因而又有其特点:

①工序的内容复杂。这是由于数控铣床比普通铣床价格贵,若只加工简单工序在经济上不合算,所以在数控铣床上通常安排较复杂的工序,甚至是在普通铣床上难以完成的工序。

②工步的安排更为详尽。这是因为在普通铣床的加工工艺中不必考虑的问题,如工序内工步的安排、对刀点、换刀点及加工路线等,往往是数控铣床加工工艺的组成部分。

三、数控铣削加工工艺主要内容

数控铣床加工工艺主要包括如下内容:

①选择适合在数控铣床上加工的零件,确定工序内容。

②分析被加工零件的图纸,明确加工内容及技术要求。

③确定零件的加工方案,制订数控铣削加工工艺路线。如划分工序、安排加工顺序,处理与非数控加工工序的衔接等。

④数控铣削加工工序的设计。如选取零件的定位基准、夹具方案的确定、工步划分、刀具选择和确定切削用量等。

⑤数控铣削加工程序的调整。如选取对刀点和换刀点、确定刀具补偿及确定加工路线等。

第三节 铣削工具系统

要完成某一个具体零件的加工,除了必须具有机床本体和数控系统外,还必须具备满足零件工艺要求的各类工具。学习中需注意培养常用的标准化刀具、量具、夹具合理选择的能力。自制专用刀具属于高级工艺人员研究的范畴。

一、旋转刀具系统

(一)基本概念

金属切削刀具按其运动方式可分为旋转刀具(镗铣刀具系统)和非旋转刀具(车削刀具系统)。所谓刀具系统,是指由刀柄、夹头和切削刀具所组成的完整的刀具体系,刀柄与机床主轴相连,切削刀具通过夹头装入刀柄之中。

数控加工对刀具的要求:

①适应高速切削要求,具有良好的切削性能。

②高可靠性;

③较高的尺寸耐用度;

④高精度;

⑤可靠的断屑及排屑措施;

⑥能精确而迅速地调整;

⑦具有刀具工作状态监测装置;

⑧刀具标准化、模块化、通用化及复合化。

数控加工刀具必须适应数控机床高速、高效和自动化程度高的特点,一般应包括通用刀具、通用连接刀柄及少量专用刀柄。刀柄要连接刀具并装在机床动力头上,因此已逐渐标准化和系列化。数控刀具的种类有多种,由于笔者能力有限,本节只挑选其中几种加以概述。

(二)常用旋转刀具介绍

(1)立铣刀

立铣刀主要用于立式铣床上铣削加工平面、台阶面、沟槽、曲面等。针对不同的加工要素和加工效率,立铣刀有下述几种常用形式。

①端面立铣刀。立铣刀的主切削刃分布在铣刀的圆柱面上,副切削刃分布在铣刀的端面上,且端面中心有顶尖孔,如图5-5所示,因此,铣削时一般不能沿铣刀轴向做进给运动,只能沿铣刀径向做进给运动。端面立铣刀有粗齿和细齿之分,粗齿齿数为3~6个,适用于粗加工;细齿齿数为5~10个,适用于半精加工。端面立铣刀的直径是2～80 mm。柄部有直柄、莫氏锥柄、7/24锥柄等多种形式。为了切削有拔模斜度的轮廓面,还可使用主切削刃带锥度的圆锥形立铣刀。其结构如图5-5所示。

②球头立铣刀。球头立铣刀的端面不是平面,而是带切削刃的球面,如图5-6所示,刀体形状有圆柱形和圆锥形,也可分为整体式和机夹式。球头立铣刀主要用于模具产品的曲面加工,在加工曲面时,一般采用三坐标联动,铣削时不仅能沿铣刀轴向做进给运动,也能沿铣刀径向做进给运动,而且球头与工件接触往往为一点,这样,该铣刀在数控铣床的控制下,就能加工出各种复杂的成形表面。其运动方式具有多样性,可根据刀具性能和曲面特点选择或设计。

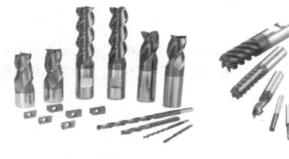

图 5-5 端面立铣刀

图 5-6 球头立铣刀

③环形铣刀。环形铣刀又叫R角立铣刀或牛鼻刀,形状类似于端铣刀,不同的是,刀具的每个刀齿均有一个较大的圆角半径,具备轴向和径向切削进给的能力,同时又可加大刀具直径以提高生产率,并改善切削性能(中间部分不需刀刃,见图5-7),主要为机夹刀片式结构。

图 5-7　环形铣刀

④键槽铣刀。键槽铣刀,如图 5-8 所示,主要用于立式铣床上加工圆头封闭键槽等,键槽铣刀有两个刀齿,圆柱面和端面都有切削刃,端面刃延至中心,既像立铣刀,又像钻头。端面刀齿上的切削刃为主切削刃,圆柱面上的切削刃为副切削刃。加工键槽时,每次先沿铣刀轴向进给较小的量,然后再沿径向进给,这样反复多次,就可完成键槽的加工。键槽铣刀的直径为 $\phi2 \sim 65$ mm。

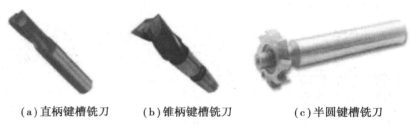

（a）直柄键槽铣刀　　　（b）锥柄键槽铣刀　　　（c）半圆键槽铣刀

图 5-8　键槽铣刀

（2）面铣刀

面铣刀,如图 5-9 所示,主要用于立式铣床上加工平面、台阶面、沟槽等。面铣刀的主切削刃分布在铣刀的圆柱面或圆锥面上,副切削刃分布在铣刀的端面上,常用于端铣较大的平面。面铣刀多制成套式镶齿结构,刀齿为高速钢或硬质合金,刀体为 40Cr。硬质合金面铣刀按刀片和刀齿的安装方式不同,可分为整体式、机夹—焊接式和可转位式 3 种。

图 5-9　面铣刀

（3）成型铣刀

成型铣刀一般都是为特定的工件或加工内容专门设计制造的,适用于加工平面类零件的特定形状(如角度面、凹槽面等),也适用于特形孔或台。图 5-10 所示的是几种常用的成型铣刀。

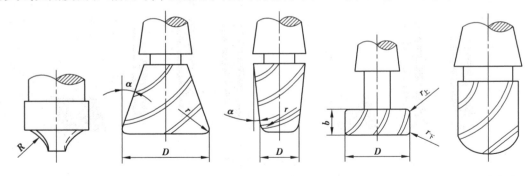

图 5-10 成型铣刀

(4)三面刃铣刀

三面刃铣刀,如图 5-11 所示,一般用于加工直角槽,也可以加工台阶面和较窄的侧面等。三面刃铣刀的主切削刃分布在铣刀的圆柱面上,副切削刃分布在两端面上。锯片铣刀主要用于切断工件或铣削窄槽。可转位刀片槽铣刀如图 5-12 所示。

(a)直齿   (b)交错齿   (c)镶齿

图 5-11 三面刃铣刀

(5)圆柱铣刀

圆柱铣刀主要用于卧式铣床加工平面,一般为整体式,如图 5-13 所示。该铣刀材料为高速钢,主切削刃分布在圆柱上,无副切削刃。该铣刀有粗齿和细齿之分。粗齿铣刀齿数少、刀齿强度大、容屑空间大、重磨次数多,适用于粗加工;细齿铣刀齿数多、工作较平稳,适用于精加工。

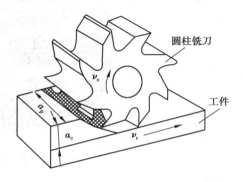

图 5-12 可转位刀片槽铣刀   图 5-13 圆柱铣刀

（6）镗刀

镗孔所用的刀具称为镗刀,镗刀切削部分的几何角度和车刀、铣刀的切削部分基本相同。常用的有整体式镗刀和机械固定式镗刀。整体式镗刀一般装在可调镗头上使用;机械固定式镗刀一般装在镗杆上使用。数控精加工常用到微调式镗刀,如图 5-14 所示,主要由镗刀杆、调整螺母、刀头、刀片、刀片固定螺钉、止动销、垫圈、内六角紧固螺钉构成。调整时,先松开内六角紧固螺钉,然后转动带游标刻度的微调螺母,就能准确地调整镗刀尺寸,从而能微量改变孔径尺寸。

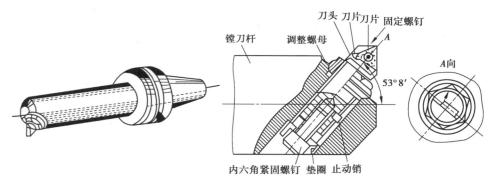

图 5-14　微调式镗刀

（三）刀柄系统

（1）刀柄系统分类

数控铣床或加工中心使用的刀具是通过刀柄与主轴相连,刀柄通过拉钉和主轴内的拉紧装置固定在主轴上,由刀柄夹持刀具传递速度、扭矩,如图 5-15 所示。刀柄的强度、刚性、制造精度及夹紧力对加工性能有直接的影响。最常用的刀柄与主轴孔的配合锥面一般采用7∶24的锥度,这种锥柄不自锁,换刀方便,与直柄相比有较高的定心精度和刚度。为了保证刀柄与主轴的配合与连接,刀柄与拉钉的结构和尺寸均已标准化和系列化,目前我国应用最为广泛的是 BT40 和 BT50 系列刀柄和拉钉,其中 BT 表示采用日本标准 MAS403 的刀柄系列,其后数字 40 和 50 分别代表 7∶24 锥度的大端直径为 $\Phi44.45$ 和 $\Phi69.85$,BT40 刀柄与拉钉尺寸如图 5-16 所示。

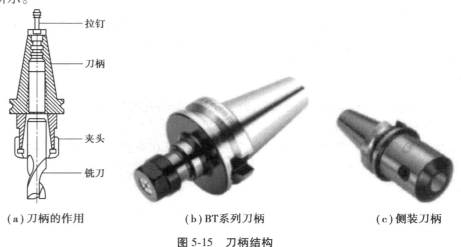

（a）刀柄的作用　　　　（b）BT系列刀柄　　　　（c）侧装刀柄

图 5-15　刀柄结构

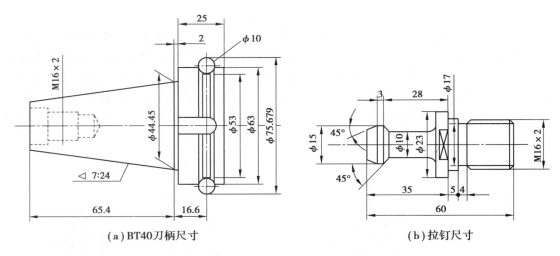

（a）BT40刀柄尺寸　　　　　　　　（b）拉钉尺寸

图 5-16　刀柄尺寸

①按刀柄的结构分类。

a.整体式刀柄，如图 5-17 所示。

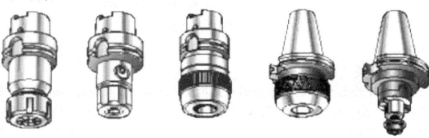

图 5-17　整体式刀柄

● 用于加工的零件不会改变的专用机床；

● 用于在大多数刀具装配中装夹不改变的刀柄，如测量长度固定的面铣刀心轴和立铣刀刀柄。

b.模块式刀柄，如图 5-18 所示。

模块式刀柄比整体式刀柄多出中间连接部分，装配不同刀具时更换连接部分即可，克服了整体式刀柄的缺点，但对连接精度、刚性、强度等都有很高的要求。

②按刀柄与主轴连接方式分类。

a.一面约束。

刀柄以锥面与主轴孔配合，端面有 2 mm 左右的间隙，此种连接方式刚性较差。

b.二面约束。

刀柄以锥面及端面与主轴孔配合，二面限位能确保在高速、高精加工时的可靠性要求。

一面约束和二面约束如图 5-19 所示。

图 5-18 模块式刀柄

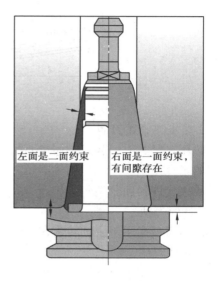

图 5-19 一面约束和二面约束

③按刀具夹紧方式分类。

刀具夹紧方式如图 5-20 所示。

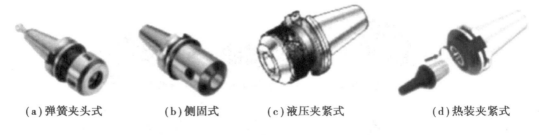

（a）弹簧夹头式　　　（b）侧固式　　　（c）液压夹紧式　　　（d）热装夹紧式

图 5-20 刀具夹紧方式

a.弹簧夹头式刀柄。

弹簧夹头式刀柄使用较多,采用 ER 型卡簧,适用于夹持 16 mm 以下直径的铣刀进行铣削加工;若采用 KM 型卡簧,则称为强力夹头刀柄,可以提供较大的夹紧力,适用于夹持 16 mm 以上直径的铣刀进行强力铣削。弹簧夹头如图 5-21 所示。

b.侧固式刀柄。

侧固式刀柄采用侧向夹紧,适用于切削力大的加工,但一种尺寸的刀具需对应配备一种刀柄,规格较多。

c.液压夹紧式刀柄。

液压夹紧式刀柄采用液压夹紧,可提供较大夹紧力。

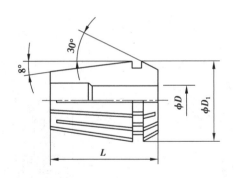

图 5-21 弹簧夹头

d.热压夹紧式刀柄。

热压夹紧式刀柄装刀时加热刀柄孔,靠冷缩夹紧刀具,使刀具和刀柄合二为一,在不经常换刀的场合使用。

④按允许转速分类。

a.低速刀柄。

低速刀柄指用于主轴转速在 8 000 r/min 以下的刀柄。

b.高速刀柄。

高速刀柄用于主轴转速在 8 000 r/min 以上的高速加工刀柄,其上有平衡调整环,必须经动平衡。

⑤按所夹持的刀具分类。

按夹持方式分类的刀柄如图 5-22 所示。

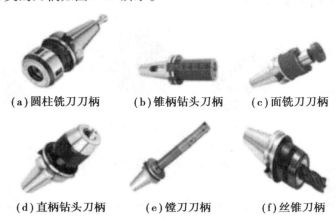

(a)圆柱铣刀刀柄　　(b)锥柄钻头刀柄　　(c)面铣刀刀柄

(d)直柄钻头刀柄　　(e)镗刀刀柄　　(f)丝锥刀柄

图 5-22 按夹持方式分类的刀柄

a.圆柱铣刀刀柄:用于夹持圆柱铣刀。

b.锥柄钻头刀柄:用于夹持莫氏锥度刀杆的钻头、铰刀等,带有扁尾槽及装卸槽。

c.面铣刀刀柄:用于与面铣刀盘配套使用。

d.直柄钻头刀柄:用于装夹直径在中 13 mm 以下的中心钻、直柄麻花钻等。

e.镗刀刀柄:用于各种尺寸孔的镗削加工,有单刃、双刃及重切削等类型。

f.丝锥刀柄:用于自动攻丝时装夹丝锥,一般具有切削力限制功能。

（2）加工中心刀库

刀库用于存放各种刀具，是加工中心换刀装置中的主要部件之一，其可按照程序指令把要用的刀具准确地送到换刀位置，并接受从主轴送来的刀具。加工中心刀库的储存量一般为8~64把，多的可达200把。根据刀库存放刀具的数目和取刀方式，通常分为排式刀库、圆盘式刀库、链式刀库等。

a.排式刀库。

刀具在排式刀库中是直线排列的，如图5-23所示。其结构简单，刀库容量小，一般可容纳8~12把刀具，故较少使用。

图5-23 排式刀库

b.圆盘式刀库。

此形式存储刀具数量少则6~8把，多则50~60把，圆盘式刀库有多种形式。

图5-24（a）所示的刀库中，刀具径向布局，占有较大空间，刀库位置受限制，一般置于机床立柱上端，其换刀时间较短，使整个换刀装置较简单。

图5-24（b）所示的刀库中，刀具轴向布局，常置于主轴侧面，带有机械换刀手。刀库轴心线可垂直放置，也可以水平放置，此种形式使用较多。

图5-24（c）所示的刀库中，刀具与刀库轴心线成一定角度（小于90°），呈伞状布置，可根据机床的总体布局要求安排刀库的位置，多斜放于立柱上端，刀库容量不大。

（a）刀库1　　　　　　　（b）刀库2　　　　　　　（c）刀库3

图5-24 圆盘式刀库

c.链式刀库。

链式刀库是较常用的形式,这种刀库刀座固定在环形链节上,常用的有单排链式刀库和加长链条的链式刀库,如图 5-25 所示。加长链式刀库的链条采用折叠回绕方式来提高空间利用率,进一步增加存刀量。链式刀库结构紧凑,刀库容量大,链环的形状可根据机床的布局制成各种形状,同时也可以将换刀位突出以便换刀。在一定范围内,需要增加刀具数量时,可增加链条的长度,而不增加链轮的直径。因此,链轮的圆周速度(链条线速度)可不增加,刀库运动惯量的增加可不予考虑,这为刀库的设计与制造提供了很多方便。一般当刀具数量在 30~120 把时,多采用链式刀库。

（a）单排链式刀库　　　　　　　　（b）加长链式刀库

图 5-25　链式刀库

d.加工中心换刀方式

加工中心的换刀方式通常采用无机械手换刀、有机械手换刀、更换主轴换刀和更换主轴箱换刀等。无机械手换刀和有机械手换刀由刀具交换装置完成。在数控机床的自动换刀系统(ATC)中,实现刀库与机床主轴之间刀具传递和刀具装卸的装置称为刀具交换装置。

无机械手换刀的方式是利用刀库与机床主轴的相对运动实现刀具交换。换刀时必须首先将用过的刀具送回刀库,然后再从刀库中取出新刀具,这两个动作不可能同时进行,因此换刀时间长。

采用机械手进行刀具交换的方式应用最为广泛,这是因为机械手换刀有很大的灵活性,而且可以减少换刀时间。

更换主轴换刀是带有旋转刀具的数控机床的一种比较简单的换刀方式。这种机床的主轴头常用转塔的转位来更换主轴头,以实现自动换刀。在转塔的各个主轴头上,预选安装有工序所需要的刀具,当换刀指令发出后,各主轴头依次转到加工位置并接通主运动,使相应的主轴带动刀具旋转,而其他处于不加工位置上的主轴头都与主运动脱开。

有些数控机床和组合机床相似,采用多主轴的主轴箱,可利用更换主轴箱达到换刀的目的。这种换刀形式可提高箱体类零件的生产效率。

（3）高速铣削及其刀具系统

高速铣削可以大幅度提高加工效率,也对加工环境提出了更高的要求。除了主轴和进给系统要适合高速加工外,还必须对刀具系统提出更高的要求。

高速加工要求确保高速下主轴与刀具联结状态不能发生变化。但是,高速主轴的前端锥孔由于离心力的作用会膨胀,膨胀量的大小随着旋转半径与转速的增大而增大,而标准的7:24实心刀柄尺寸不变,因此标准锥度联结的刚度会下降,在拉杆拉力的作用下,刀具的轴向位置会发生改变,如图 5-26 所示。主轴的膨胀还会引起刀具及夹紧机构质心的偏离,从而影响主轴的动平衡。要保证这种联结在高速下仍有可靠的轴向接触,需有很大的过盈量来抵消高速旋转时主轴端的膨胀,例如,标准 40 号锥孔需初始过盈量为 15~20 μm,再加上消除锥度配合公差带的过盈量(锥度公差带达 13 μm),因此这个过盈量很大。这样大的过盈量需要拉杆产生很大的拉力,拉杆产生这样大的拉力一般很难实现,对换刀也非常不利,还会使主轴端部膨胀,对主轴前轴承产生不良影响。

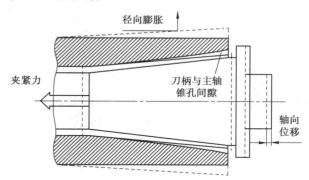

图 5-26　在高速离心力作用下主轴膨胀

①HSK 刀柄。HSK(德文 Hohlschaftkegel 的缩写)刀柄,是德国阿亨(Aachen)工业大学机床研究所在 20 世纪 90 年代初开发的一种双面夹紧刀柄,这种结构是专为高速机床主轴开发的一种刀轴联结结构,已被 DIN 标准化。HSK 短锥刀柄采用 1∶10 的锥度,锥柄部分采用薄壁结构,锥度配合的过盈量较小,对刀柄和主轴端部关键尺寸的公差要求特别严格。由于短锥具有严格的公差和弹性的薄壁,在拉杆轴向拉力的作用下,短锥有一定的收缩,所以刀柄的短锥和端面很容易与主轴相应结合面紧密接触,具有很高的联结精度和刚度。当主轴高速旋转时,尽管主轴端会产生扩张,但短锥的收缩得到部分伸张,仍能与主轴锥孔保持良好的接触,主轴转速对联结刚度影响小。拉杆通过楔形结构对刀柄施加轴向力,如图 5-27 所示。

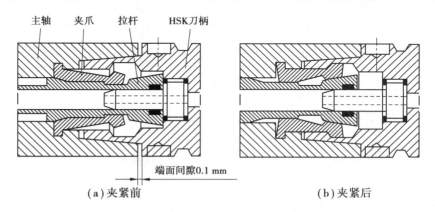

图 5-27　刀柄和主轴的约束方式

HSK 的缺点:它与现在的主轴端面结构和刀柄兼容;制造精度要求较高,结构复杂,成本较高(价格是普通标准 7∶24 刀柄的 1.5~2 倍);另外,解决高速刀具刀柄材料的问题也十分紧迫,如果刀柄材料热变形较大,会造成刀柄装配精度低、不易装卸等问题。

②热装刀柄。热装刀柄工具系统的装夹原理是用感应加热等方法将刀柄加热,当温度

达到 315~425 ℃时,使负公差的刀柄内径充分扩大到刀具柄部能插入的程度时,将刀具柄部插入内孔,然后冷却刀柄,靠刀柄冷却收缩以很大的夹紧力同心地夹紧刀具。

热装(热压配合)刀具具有径向跳动小、夹紧力大且稳定可靠、刚性好等优点,非常适合高精切削加工。使用热装刀具可获得高精度和表面粗糙度优良的产品,可延长刀具的使用寿命,显著提高加工效率,深受用户欢迎。但是,热装刀具要求使用专用装置。

图 5-28　液压刀柄

③液压刀柄。液压夹头能够提供足够的刚性和动平衡,并能使刀具柄部与夹头轴心成一直线。液压夹头的特点是内部有较薄的套,此套在油压作用下传递压力并能实现刀具夹紧,如图 5-28 所示。带薄壁内套的液压夹头用于夹持焊接刀具有时会发生破损的情况,液压夹具只能夹持圆柄刀具,不适合夹持非圆柄刀具。

二、铣削加工夹具

(一)基本概念

在数控铣削加工中使用的夹具有通用夹具、组合夹具、专用夹具、成组夹具等,以及较先进的工件统一基准定位装夹系统,主要根据零件的特点和经济性选择使用。

(1)对铣削夹具的基本要求

①为保持零件安装方位与机床坐标系及程编坐标系方向的一致性,夹具应能保证在机床上实现定向安装,还要求能协调零件定位面与机床之间保持一定的坐标尺寸联系。

②为保持工件在本工序中所有需要完成的待加工面充分暴露在外,夹具要做得尽可能开敞,因此夹紧机构元件与加工面之间应保持一定的安全距离,同时要求夹紧机构元件能低则低,以防止夹具与铣床主轴套筒或刀套、刃具在加工过程中发生碰撞。

③夹具的刚性与稳定性要好。尽量不采用在加工过程中更换夹紧点的设计,当非要在加工过程中更换夹紧点不可时,要特别注意不能因更换夹紧点而破坏夹具或工件定位精度。

(2)数控铣削夹具的选用原则

在选用夹具时,通常需要考虑产品的生产批量、生产效率、质量保证及经济性等,选用时可照下列原则:

①在生产量小或研制时,应广泛采用万能组合夹具,只有在组合夹具无法解决工件装夹时才可放弃。

②小批或成批生产时可考虑采用专用夹具,但应尽量简单。

③在生产批量较大时可考虑采用多工位夹具和气动/液压夹具。

(二)常用夹具的种类

(1)通用铣削夹具

通用铣削夹具有通用螺钉压板、机用平口钳、分度头、三爪卡盘等。

①螺钉压板。利用 T 形槽螺栓和压板将工件固定在机床工作平台。装夹工件时,需根据

工件装夹精度要求,用百分表等找正工件。

②机用平口钳(虎钳)有机械式和液压式。液压式的成本高,但精度高。形状比较规则的零件铣削时常用平口钳装夹,方便灵活,适应性广。当加工一般精度要求和夹紧力要求的零件时常用机械式平口钳,如图5-29所示,靠丝杠/螺母相对运动来夹紧工件;当加工精度要求较高,需要较大的夹紧力时,可采用较高精度的液压式平口钳,如图5-30所示。

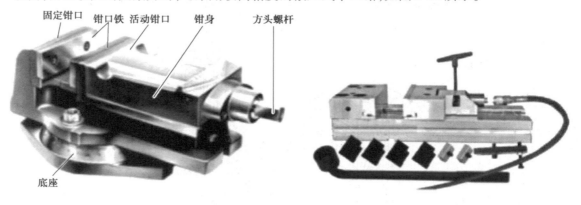

固定钳口　钳口铁　活动钳口　钳身　方头螺杆

底座

图 5-29　机械式平口钳 　　　　　　　　　图 5-30　液压式平口钳

平口钳在数控铣床工作台上的安装要根据加工精度要求控制钳口与 X 或 Y 轴的平行度,零件夹紧时要注意控制工件变形和一端钳口上翘。

③铣床用卡盘在数控铣床上加工回转工件时用,如图5-31所示。可以采用三爪卡盘装夹,对于非回转零件可采用四爪卡盘装夹。铣床用卡盘的使用方法与车床卡盘相似,使用时用 T 形槽螺栓将卡盘固定在机床工作台上即可。

(a)水平卡盘 　　　　　　(b)立式卡盘 　　　　　　(c)液压卡盘

图 5-31　铣床用卡盘

(2)模块组合夹具

模块组合夹具由一套结构尺寸已经标准化、系列化的模块式元件组合而成,根据不同零件,这些元件可以像搭积木一样,组成各种夹具,可以多次重复使用,适合小批量生产或研制产品时的中小型工件在数控铣床上进行铣削加工,组合夹具使用实例如图5-32和图5-33所示。

孔系组合夹具的优点是销和孔的定位结构准确可靠,彻底解决了槽系组合夹具的位移现象;缺点是只能在预先设定好的坐标点上定位,不能灵活调整,如图5-34所示。

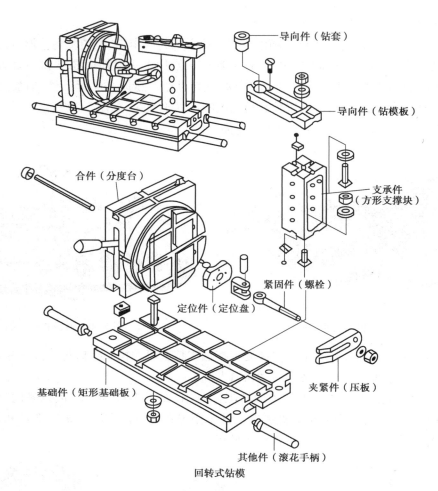

导向件（钻套）

导向件（钻模板）

支承件
（方形支撑块）

合件（分度台）

紧固件（螺栓）

定位件（定位盘）

夹紧件（压板）

基础件（矩形基础板）

其他件（滚花手柄）

回转式钻模

图 5-32　槽系组合夹具

图 5-33　孔槽结合组合夹具

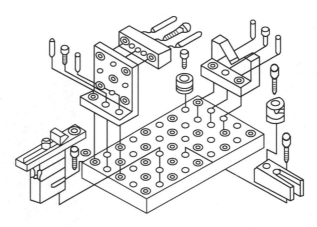

图 5-34 孔系组合夹具

（3）专用铣削夹具

专用铣削夹具是特别为某一项或类似的几项工件设计制造的夹具,一般用在产量较大或研制需要时采用。其结构固定,仅使用于一个具体零件的具体工序,这类夹具设计应力求简化,目的是使制造时间尽量缩短。图 5-35 所示为 V 形槽和压板结合做成的专用铣削夹具。

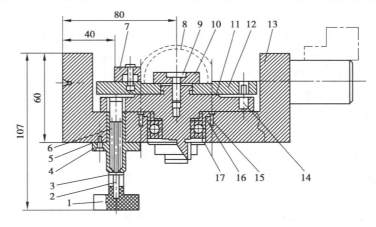

图 5-35 专用铣削夹具

1—手柄;2—定位销;3—定位销;4—导套;5—螺钉;6—弹簧;7—压紧弯板;
8—球面零件;9—螺钉;10—垫板;11—分度盘;12—定位托盘;13—夹具体;
14—削边销;15—螺钉;16—轴承透盖;17—滚动轴承

（4）多工位夹具

多工位夹具可以同时装夹多个工件,可减少换刀次数,以便一面加工,一面装卸工件,有利于缩短辅助加工时间,提高生产率,较适合中小批量生产,如图 5-36 所示。

（5）气动或液压夹具

气动或液压夹具如图 5-37 所示,适合生产批量较大,采用其他夹具又特别费工、费力的场合,能减轻工人劳动强度和提高生产率,但此类夹具结构较复杂,造价往往很高,而且制造周期较长。

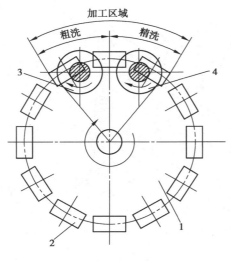

图 5-36 多工位夹具

图 5-37 气动或液压夹具

加工中心采用气动或液压夹紧定位时应注意以下几点。

①采用气动、液压夹紧装置,可使夹紧动作更迅速、准确,减少辅助时间,操作方便、省力、安全,具有足够的刚性,灵活多变。

②为保持工件在本次定位装夹中所有需要完成的待加工面充分暴露在外,夹具要尽量开敞,夹紧元件的空间位置能低则低,必须给刀具运动轨迹留有空间。夹具不能和各工步刀具轨迹发生干涉。当箱体外部没有合适的夹紧位置时,可以利用内部空间来安排夹紧装置。

③考虑机床主轴与工作台面之间的最小距离和刀具的装夹长度,夹具在机床工作台上的安装位置应确保在主轴的行程范围内能使工件的加工内容全部完成。

④自动换刀和交换工作台时不能与夹具或工件发生干涉。

⑤有些时候,夹具上的定位块是安装工件时使用的,在加工过程中,为满足前后左右各个工位的加工,防止干涉,工件夹紧后即可拆去。对此,要考虑拆除定位元件后,工件定位精度的保持问题。

⑥尽量不要在加工中途更换夹紧点。当非要更换夹紧点时,要特别注意不能因更换夹紧点而破坏定位精度,必要时应在工艺文件中注明。

(6)回转工作台

为了扩大数控机床的工艺范围,数控机床除了 X、Y、Z 三个坐标轴做直线进给外,往往还需要有绕 Y 或 Z 轴的圆周做进给运动。数控机床的圆周进给运动一般由回转工作台来实现,对于加工中心,回转工作台已成为一个不可缺少的部件。数控机床中常用的回转工作台有分度工作台和数控回转工作台,如图 5-38 所示。

(三)平口钳的合理选用

平口钳属于通用可调夹具,同时也可以作为组合夹具的一种"合件",适用于多品种小批量生产加工。它具有定位精度较高、夹紧快速、通用性强、操作简单等特点,因此一直是应用最广泛的一种机床夹具。选用平口钳应遵循以下几个原则。

(1)依据设备及产品精度确定平口钳精度

选用时要考虑机床的加工精度相一致或相近,并要考虑经济性,精度越高价格越高。可按表 5-1 进行选择。

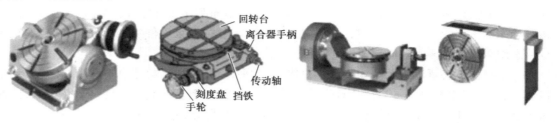

（a）万能倾斜分度　　（b）普通回转　　（c）数控可摆动回转　　（d）数控立式回转
工作台　　　　　　工作台　　　　　工作台　　　　　　工作台

图 5-38　各种回转工作台

表 5-1　依据设备及产品精度确定平口钳精度

平口钳种类	定位精度 （平面度、平行度、垂直度）/mm	使用设备举例
普通机用平口钳	0.1～0.2	刨床、铣床、钻床等
精密平口钳	0.01～0.02	刨床、铣床、钻床、镗床、铣削加工中心等
工具平口钳	0.001 ～0.005	磨床、数控铣床、数控钻床、铣削加工中心、特种加工机床等

　　根据表 5-1 内容,不同类型的平口钳具有不同的定位精度和适用条件,选用时通常要求平口钳的精度与机床的加工精度相一致或相近较为合理。假如一台铣床的加工精度（平面度、平行度、垂直度）为 0.02 mm,那么选用定位精度在 0.01～0.02 mm 的精密平口钳较为合理。如选用定位精度更高的平口钳,比如定位精度为 0.003 mm 的工具平口钳,那么这种平口钳对产品精度的提高十分有限,但价格却比定位精度为 0.01～0.02 mm 同规格平口钳高 1～2 倍,显然很不经济。再比如,为加工精度为 1 000∶0.015 的 M7130 磨床选用平口钳,则应该选用定位精度在 0.001～0.003 mm 的工具平口钳,否则就会用磨床加工出"铣床精度"的产品,造成机床资源的浪费。

　　除了依据设备可以大致确定平口钳的精度范围外,产品精度要求也是要考虑的重要因素。一般说来,平口钳的定位精度必须高于产品精度要求。可以用下面一个简单公式,依据产品精度来确定平口钳定位精度的大致范围为 1/3 产品精度～产品精度。比如产品精度为 0.1 mm,那么我们可以确定平口钳的定位精度为 0.1～0.03 mm 较为合理,即应选用精密平口钳。

　　（2）依据设备及加工需要确定平口钳种类

　　①平口钳按钳体与机床工作台相对位置分为卧式平口钳与立式平口钳,见表 5-2。

表 5-2　依据设备及加工需要确定平口钳种类

平口钳种类	钳体与机床工作台相对关系	适用设备举例
卧式平口钳	两者平行	立/卧式铣床、钻床、镗床、磨床、加工中心等
立式平口钳	两者垂直	卧式铣床、钻床、镗床、磨床、加工中心等

②平口钳按一次可装夹工件的数量可分为单工位平口钳、双工位平口钳、多工位平口钳。一般普通的机床多选用单工位平口钳，以保证产品加工精度；而数控机床和加工中心机床，适宜选用双工位或多工位平口钳，以提高加工效率。当然，如果工件加工精度允许，普通机床也可选用双工位或多工位平口钳。

③平口钳按夹紧动力源分为手动平口钳、气动平口钳、液压平口钳、电动平口钳。气动平口钳、液压平口钳及电动平口钳具有降低劳动强度的优点，而且有利于实现自动化控制，因此这3类平口钳比较适合数控机床及加工中心机床，以及劳动强度较大或批量较大的加工场合。

（3）依据工件及工序要求选择平口钳形式及技术参数

选用的平口钳应保证工件高度的 2/3 以上处于夹持状态，否则会出现夹持不稳、定位不准、切削振动过大等诸多问题。例如，工件长 300 mm，那么我们应选用钳口宽为 200 mm 以上的平口钳。有些工件或工序有特殊要求，这时要根据这些要求选择合适的平口钳，见表 5-3。

表 5-3　依据工件及工序要求选择平口钳形式及技术参数

工件特殊形式	可近用平口钳（方式）	说明
工件过长或过宽	钳口加宽的平口钳	保证夹持长度
	长钳	超长的开口度、延长度夹持
	短钳	超大的开口度、延长度夹持
	高精度平口钳多台共夹	保证夹持长度
工件材料过软	光面钳口平口钳	避免夹伤或划伤工件
	软钳口平口钳	避免夹伤或划伤工件
圆棒料	V 形钳口平口钳	可以自动定心
	角度钳口平口钳	调整可以自动定心
工件形状较复杂	异型钳口平口钳	保证定位精度
	浮动钳口平口钳	避免做异型钳口
	可调钳口平口钳	避免夹伤或划伤工件

常见的平口钳如图 5-39 所示。

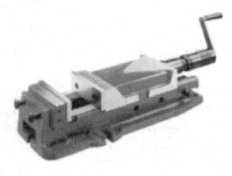

图 5-39　常见的平口钳

第四节　数控铣削工艺性分析

（一）数控铣削加工内容的选择

（1）宜采用数控铣削的加工内容

①工件上的曲线轮廓内、外形，特别是由数学表达式给出的非圆曲线与列表曲线等曲线轮廓。

②已给出数学模型的空间曲线。

③形状复杂，尺寸繁多，画线与检测困难的部位。

④用通用铣床加工时难以观察、测量和控制进给的内、外凹槽。

⑤有严格位置尺寸要求的高精度孔或形状。

⑥能在一次安装中顺带铣出来的简单表面或形状。

⑦采用数控铣削能成倍提高生产率，大大减轻体力劳动的工件加工。

（2）不宜采用数控铣削的加工内容

①需要进行长时间占机和进行人工调整的粗加工内容，如以毛坯粗基准定位画线找正的加工。

②必须按专用工装协调的加工内容，如标准样件、协调平板、模胎等。

③毛坯上的加工余量不太充分或不太稳定的部位。

④简单的粗加工面。

⑤必须用细长铣刀加工的部位，一般指狭长深槽或高筋板小转接圆弧部位。

（二）数控铣床加工零件的结构工艺性分析

①零件图样尺寸的正确标注。

②保证获得要求的加工精度。检查零件的加工要求，如尺寸加工精度、形位公差及表面粗糙度在现有的加工条件下是否可以得到保证，是否还有更经济的加工方法或方案。

③零件内腔、外形的尺寸统一。

④尽量统一零件轮廓内圆弧的有关尺寸。内槽圆弧半径 R 的大小决定着刀具直径的大小，所以内槽圆弧半径 R 不应太小。

⑤保证基准统一。最好采用统一基准定位，因此工件上应有合适的孔作为定位基准孔，也可以专门设置工艺孔作为定位基准。若无法制出工艺孔，最起码也要用精加工表面作为统一基准，以减少二次装夹产生的误差。

⑥分析工件的变形情况。工件在数控铣削加工时的变形，不仅影响加工质量，而且当变形较大时，将使加工不能进行下去。这时就应当考虑采取一些必要的工艺措施进行预防。如对钢件进行调质处理；对铸铝件进行退火处理；对不能用热处理方法解决的，也可以采用粗加工、精加工及对称去余量等常规方法。

（三）进给路线的确定

（1）顺铣和逆铣的选择

铣削有顺铣和逆铣两种方式，如图 5-40 所示。铣刀的旋转方向和工件的进给方向相同时称为顺铣，相反时称为逆铣。

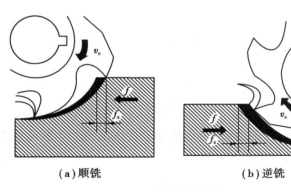

（a）顺铣　　　　　　　　　　　（b）逆铣

图 5-40　顺铣与逆铣

（2）铣削外轮廓的进给路线

①铣削平面零件外轮廓时，一般采用立铣刀侧刃切削。刀具切入工件时，应避免沿工件外轮廓的法向切入，而应沿切削起始点的延伸线逐渐切入工件，保证零件曲线的平滑过渡。同样，切出工件时，也应避免在切削终点处直接抬刀，要沿着切削终点延伸线逐渐切出工件，如图 5-41 所示。

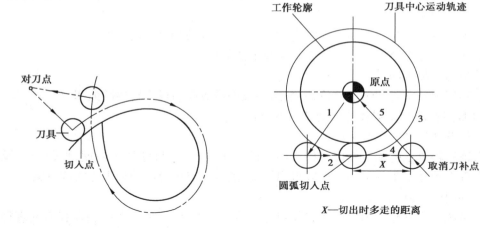

X—切出时多走的距离

图 5-41　外轮廓加工刀具的切入与切出　　　图 5-42　外圆铣削

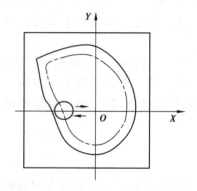

图 5-43　内轮廓加工刀具的切入与切出

②当用圆弧插补方式铣削外圆时，如图 5-42 所示，要安排刀具从切向进入圆周铣削加工，当外圆加工完毕后，不要在切点处直接退刀，而应让刀具沿切线方向多运动一段距离，以免取消刀补时，刀具与工件表面相碰，造成工件报废。

（3）铣削内轮廓的进给路线

①铣削封闭的内轮廓表面，若内轮廓曲线不允许外延，如图 5-43 所示，刀具只能沿内轮廓曲线的法向切入、切出，此时刀具的切入、切出点应尽量选在内轮廓曲线两几何元素的交点处。当内部几何元素相切无交点时，如

图 5-44 所示,为防止刀补取消时在轮廓拐角处留下凹口,刀具切入、切出点应远离拐角。

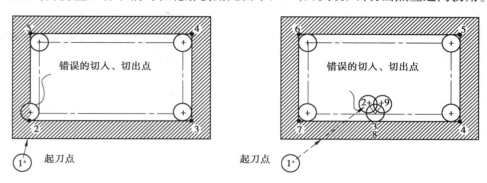

图 5-44 无交点内轮廓加工刀具的切入和切出

②当用圆弧插补铣削内圆弧时也要遵循从切向切入、切出的原则,最好安排从圆弧过渡到圆弧的加工路线,如图 5-45 所示,以提高内孔表面的加工精度和质量。

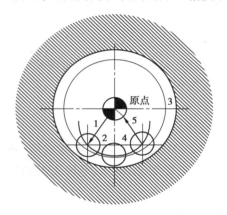

图 5-45 内圆铣削

(4)铣削内槽的进给路线

内槽是指以封闭曲线为边界的平底凹槽。对于内槽一律用平底立铣刀加工,刀具圆角半径应符合内槽的图样要求。常用加工进给路线如图 5-46 所示。

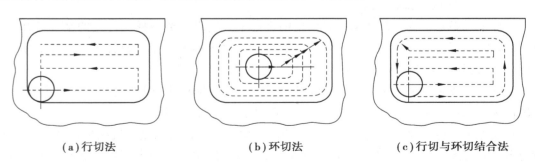

(a)行切法   (b)环切法   (c)行切与环切结合法

图 5-46 内槽加工进给路线

(5)进给路线确定原则

①铣削工件表面时,要正确选用铣削方式。

②进给路线尽量短,以减少加工时间。

③进刀、退刀位置应选在工件不太重要的部位,并且使刀具沿工件的切线方向进刀、退刀,以避免产生刀痕。在铣削内轮廓表面时,切入、切出无法外延,铣刀只能沿法线方向切入和切出,此时,切入、切出点应选在工件轮廓的两个几何元素的交点上。

④先加工外轮廓,后加工内轮廓。

第五节 数控铣操作实践

一、数控铣实操内容

以下实操内容在华中世纪星系统 XK7132 立式数控铣床上进行,毛坯材料为铝,尺寸约为 100 mm×100 mm×100 mm,刀具采用直径为 10 mm 键槽铣刀,装夹使用机用台虎钳。

(一)开机与关机

(1)数控铣床开机操作步骤

①依次打开机床电源、NC 电源、显示器及计算机电源开关。

②启动数控系统,松开急停按钮。

③回参考点。

将操作面板中工作方式置为回参考点。

依次按下操作面板中+Z,+X,+Y 键,机床回到参考点后,各参考点指示灯亮。这里需要说明,为了防止撞刀,回参考点时一定要先回+Z,等待刀具整体高于工件上表面后再回+X,+Y。

(2)数控铣床关机操作步骤

①按下急停按钮。

②在主界面下按"Alt+X"键,退出数控系统。

③依次关闭显示器、计算机主机电源、NC 电源及机床电源开关。

(二)工件坐标系和对刀点

工件坐标系是编程人员在编程时使用的坐标系。编程人员选择工件上的某一已知点为原点(也称程序原点),建立一个新的坐标系,称为工件坐标系。工件坐标系一旦建立便一直有效,直到被新的工件坐标系所取代。

工件坐标系的原点选择要尽量满足编程简单、尺寸换算少、引起的加工误差小等条件。一般情况下选择以坐标式尺寸标注的零件,程序原点应选在尺寸标注的基准点。

对刀点是零件程序加工的起始点。对刀的目的是确定程序原点在机床坐标系中的位置,对刀点可与程序原点重合,也可在任何便于对刀之处,但该点与程序原点之间必须有确定的坐标联系,可以通过 CNC 将相对于程序原点的任意点的坐标转换为相对于机床零点的坐标。加工开始时,要设置工件坐标系,用 G54 ~G59 指令可选择工件坐标系。机床坐标系与工件坐标系位置如图 5-47 所示。

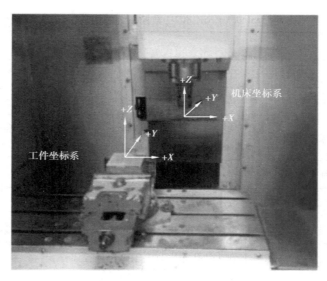

图 5-47　机床坐标系与工件坐标系位置

（三）手动试切对刀

手动试切对刀,采用对称中心对刀。

①X 轴方向数据获取。将工件、刀具分别安装在机床工作台和刀具主轴上;启动主轴旋转,快速移动工作台和主轴,让刀具靠近工件的左侧;改用手轮操作模式,让刀具慢慢接触到工件左侧,直到出现少许切屑为止,记下此时机床坐标系的数值,假设 $X_1 = -220.120$,抬起刀具至工件上表面之上,快速移动,让刀具靠近工件右侧;改用手轮操作模式,让刀具缓慢接触到工件右侧,直到出现少许切屑为止,记下此时机床坐标系的数值,假设 $X_2 = -120.120$;取两坐标相加的一半为 $X = (X_1 + X_2)/2 = -170.120$。

②Y 轴方向数据获取的操作和 X 轴相同,刀具接触到前侧面机床坐标系的数值,假设 $Y_1 = -310.320$,后侧面机床坐标系的数值,假设 $Y_2 = -210.320$,则 $Y = (Y_1 + Y_2)/2 = -260.320$。

③Z 轴方向数据获取。转动刀具,快速移动到工件上表面附近,改用手轮操作模式,让刀具慢慢接触到工件上表面,直到发现有少许切屑为止,记下这时机床坐标系的数值,假设 $Z = -230.180$。

④在手动方式下按 F5 软键(设置)。

⑤按 F1 软键(坐标系设定)。

⑥用 PgUp 和 PgDn 键选择要输入的坐标系 G54/G55/G56/G57/G58/G59 其中之一,假设为 G54。

⑦输入"X-170.120,Y-260.320 ,Z-230.180"分别按 Enter 键,就完成了工件坐标系的设置(对刀)。

二、数控铣程序编制

（一）西门子数控铣固定循环

数控铣床配备的固定循环功能,主要用于孔加工,包括钻孔、镗孔、攻螺纹等,使用一个程序段就可以完成一个孔加工的全部动作。SINUMERIK 802D 数控系统的固定循环功能见表 5-4。

表 5-4　SINUMERIK 802D 数控系统的固定循环功能

循环代码	用途	特殊的参数特性
CYCLE81	钻孔、中心钻孔	普通钻孔,钻完后直接提刀
CYCLE82	中心钻孔	钻完后,在孔底停顿,然后提刀
CYCLE83	深度钻孔	钻前时可以在每次进给深度完成后退到参考平面用于排屑或退回 1 mm 用于断屑
CYCLE84	刚性攻丝	—
CYCLE85	绞孔 1	按不同进给率镗孔和返回
CYCLE86	镗孔 1	定位主轴停止,返回路径定义,按快速进给率返回,主轴方向定义
CYCLE87	镗孔 2	到达钻孔深度时主轴停止且程序停止;按"程序启动键"继续,快速返回,定义主轴的旋转方向
CYCLE88	镗孔时可停止 1	与 CYCLE87 相同,增加到钻孔深度的停顿时间
CYCLE89	镗孔时可停止 2	按相同进给率镗孔和返回

以深度钻孔 CYCLE83 为例,该固定循环用于中心孔的加工,通过分步钻入达到要求钻深,钻深的最大值事先规定。钻削时可以在每次进给深度完成后退到参考平面用于排屑,也可以退回 1 mm 用于断屑。

格式:CYCLE83(RTP,RFP,SDIS,DP,DPR,FDEP,FDPR,DAM,DTB,DTS,FRF,VARI)

如图 5-48 所示为 CYCLE83 的时序和参数,其参数定义见表 5-5 所示。

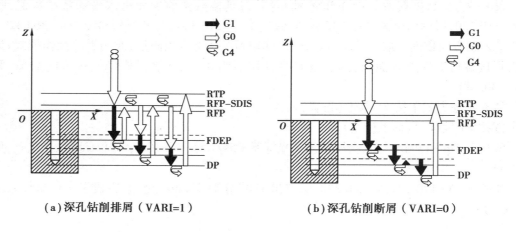

（a）深孔钻削排屑（VARI=1）　　　　　（b）深孔钻削断屑（VARI=0）

图 5-48　CYCLE83 的时序和参数

表 5-5　深度钻孔 CYCLE83 的参数定义

参数	参数定义	参数	参数定义
RTP	返回平面(绝对值)	FDPR	相当于参考平面的起始钻孔深度(无符号)
RFP	参考平面(绝对值)	DAM	递减量(无符号)
SDIS	安全间隙(无符号)	DTB	最后钻孔深度时的停顿时间
DP	最后钻孔深度(绝对值)	DTS	起始点处和用于排屑的停顿时间
DPR	相对于参考平面的最后钻孔深度(无符号)	FRF	起始钻孔深度的进给率系数(无符号)值:0.000 1~1
FDEP	起始钻孔深度(绝对值)	VARI	加工类型:断屑=0,排屑=1

(二)数控铣床加工实例

（1）加工零件图

在数控铣床上加工如图 5-49 所示的端盖零件,材料 HT200,毛坯尺寸长×宽×高为 170 mm× 110 mm×50 mm。试分析该零件的数控铣削加工工艺,并编写加工程序及主要操作步骤。

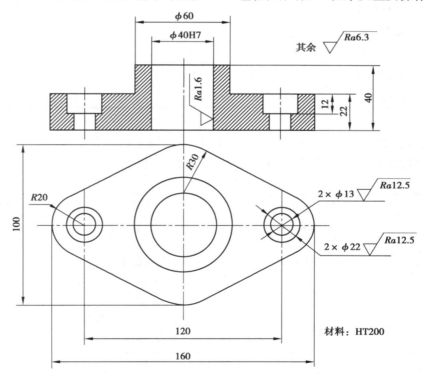

图 5-49　端盖零件图

（2）零件的工艺分析

①零件图工艺分析。该零件主要由平面、孔系及外轮廓组成,平面与外轮廓表面粗糙度

要求为 6.3 μm,可采用粗铣-精铣方案。

②确定装夹方案。根据零件的结构特点,加工上表面、φ60 mm 外圆及其台阶面和孔系时,选用平口虎钳夹紧;铣削外轮廓时,采用一面两孔定位方式,即以底面、φ40H7 和一个 φ13 mm 孔定位。

③确定加工顺序。按照基面先行、先面后孔、先粗后精的原则确定加工顺序,即粗加工定位基准面(底面)→粗、精加工上表面→加工 φ60 mm 外圆及其台阶面→孔系加工→外轮廓铣削→精加工底面并保证尺寸 40 mm。

④刀具与铣削用量选择。铣削上下表面、φ60 mm 外圆及其台阶面和外轮廓面时,留 0.5 mm 精铣余量,其余一次走刀完成粗铣。φ60 mm 外圆及其台阶面选用 φ63 mm 硬质合金立铣刀加工;外轮廓加工时,铣刀直径不受轮廓曲率半径限制,但要考虑机床电机功率,选用 φ25 mm 硬质合金立铣刀加工;上下表面铣削应根据侧吃刀量选择端铣刀直径,使铣刀工作时有合理的切入、切出角,选用 φ125 mm 硬质合金端面铣刀加工。孔系加工的刀具与切削用量选择参照表 5-6。

表 5-6 刀具与切削用量选择

刀具号	加工内容	刀具参数	主轴转速 S /(r · min^{-1})	进给量 f /(mm · min^{-1})	背吃刀量 a_p /mm
T01	φ40 钻孔	φ38 钻头	200	40	19
T02	φ40H7 粗镗	镗孔刀	600	40	0.8
	φ40H7 精镗	镗孔刀	500	30	0.2
T03	2-φ13 钻孔	φ13 钻头	500	30	6.5
T04	2-φ22 锪孔	22 ×14 锪钻	350	25	4.5

⑤拟定数控铣削加工工序卡片。把零件加工顺序、所采用的刀具和切削用量等参数编入表 5-7 所示的数控加工工序卡片中,以指导编程和加工操作。

表 5-7 数控加工工序卡片

单位名称	×××	产品名称或代号		零件名称		零件图号	
		×××		端盖		×××	
工序号	程序编号	夹具名称		使用设备		车间	
	×××	平口虎钳和一面两销		XK5032A/E		数控中心	
工步号	工步内容	刀具号	刀具规格 /mm	主轴转速 /(r · min^{-1})	进给速度 /(mm · min^{-1})	背吃刀量 /mm	备注
1	粗铣定位基准面(底面)	T08	φ125	180	40	4	自动
2	粗铣上表面	T08	φ125	180	40	5	自动

工步号	工步内容	刀具号	刀具规格 /mm	主轴转速 /(r·min⁻¹)	进给速度 /(mm·min⁻¹)	背吃刀量 /mm	备注
3	粗铣下表面	T08	$\phi125$	180	25	0.5	自动
4	粗铣 $\phi60$ 外圆及其台阶面	T06	$\phi63$	360	40	5	自动
5	精铣 $\phi60$ 外圆及其台阶面	T06	$\phi63$	360	25	0.5	自动
6	钻 $\phi40H7$ 底孔	T01	$\phi38$	200	40	19	自动
7	粗镗 $\phi40H7$ 内孔表面	T02	25×25	600	40	0.8	自动
8	精镗 $\phi40H7$ 内孔表面	T02	25×25	500	30	0.2	自动
9	2-$\phi13$ 钻孔	T03	$\phi13$	500	30	6.5	自动
10	2-$\phi22$ 锪孔	T04	25×14	350	25	4.5	自动
11	粗铣外轮廓	T07	$\phi25$	900	40	11	自动
12	精铣外轮廓	T07	$\phi25$	900	25	22	自动
13	精铣定位基面至尺寸40	T08	$\phi125$	180	25	0.2	自动
编制	×××	审核	×××	批准	×××	年　月　日	共　页　第　页

（3）加工程序及主要操作步骤

$\phi40$ 圆的圆心处为工件编程 X、Y 轴原点坐标，Z 轴原点坐标在工件上表面。主要操作步骤与加工程序如下：

①粗铣定位基准面（底面），采用平口钳装夹，在 MDI 方式下，用 $\phi125$ mm 平面端铣刀，主轴转速 180 r/min，起刀点坐标（150,0,-4），指令为：

G1 X-150 Y0 F40 M3。

②粗铣上表面，起刀点坐标（150,0,-5），其余同①。

③精铣上表面，起刀点坐标（150,0,-0.5），进给速度为 25 mm/min，其余同①。

④粗铣 $\phi60$ mm 外圆及其台阶面，在自动方式下，用 63 mm 平面端铣刀，主轴转速为 360 r/min，零件粗加工程序见表 5-8。

表 5-8　零件粗加工程序

程序	程序
N100 G71 G54 G0 G17 G40 G90	N110 X62 Y0 CR = 62
N101 G0 X30 Y-85 M3	N111 G1 Y85
N102 X62	N112 G0 Z10
N103 R1 = 4.375 R2 = 4	N113 Y-85
N104 Z2	N114 Z-2.375
N105 JK1 : G1 Z = R1 F40	N115 R1 = R1-4.375 R2 = R2-1
N106 Y0	N116 IF R2>0 GOTOB JK1
N107 G3 X0 Y62 CR = 62	N117 M5
N108 X-62 Y0 CR = 62	N118 M30
N109 X0 Y-62 CR = 62	

⑤精铣 ϕ60 外圆及其台阶面,零件精加工程序见表 5-9。

表 5-9　零件精加工程序

程序	程序
N100 G71 G54 G0 G17 G40 G90	N108 X0 Y-61.5 CR = 61.5
N101 G0 X30 Y-85 M3	N109 X61.5 Y0 CR = 61.5
N102 X61.5	N110 G1 Y85
N103 72	N111 G0 Z10
N104 G17-18 F25	N112 M5
N105 Y0	N113 M30
N107 X-61.5 Y0 CR = 61.5	
N107 X-61.5 Y0 CR = 61.5	

⑥钻 ϕ40H7 底孔,在 MDI 方式下,用 ϕ38 mm 的钻头,主轴转速为 200 r/min,孔坐标为 X0,Y0,指令为:

CYCLE83(2,0,1,45,15,5,2,0,1,0)

⑦粗镗 ϕ40H7 内孔表面,使用刀杆尺寸为 25 mm×25 mm 的镗刀,主轴转速为 600 r/min,指令为:

CYCLE83(2,0,1,45,2,3,-1,-1,1,0)

⑧精镗 ϕ40H7 内孔表面,主轴转速为 500 r/min,指令同⑦。

⑨2-ϕ13 钻螺孔,在 MDI 方式下,用 ϕ13 mm 的钻头,主轴转速为 500 r/min,孔坐标为 X60,Y0 和 X-60,Y0,指令为:

CYCLE83(2,0,1,45,15,5,2,0,1,0)

⑩2-ϕ22 锪孔,在 MDI 方式下,用 ϕ22 mm×14 mm 的锪钻,主轴转速为 350 r/min 孔坐标为 X60,Y0 和 X-60,Y0,指令为:

CYCLE83(2,0,1,30,15,5,2,0,1,0)

⑪粗、精铣外轮廓,在自动方式下,用 ϕ25 mm 的平面立铣刀,主轴转速为 900 r/min,粗铣外轮廓加工程序见表 5-10。精铣外轮廓时,Z 轴方向不分层,一次铣削到位。

表 5-10　粗铣外轮廓加工程序

程序	程序
N100 G71 G54 G0 G17 G40 G90	N111 X19.738 Y57.864 CR = 42.7
N101 M3	N112 G1 X75.116 Y28.997
N102 G0X-19.738 Y-57.864	N113 G2 X92.7 Y0 CR = 32.7
N103 R1 = -29 R2 = 2	N114 X75.116 Y-28.997 CR = 32.7
N104 Z-16	N115 G1 X19.738 Y-57.864
N105 JK1:G1 Z=R1 F40	N116 G2 X0 Y-62.7 CR = 42.7
N106 X-75.116 Y-28.997	N117 X-19.738 Y-57.864 CR = 42.7
N107 G2 X-92.7 Y0 CR = 32.7	N118 R1 = R1-11 R2 = R2-1
N108 X-75.116 Y28.997 CR = 32.7	N119 IF R2>0 GOTOB JK1
N109 G1 X-19.738 Y57.864	N120 M5
N110 G2 X0 Y62.7 CR = 42.7	N121 M30

⑫精铣定位基面至尺寸 40 mm,方法同③。

(三)加工中心程序实例

(1)加工零件图

加工零件图如图 5-50 所示。

(2)零件的工艺分析

从图 5-50 确定工件坐标系,以 ϕ140 mm、ϕ120 mm 中心为坐标零点,确定 X、Y、Z 三轴,建立工件坐标系,对刀点 XY 平面坐标为 X0,Y0。采用工件一次装夹,自动换刀完成全部以下内容的加工:

①ϕ140 mm 外圆铣削,采用 ϕ12 mm 螺旋立铣刀铣削加工。

②NT 刻字铣削,采用 ϕ6 mm 键槽铣刀铣削加工。

③ϕ12 mm,ϕ7 mm-6 孔均布,ϕ8 mm 加工先打中心孔,采用 A2 中心钻钻中心孔。

④ϕ7 mm-6 孔均布,ϕ12 mm-6 孔均布为同一中心孔,ϕ8 mm 底孔采用 ϕ7 mm 钻头钻孔。

⑤ϕ12 mm-6 孔均布,孔深 7 mm,采用 ϕ12 mm 键槽铣刀锪孔。

⑥ϕ8 mm 采用铰刀(机用)铰前孔。

(3)数值计算

根据零件图计算各坐标数据如下:

①ϕ140 mm 外圆铣削:以(0,0)点为圆心,半径为 70 mm 逆圆插补,刀具半径补偿 6 mm。

②以半径为 60 mm,进行孔系加工,以 ϕ8/12° 孔为基准孔,打出各孔中心孔,有关角度为:

AP = 12°；AP = 50°；AP = 110°；AP = 170°；

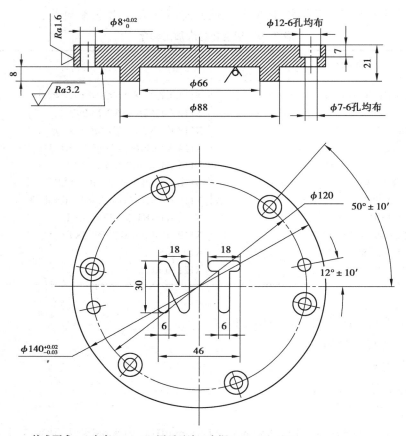

技术要求：1.字宽6 mm，R3圆弧过渡，字深2 mm，Ra=3.2 μm；

2.锐边倒角1×45°；

3.材料为铸铁。

图 5-50 加工零件图

AP = 192°；AP = 230°；AP = 290°；AP = 350°。

③刻字坐标计算：刀具为 $\phi6$ mm，半径为 3 mm，取刀具中心轨迹，其中：

a.N 字坐标点：X-20，Y-12；X-20，Y12；X-8，Y-12；X-8，Y12。

b.T 字坐标点：X20，Y12；X18，Y12；X14，Y-12。

（4）加工程序及主要操作步骤

本零件属盘类简单零件，采用手工编程，自动换刀，一次装夹完成整个零件加工，编制的参考程序如下。

①主程序 AB1（表 5-11）。

表 5-11 主程序 AB1

程序及说明	程序及说明
N102 T6 M6 换刀指令(φ12 mm 立铣刀)	N212 AP=290 第7孔
N104 M07 冷却液开	N214 L901
N106 ;G0T0F	N216 AP=350 第8孔
N108 G90 G40 G54	N218 L901
N110 G1 Z-350 F1000	N220 G40 取消刀具补偿
N112 G1G41 T6 D1 X90 Y90 F1500	N222 G1Z-300 F1000 提刀
至起刀点,刀具左偏置	N224 X0 Y0
N114 M3 S600 主轴运转	N226 M5M09 主轴停
N116 Z-382 下刀	N228 ;PP:
N118 G1 Z-397 F500 Z 向进刀	N230 T9 M6 换刀指令(φ7 mm 麻花钻)
N120 X0 Y70 F100 切入工件	N232 LL6 换刀子程序
N122 G3 I0 J-70 加工 φ140 mm 外圆	N234 G90 G54 G40
N124 G1 X-20 沿切线切出	N236 G111 X0 Y0
N126 G1 Z-350 F1000 提刀	N238 M3 S600
N128 G40 M09 取消刀具补偿,关冷却液	N240 C1 Z-200 F1000 下刀
N130 G1 X0 Y0 F1500 回工件坐标系零点	N242G90 RP=60 AP=12 第1个孔,半径60 mm,12°
N132 M5 主轴停	N244 G1 Z-300 F500 至安全高度
N134 T4 M6 换刀指令(φ12 mm 立铣刀)	N246L902 钻孔子程序
N170 X0 Y0	N248 AP=50 第2孔
N172 M5 M09 关冷却液,主轴停	N250 L902
N174 T10 M6 换刀(A2 中心钻)	N252AP=110 第3孔
N176 M07 冷却液开	N254 L902
N178 G90 G54 G40	N256 AP=170 第4孔
N180 G111 X0 Y0 钻孔	N258 L902
N182 M3 S500 主轴运转	N260 AP=192 第5孔
N184 G1 Z-300 F1000 下刀	N262L902
N186 G90 RP=60 AP=12 第1个孔,半径60 mm,12°角	N264 AP=230 第6孔 N138 G1 7-350
N188 G1 Z-370.7 F500 下刀至安全高度	N138 G1 Z-350 F1500 F1500
N190 L901 打中心孔子程序	N140 M3S600 主轴运转
N192 AP=50 第2孔,φ12 mm,	N142 G1X -20 Y-20 F500 刻字开始,对刀
φ7-6孔第1孔	N144 G1 7-395 F200 下刀
N194 L901	N146 Z-397F50 Z 向进刀切入 2 mm
N196 AP=50 第3孔,110°	
N198 L901	
N200 AP=170 第4孔,170°	N148 Y12 F60
N202 L901	N150 X -8 Y-12
N204 AP=192 第5孔,φ8 mm 第2孔	N152 Y12 N 字刻字完成
N206 L901	N154 Z-385 F1600 提刀
N208 AP=230 第6孔	N156 x8 Y12 T 字对刀
N210 L901	N158 G1 Z-395 F200 下刀

续表

程序及说明		程序及说明	
N160 Z-397 F50	进刀切入 2 mm	N310 AP = 230	
N162 X20 F200		N312 L903	
N164 X14		N314 AP = 290	
N166 Y-12	T 字刻字完成	N316 L903	
N168 Z-350 F1500	提刀	N318 AP = 350	
N266 L902		N320 L903	
N648 AP = 290	第 7 孔	N322 G40	
N270 L902		N324 G1 Z-300 F1000	提刀
N272 AP = 350	第 8 孔	N326 X0 Y0	
N274 L902		N328 M5 M09	
N276 G40		N330 T5 M6	换刀指令(φ8 mm 铰刀)
N278 G1 Z-300 F1000	提刀	N332 M07	冷却液开
N280 G0X0 Y0		N334 G90 G54 G40	
N282 M5M09	主轴停	N336 G111 X0 Y0	
N284 T7 M6	换刀指令(φ12 mm 键铣刀)	N338 M03 S600	
N286 M07	冷却液开	N340 G1 Z-200 F1000	下刀
N288 G90 G54 G40		N342 G90 RP=60 AP=12	第 1 孔
N290 G11 X0 Y0		N344 G1 Z-300 F150	安全高度
N292 M3 S500	主轴运转	N346 L904	铰孔子程序
N294 G1 Z-350 F1000		N348 AP = 192	第 2 孔
N296 G90 RP=60 AP=50	第 1 孔	N350 L904	
N298 G1 Z-370 F500	安全高度	N352 G40	
N300 1903	锪孔子程序	N354 G1Z-200 F1000	提刀
N302AP = 110		N356 X0 Y0	
N304 L903		N358 M5	主轴停
N306 AP = 170		N360 G500	零点取消
N308 L903		N362 M30	程序结束

②钻中心孔子程序 L901(表 5-12)。

表 5-12 钻中心孔子程序 L901

程序及说明		程序及说明	
N101 G91 G1 Z-5 F100	相对坐标编程	N104 G90	绝对坐标
N1027-8 F50	钻孔	RET	子程序返回
N103 Z13 F1000	提刀		

③φ7 mm 钻孔子程序 L902(表 5-13)。

表 5-13　$\phi 7$ mm 钻孔子程序 L902

程序及说明		程序及说明	
N101 G91 G1 Z-18 F200	相对坐标编程	N104 G90	绝对坐标
N102 7-20 F50	钻孔	RET	子程序返回
N103738 F1000	提刀		

④$\phi 12$ mm 键锪孔子程序 L903（表 5-14）。

表 5-14　$\phi 12$ mm 键锪孔子程序 L903

程序及说明		程序及说明	
N101 G91 G1 7-18 F200	相对坐标编程	N104 G90	绝对坐标
N102 7-7 F50	锪孔 孔深 7 mm	RET	子程序返回
N103 725 F1000	提刀		

⑤$\phi 8$ mm 铰刀铰孔子程序 L904（表 5-15）。

表 5-15　$\phi 8$ mm 铰刀铰孔子程序 L904

程序及说明		程序及说明	
N101 C91 G1 Z-18 F200	相对坐标编程	N104 C90	绝对坐标
N102 Z-20 F50	铰孔	RET	子程序返回
N103 Z38 F1000	提刀		

三、数控铣安全操作规程

数控铣安全操作规程如下：

①上机前，必须仔细阅读数控铣床操作注意事项，严格遵守实训规定。

②学生编好程序之后，必须进行加工程序校验，待指导教师复查合格后方可上机操作；上机操作须在指导教师指导下进行，未经指导教师允许，严禁学生操作机床加工零件。

③安装工件时，刀具必须牢固，扳手、量具使用完毕后，必须及时放置在固定的安全位置，严禁放置在机床内。

④工作时，要佩戴防护镜，禁止戴手套，严禁头、手、身体靠近旋转刀具。

⑤工作时，必须集中注意力，严禁离开机床或做与当前操作无关的事；不懂问题及时请教指导教师，切勿鲁莽行事；如遇特殊、突发事件，须及时按下急停开关，并报告指导教师，由指导教师具体处理、解决。

⑥机床开动时，严禁使用量具测量工件。

⑦清除切屑必须使用专用毛刷，严禁用手或抹布直接清除。

⑧上班前、下班后，要认真擦净机床，并按技术要求认真润滑机床。

⑨机床在调整时，必须立警告牌；禁止移动或损坏安装在机床上的警告标牌。

⑩必须保证机床的工作环境符合设计要求，机床开始工作前要预热，严禁机床在潮湿、寒

冷的环境下工作。

⑪使用刀具应与机床规格相符。安装新刀具时必须进行严格对刀调试,在进行一二次试切削验证后方可使用;定期进行磨损补偿,保证刀具始终处于正确的工作位置;对于达到耐用度的刀具要及时修磨或更换。

⑫不要在机床周围放置障碍物,保证工作空间通畅、整洁。

第六章
数控电火花加工方法分析

第一节 数控电火花加工方法的概述

一、数控电火花加工的基本原理

电火花加工是在加工过程中,使工具与工件之间不断产生脉冲性的火花放电,靠放电时局部、瞬时产生的高温把金属蚀除,以获得所需要的形状和尺寸。因放电过程中可看见火花,故称为电火花加工,日、英、美又称为放电加工(Electrical Discharge Machining,EDM),俄罗斯也称电蚀加工。电火花加工主要用于加工具有复杂形状的型孔与型腔的模具和零件;加工各种硬、脆材料,如硬质合金和淬火钢等;加工深细孔、异形孔、深槽、窄缝和切割薄片等;加工各种成形刀具、样板与螺纹环规等工具和量具。

电火花加工的原理如图6-1所示。工件1与工具4分别和脉冲电源2的正、负极连接。自动进给调节装置3(此处为液压油缸和活塞)使工具和工件之间一直保持适当的放电间隙,当脉冲电压加到两极(工件1与工具4)之间时,便将工件与工具之间间隙最小处或绝缘强度最弱处击穿,在该局部产生火花放电,在放电的微细通道中瞬时集中大量的热能,温度可达10 000 ℃以上,压力也有急剧变化,从而使这一点工作表面局部微量的金属材料立刻熔化、气化,并爆炸式地飞溅到工作液中,迅速冷凝,形成固体的金属微粒,被工作液带走。这时在工件表面便留下一个微小的凹坑痕迹,放电短暂停歇,两电极间工作液恢复绝缘状态。紧接着,下一个脉冲电压又在两电极相对接近的另一点处击穿,产生火花放电,重复上述过程。这样,虽然每个脉冲放电蚀除的金属量极少,但因每秒有成千上万次脉冲放电作用,就能蚀除较多的金属,具有一定的生产率。在保持工具电极与工件之间恒定放电间隙的条件下,一边蚀除工件,一边使工具电极不断地向工件进给,最后便加工出与工具电极形状相对应的形状来。因此,只要改变工具电极的形状和工具电极与工件之间的相对运动方式,就能加工出各种复杂的型面。

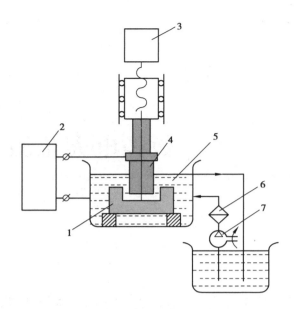

图 6-1　电火花加工原理示意图
1—工件；2—脉冲电源；3—自动进给调节装置；
4—工具；5—工作液；6—过滤器；7—工作液泵

电火花加工的原理是基于工具电极和工件电极脉冲性火花放电时的电腐蚀现象来蚀除金属，对工件进行尺寸加工，以达到工件尺寸形状、表面质量等预定的要求。

二、数控电火花加工的基本条件

实现电火花加工，应具备以下条件。

①工具电极和工件电极之间必须保持合理的距离。在该距离范围内，既可以满足脉冲电压不断击穿介质，产生火花放电，又可以适应在火花通道熄灭后介质消电离以及排出蚀除产物的要求。若两电极距离过大，则脉冲电压不能击穿介质、不能产生火花放电；若两电极短路，则在两电极间没有脉冲能量消耗，也不可能实现电腐蚀加工。

②两电极之间必须充入介质。在进行电火花加工时，两电极间为液体介质（专用工作液或工业煤油）；在进行材料电火花表面强化时，两电极间为气体介质。

③两电极间的脉冲能量密度应足够大。在火花通道形成后，脉冲电压变化不大，因此，通道的电流密度可以表示通道的能量密度。能量密度足够大，才可以使被加工材料局部熔化或气化，从而在被加工材料表面形成一个腐蚀痕（凹坑），实现电火花加工。放电通道必须具有足够大的峰值电流，通道才可以在脉冲期间得到维持。

④放电必须是短时间的脉冲放电。由于放电时间短，使放电时产生的热能来不及在被加工材料内部扩散，从而把能量作用局限在很小范围内，保持火花放电的冷极特性。

⑤脉冲放电需重复多次进行，并且多次脉冲放电在时间和空间上是分散的。这里包含两个方面的含义：其一，时间上相邻的两个脉冲不在同一点上形成通道；其二，若在一定时间范围内脉冲放电集中发生在某一区域，则在另一段时间内，脉冲放电应转移到另一区域。只有如此，才能避免积炭现象，进而避免发生电弧和局部烧伤。

⑥脉冲放电后的电蚀产物必须及时排放至放电间隙之外，使重复性放电顺利进行。在电

火花加工的生产实际中,上述过程通过两个途径完成。一方面,火花放电以及电腐蚀过程本身具备将蚀除产物排离的固有特性,蚀除产物以外的其余放电产物(如介质的气化物)亦可以促进上述过程;另一方面,还必须利用一些人为的辅助工艺措施,如工作液的循环过滤,加工中采用的冲油、抽油措施等。

三、数控电火花加工机床的组成及作用

要实现电火花加工过程,机床必须具备三个要素,即脉冲电源、机械部分和自动控制系统、工作液过滤与循环系统。

（1）脉冲电源

加在放电间隙上的电压必须是脉冲的,否则放电将成为连续的电弧。所谓脉冲电源,实际就是一种电气线路或装置,它们能发出具有足够能量的脉冲电压。

（2）机械部分和自动控制系统

机械部分和自动控制系统的作用是维持工具电极和工件之间有一适当的放电间隙,并在线调整。

（3）工作液过滤与循环系统

工作液的作用是使能量集中,强化加工过程,带走放电时所产生的热量和电蚀产物。工作液系统包括工作液的储存冷却系统、循环系统及其调节与保护系统、过滤系统以及利用工作液的强迫循环系统。

上述三要素,有时也称为电火花加工机床的三大件,它们组成了电火花加工机床这一统一体,以满足加工工艺的要求。

四、数控电火花加工的特点

与传统的金属切削加工相比,数控电火花加工具有以下特点。

①采用电火花加工零件,由于电火花放电的电流密度很高,产生的高温足以熔化和气化任何导电材料。因此,可以加工任何硬、脆、软、黏或高熔点金属材料,包括热处理后的钢制零件。这样利用电火花对零件加工成形后可不受热处理后变形的影响,从而提高了零件的加工精度。

②电火花加工由于不是靠刀具的机械方法去除,故加工时无任何机械力作用,也无任何因素限制。因此,可以用来加工小孔、窄槽及各种复杂形状的型孔及型腔以及利用一般加工方法难以加工的零件,给零件加工提供了方便。

③电脉冲参数可以任意调节,故在同一台机床上可对零件进行粗、半精、精加工及连续加工,从而提高了工作效率。

④电火花加工是直接用电能加工,便于实现生产中的自动控制及加工。

⑤电火花加工由于能加工硬质合金零件成形,为制造硬质合金零件、提高零件的使用寿命及提高零件的耐用度创造了条件。

⑥采用电火花加工零件,操作方便,加工后的零件精度高,表面粗糙度可达 1.25 μm。因此,利用电火花加工后的零件,由钳工稍加修整后即可以装配使用。

五、数控电火花加工的分类

电火花加工按工具电极与工件相对运动的方式和用途不同,大致可分为电火花成形加

工、电火花线切割加工、电火花磨削加工、电火花同步共轭回转加工、电火花高速小孔加工、电火花表面强化与刻字加工等六大类。前五类属于电火花成型和尺寸加工,是用于零件形状和尺寸改变的加工方法;最后一类属于表面加工方法,用于改变或改善零件表面的性质。其中电火花线切割加工约占电火花加工的 60%,电火花成型加工约占 30%。随着电火花加工工艺的蓬勃发展,线切割加工已成为先进工艺制作的标志。各类电火花加工的特点和用途见表 6-1。

表 6-1   各类电火花加工的特点和用途

类别	特点	用途
电火花成型加工	1.工具为与被加工表面有相同截面的成型; 2.工具与工件之间只有一个相对进给运动	型腔加工; 穿孔加工
电火花线切割加工	1.工具电极为沿着电极丝轴线移动着的丝状电极; 2.工具与工件在两个水平方向同时有相对伺服进给运动	切割各种直纹面零件; 下料、裁边和窄缝加工
电火花磨削加工	1.工具与工件有相对旋转运动; 2.工具与工件有径向和轴向的进给运动	加工外圆、小模数滚刀; 加工精度高、表面粗糙度值小的零件
电火花同步共轭回转加工	1.工具与工件都做旋转运动,但二者角速度相等或成整数倍,而相对应的放电点有径向相对运动; 2.工具相对工件可做纵向和横向进给运动	以同步回转、展成回转、倍角速度回转等不同方式加工各种复杂型面类零件,如高精度的异形齿轮、精密螺纹环规,高精度、高对称度及表面粗糙度值小的内、外回转体零件
电火花高速小孔加工	1.采用细管电极,管内冲入高压水基工作液; 2.细管电极旋转; 3.细管电极和工件有一个相对进给运动	线切割预穿丝孔; 深径比很大的小孔
电火花表面强化与刻字加工	1.工具在工件表面上振动; 2.工件相对工具移动	模具刃口,刀具、量具刃口表面强化和镀覆; 电火花刻字、打印记

第二节   数控电火花线切割机床操作

一、机床概述

数控电火花线切割机床是在电火花加工基础上于 20 世纪 50 年代末在苏联发展起来的一种新工艺,其加工过程是利用线状电极火花放电对工件进行切割。

(一)数控电火花线切割机床的分类

数控电火花线切割机床的分类有多种方法,可按照走丝速度、控制方式、脉冲电源形式、加工特点等方法分类。

①按走丝速度分,有高速走丝和低速走丝两种。高速走丝数控电火花线切割机(WEDM-HS)的电极丝做高速往复运动,一般走丝速度为 6 ~ 11 m/s,这是我国生产和使用的主要机种,也是我国独创的数控电火花线切割加工模式;低速走丝数控电火花线切割机床(WEDM-IS)的电极丝做低速单向运动,一般走丝速度低于 2.5 m/s,这是国外生产和使用的主要机种。

②按控制方式分,有靠模仿形控制、光电跟踪控制、数字程序控制以及微机控制等,前两种方法现已很少采用。

③按脉冲电源形式分,有 RC 电源、晶体管电源、分组脉冲电源以及自适应控制电源等,RC 电源现已基本不用。

④按加工特点分,有大、中、小型以及普通直壁切割型与锥度切割型,还有切割上下异形的线切割机床等。

(二)数控电火花线切割机床的结构

各种数控电火花线切割机床的结构大同小异,大致可分为机床本体、脉冲电源和数控装置三大部分,如图 6-2 所示。

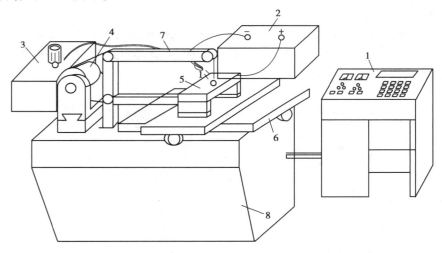

图 6-2　数控电火花线切割机床结构示意图
1—数控装置;2—脉冲电源;3—工作液箱;4—走丝机构;
5—工件;6—坐标工作台;7—丝架;8—床身

(1)机床本体

机床本体由床身、坐标工作台、走丝机构、工作液系统等几部分组成。

①床身。床身材料一般为铸铁,是坐标工作台、走丝机构及线架的支承和固定基础。

②坐标工作台。坐标工作台用于安装并带动工件在工作台平面内做 X、Y 两个方向的移动。工作台分上下两层,分别与 X、Y 向丝杠相连,由两个步进电机分别驱动。步进电机每接收到计算机发出的一个脉冲信号,其输出轴就旋转一个步距角,通过一对齿轮变速带动丝杠转动,从而使工作台在相应的方向上移动 0.01 mm。

③走丝机构。电动机通过联轴节带动储丝筒交替做正、反向转动,钼丝整齐地排列在储丝筒上,并经过丝架做往复高速移动(线速度为 9 m/s 左右)。

④工作液系统。工作液系统由工作液、工作液箱、工作液泵和循环导管组成。工作液起

绝缘、排屑、冷却的作用。每次脉冲放电后,工件与钼丝之间必须迅速恢复绝缘状态,否则脉冲放电就会转变为稳定持续的电弧放电,影响加工质量。在加工过程中,工作液可把加工过程中产生的金属颗粒迅速从电极之间冲走,使加工顺利进行。工作液还可冷却受热的电极和工件,防止工件变形。

（2）脉冲电源

脉冲电源又称高频电源,其作用是把普通的 50 Hz 交流电转换成高频率的单向脉冲电压。加工时,钼丝接脉冲电源负极,工件接正极。

（3）数控装置

数控装置的主要作用是在电火花线切割加工过程中,按加工要求自动控制电极丝相对工件的运动轨迹和进给速度,来实现对工件的形状和尺寸加工。

二、操作面板说明及操作实践

本节以 DK7625 型低速走丝线切割机床为例,介绍操作面板及操作方法。

（一）数控电火花线切割机床操作面板说明

（1）机械操作面板

DK7625 型低速走丝数控电火花线切割机床的机械操作面板主要用于机械部分一些辅助动作的操作控制,如走丝、切削液、电参数调校等。DK7625 型低速走丝数控电火花线切割机床的机械操作面板如图 6-3 所示。

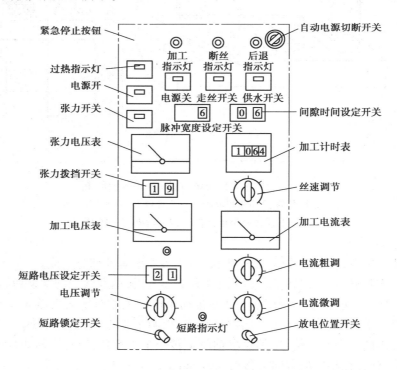

图 6-3　DK7625 型低速走丝数控电火花线切割机床的机械操作面板

DK7625 型低速走丝数控电火花线切割机床机械操作面板各部分的功用说明如下:

①电源开。按下此开关,机床进入加工准备状态,再将丝、水、张力开关置"ON",用 MDI

或者纸带方式输入数据,按一下循环启动按钮,便可开始加工。

②电源关。按下此开关,机床进入清除状态,无论什么情况加工电压都加不上。

③走丝开关。使电极丝开始行走的开关。

④供水开关。按下此开关,便往加工处供工作液。

⑤过热指示灯。当装置中的电阻温度异常高时,该灯亮。

⑥张力拨挡开关。调整电极丝的张力,张力以电压值显示在张力表上。

⑦丝速调节。调整电极丝的行走速度。按顺时针方向旋动时,速度加快。

⑧脉冲宽度设定开关。在 1~9 内设定脉冲电源的脉冲宽度。

⑨间隙时间设定开关。在 2~99 内设定脉冲电源的间隙时间。

⑩电流调节。进行加工电流的设定,由粗调开关和微调开关组成,可以在 0~39.5 内进行选择。

⑪电压调节。进行电压设定,可选择 15 种电压。

⑫短路电压设定开关。设定防止短路的电压。当加工电压低于此值时,视为短路。

⑬加工指示灯。在加工状态时灯亮。

⑭断丝指示灯。发生断丝时灯亮。

⑮加工计时表。显示加工时间。

⑯自动电源切断开关。用纸带方式和 MDI 方式加工时,把此开关设于"ON"。

⑰后退指示灯。在后退中灯亮。

⑱加工电压表。显示电极丝和工件之间的电压。

⑲加工电流表。显示电极丝与工件之间的电流。

⑳张力电压表。其显示的电压是与为产生张力而使用的制动器应力相对应的。

㉑张力开关。此开关接通时,给电极丝加上张力。

㉒短路锁定开关。此开关置"ON",在电极丝与工件发生短路时,工作台进给停止。

㉓放电位置开关。此开关置"ON",电源开关也置"ON"时,用 JOG 或步进给方式,可向电极丝供电压,从放电火花的状态判别丝与工件的接触位置是否正确(此开关需在参数的第一位是"1"时有效)。

㉔短路指示灯。电极丝与工件短路时灯亮。

㉕紧急停止按钮。用于紧急停止。

(2)手动操作面板

DK7625 型低速走丝线数控电火花切割机床的手动操作面板如图 6-4 所示,主要用于数控系统功能的辅助控制。

DK7625 型低速走丝数控电火花线切割机床的手动操作面板各操作按钮的功能说明如下。

①操作方式选择开关。选择操作方式的开关,有以下方式可供选择:

EDIT,纸带存储、编辑方式。

MEMORY,存储运转方式。

MDI,MDI 方式。

TAPE,纸带运转方式。

INCR.(FEED),增量进给方式。

JOG,手动连续进给方式。

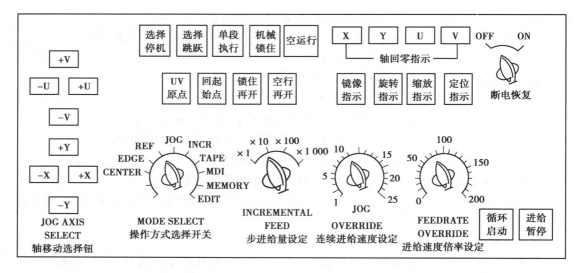

图 6-4　DK7625 型低速走丝数控电火花线切割机床的手动操作面板

REF.(RETURN),手动回原点方式。

EDGE,找端面方式。

CENTER,找中心方式。

②增量进给(步进给量)设定。在增量进给方式时,选择每操作一次的移动量。

③连续进给速度设定。选择手动连续进给速度的开关,也用于选择在自动运转时的零运转速度。

④进给速度倍率设定。根据程序指定的进给速度选择倍率的开关。

⑤循环启动。用于自动运转的按钮,也用于解除临时停止,自动运转时此灯亮。

⑥进给暂停。用于自动运转时临时停止的按钮,一按此按钮,轴移动就减速并停止,灯亮。

⑦轴移动选择钮。选择移动方向的按钮,按某钮相当于手摇移动机床拖板。

⑧选择停机。按此开关,可在实施带有辅助功能 M01 的程序段后,停止程序。

⑨选择跳跃。需跳过带有"/"(斜杠)的程序段时按下此开关。

⑩单段执行。按下此开关,在自动运转中可在每个程序段停止,用于程序的校验。

⑪机械锁住。按下此开关,机械不动,仅让位置显示动作,用于机械不动而要校验程序时。

⑫空运行。按下此开关,自动运转时进行空运转(无视程序指令的进给速度,而按照"连续进给速度设定"开关设定的进给速度运转)。

⑬轴回零指示。回起始点运行中,回到各轴固有的原点(机床原点)时灯亮。

⑭镜像指示。在设定了镜像或轴切换时灯亮。

⑮旋转指示。设定了图形旋转角时灯亮。

⑯缩放指示。设定了放大缩小时灯亮。

⑰定位指示。丝找到了预孔中心或端面时灯亮。

⑱找垂直按钮(UV 原点)。按此按钮,上导向器便自动地定在预先设定好的垂直位置,定位完后按钮灯亮。

⑲回起始点。让电极丝回到加工原点(开始点)的按钮。

⑳锁住再开。用于中途停止加工并切断电源后,希望再次投入电源,重新开始加工的情况。

㉑空行再开。让电极丝从加工点起,以空运转速度沿着原先的加工路线移到刚才的停止位置。

㉒断电恢复。由于停电等原因而使电源暂时切断的情况下,预先置此开关于"ON"位,在电源恢复后,会自动地使电源接入。

(3)数控操作面板

DK7625 型低速走丝数控电火花线切割机床的数控操作面板如图 6-5 所示。

DK7625 型低速走丝数控电火花线切割机床的数控操作面板的右方为键盘区,各键作用如下:

①ABS/INC。用于 MDI 方式下绝对 ABS 和相对 INC 坐标编程方式的切换。

②CURSOR。光标移动按钮。

③PAGE。用于画面翻页。

④地址数字键。ADDRESS 下为地址键,DATA 下为数字键,用于地址字的输入。

⑤编辑键。ALTER 为改写键,INSRT 为插入键,DELET 为删除键,用于编辑已输入的程序。

⑥ORIGIN。原点按钮,用于将当前位置点设为工件原点。

⑦RESET。复位按钮,用于解除报警、清除指令、数控装置复位等的工作。

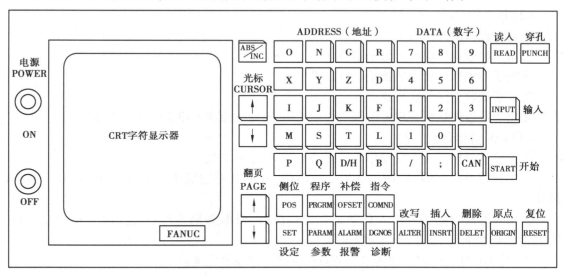

图 6-5　DK7625 型低速走丝数控电火花线切割机床的数控操作面板

(二)程序输入与调试

(1)程序的检索和整理

①将手动操作面板上的操作方式开关置于编辑(EDIT)挡,按数控面板上的程序键显示程序画面。

②同时按下【CAN(退格)】键和【ORIGIN】键,进行程序检索整理操作,记住当前存储器内已存有哪些主程序。

③由于受存储器的容量限制,当存储的程序量达到某一程度时,必须删除一些已经加工过而不再需要的程序,以释放足够的空间来装入新的加工程序。

(2)程序输入与修改

①用手工键入程序。

a.先根据程序番号检索的结果,选定某一还没有被使用的程序番号作为待输程序番号(如00002),键入该番号00002后按【INSRT】键,则该程序番号就自动出现在程序显示区,各具体的程序行就可在其后输入。

b.将上述编程实例的程序顺次输入机床数控装置中,可通过 CRT 监控显示该程序。

②调入已有的程序。

若要调入先前已存储在存储器内的程序进行编辑修改或运行,可先键入该程序的番号(如00001)后再按向下的光标键,即可将该番号的程序作为当前加工程序。

③程序的编辑与修改。

a.采用手工输入和修改程序时,所键入的地址数字等字符都是首先存放在键盘缓冲区内的。

b.若要修改程序局部,可移光标至要修改处,再输入程序字,按【ALTER】键,则将光标处的内容改为新输入的内容;按【INSRT】键则将新内容插入光标所在程序字的后面;若要删除某一程序字,则可移光标至该程序字上再按【DELET】键。

c.若要删除某一程序行,可移动光标至该程序行的开始处,再按【;】(EOB)+【DELET】。若按【N××××】+【DELET】则将删除多个程序行。

(3)程序的空运行调试

空运行调试的意义在于:

①用于检验程序中有无语法错误。

②用于检验程序行走轨迹是否符合要求。

③用于检验工件的装夹及穿丝定位是否合理。

④用于通过调试而合理地安排一些工艺指令,以优化和方便实际加工操作。

(4)MDI 程序运行方式

①置手动操作面板上的操作方式开关于 MDI 运行方式。

②按数控面板上的【COMND】指令功能键,并按翻页键置于"NEXT BLOCK/MDI"显示画面。

③输入地址和数据。输入移动指令坐标值时,根据要用绝对值还是增量值,按【ABS/INC】按钮让画面上显示与所需相应的文字。

④按【INPUT】键,则该地址对应的数据便存入并显示在屏幕上。

⑤采用逐个输入的方法全部输入一个程序段的指令数据。

⑥设定放电加工的各种条件至加工准备就绪后,按【循环启动】按钮即可运行 MDI 程序。

⑦若置"单段运行"开关键为"ON"(灯亮),则可在"自动运行方式"下的某程序段执行完成后,切换到 MDI 方式,实施 MDI 操作运行,然后再返回到"自动运行方式"下继续自动运行。

(三)数控电火花线切割机床基本操作方法

(1)机床电源的启动和关闭

机床启动过程:

①电源投入前的准备。

②合上闸刀,打开机床后门主电源开关后,再按住数控面板电源"ON"按钮直至出现屏幕显示画面后松开。

③回机床原点(参考点)。

④若需要回到上次加工时设定好的起始点,则可将操作方式置"JOC"挡后,按【回起始点】键,则机床自动回到以前存储的某点处。

切断机床电源:

正常加工操作完成后,如不需要再进行其他操作,应进行切断电源操作。其过程如下:

①确认手动操作面板上的循环启动指示灯熄灭。

②确认纸带读入机的操作开关置于"解除"位。

③确认加工电源侧电源"OFF"按钮按下且灯亮。关闭走丝、供水、张力开关。

④确认自动断电恢复开关处于"OFF"位。

⑤确认其他开关的设定处于要求位置。

⑥按数控面板上电源"OFF"按钮切断电源,再扳下机床后门主电源开关,最后扳下闸刀。

(2)电极丝的挂接与调整

电极丝可用 0.1 ～ 0.3 mm 的丝,一般使用 0.18 mm 的丝。电极丝的挂接方法如图 6-6 所示。

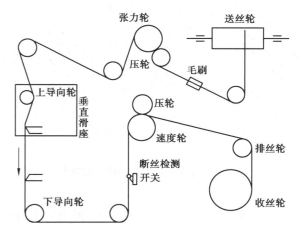

图 6-6　电极丝的挂接方法

电极丝挂接的注意事项:

①为防止电极丝从张力轮上滑落,应在丝所经过的毛刷上选择合适的滑槽。

②丝装上带弹性压紧的张力压轮和速度压轮时,都应先用手按压住相应的弹性元件后挂入,否则电极丝将无法装上。

③断丝接头应拉过速度轮处,并且应将接头在收丝轮上缠绕几圈,确保不会断开后再将速度压轮手柄放下压紧。

④电极丝经过上下导向轮时,应先轻轻拔出上下喷嘴活动块后再装入。

⑤电极丝通过的部分带有高压电,应谨防触电。电极丝通过的部分和床身本体之间是电气绝缘,所以应确认丝是否碰到了机床本体,以防出现短路现象。

⑥用力挂好的丝会使断丝检测杆受损,使用时要加以注意。

⑦电极丝损耗5~10 mm时,因张力过大,会发生断丝。

⑧为保证电极丝中心在加工过程中与工件间的相对位置,有必要给工作区内的电极丝加上张力,以防止走丝加工而引起电极丝的抖动,影响加工精度。

(3)电极丝垂直度的校正

无论要加工的零件是否带有锥度,为保证准确的工件形状和尺寸精度,都应先对电极丝的垂直度进行校准。电极丝垂直度的校正示意图如图6-7所示。

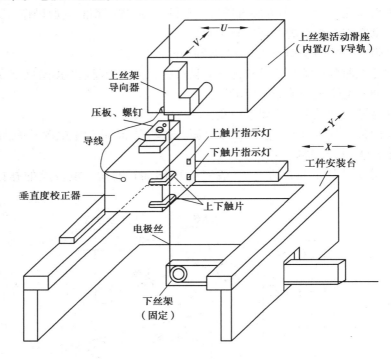

图6-7　电极丝垂直度的校正示意图

电极丝垂直度的校正方法:

①以和工件相同的装夹定位基准放置垂直度校正器,再用压板、螺钉固定好,并按图示连接好导线。

②挂好电极丝,并加上设定的张力,让丝在带张力的情况下行走一段距离,以保证工作区内所有的丝都处于张紧状态后停止走丝。

③确认加工电源为"OFF",短路锁定及放电位置开关都处于"OFF"位置。

④置操作方式旋钮于"JOG"连续进给方式,先移动X、Y轴至丝碰到丝垂直度校正器的触片(校正器上指示灯亮则表示已接触到)。

⑤结合使用"JOG"(手动连续进给)、"INCR."(步进给)操作方式,并从大到小逐步改变步进量,反复不断地移动调整U、V轴或X、Y轴,直至丝与校正器的上下触片同时接触(进X或Y时上下灯同时亮,退X或Y时上下灯同时熄,或者上下灯都处于闪烁不定状态)。

⑥记下此时的U、V坐标值。此时的U、V位置即为丝垂直位置。

⑦置系统板上参数写入开关于"写入"位置,将此U、V值写入存储器内,则此位置即被系

统自动记忆。

（4）工件的装夹与位置调整

①工件的装夹。

该机床采用 n 形工件安装台,在左侧和后侧台框上安装有两块定位基准板,整个工作台上有很多用于连接压紧螺钉的装夹固定用螺纹孔,其工件固定采用压板、螺钉紧固方式,如图6-8 所示。

②工作台的手动调整。

该机床工作台拖板上没有配置旋转手柄来直接用于手动调整,而是采用方向按键通过产生触发脉冲的形式来实施工作台的手动调整。和手柄的粗调、微调一样,其手动调整也有两种方式:

a.粗调。置操作方式开关为"JOG"方式挡。

b.微调。置操作方式开关为"INCR."方式挡。

③工件与电极丝的定位找正。

工件与电极丝的定位找正方法有两种方式:

a.自动找端面(EDGE)。

b.自动找中心(CENTER)。

第三节　数控电火花线切割加工工艺

一、数控电火花线切割加工的工作原理

数控电火花线切割加工的基本原理是利用移动的细小金属导线(铜丝或钼丝)作电极,对工件进行脉冲火花放电,通过计算机进给来控制系统。其配合一定浓度的水基乳化液进行冷却排屑,就可以对工件进行图形加工。

电火花线切割加工时,在电极丝和工件上加高频脉冲电源,使电极丝和工件之间脉冲放电,产生高温,使金属熔化或气化,从而得到需要的工件。

如图6-8 所示,工件接脉冲电源的正极,电极丝接负极。加上高频脉冲电源后,在工件与电极丝之间产生很强的脉冲电场,使其间的介质被电离击穿,产生脉冲放电。由于放电的时间很短($10^{-6} \sim 10^{-5}$s),放电间隙小(0.01 mm 左右),且发生在放电区的小点上,能量高度集中,放电区温度达 10 000~12 000 ℃,使工件上的金属材料熔化,甚至气化。由于熔化或气化的都是在瞬间进行的,故具有爆炸的性质,即在爆炸力的作用下,将熔化金属材料抛出,或被液体介质冲走。工作台相对电极丝按预定的要求运动,就可以加工出要求形状的工件。因此,数控电火花加工过程中至少包含以下 3 个条件:

①必须在工件与工具之间加上脉冲电源;

②工具电极做轴向运动;

③工件相对工具电极做进给运动。

电火花线切割加工中,电极丝同样要受到电腐蚀作用,为了获得较好的表面质量和高的尺寸精度,电极丝受到的电腐蚀应尽可能小。由电腐蚀作用原理可知:电极丝接脉冲电源的

负极,工件接正极,这样电极丝受到的电腐蚀最小;同时电极丝必须做轴向移动,以避免电极丝局部过度腐蚀;还需向放电间隙注入大量液体工作介质,以使电极丝得到充分冷却。另一方面,两个电脉冲之间必须有足够的间隔时间,以确保电极丝和工件之间的脉冲放电是火花放电而不是电弧放电。

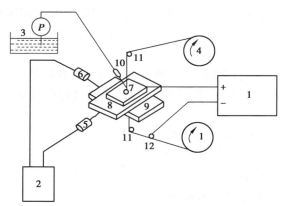

图 6-8　数控电火花线切割加工原理

1—脉冲电源;2—控制装置;3—工作液箱;4—走丝机构;5、6—步进电动机;
7—加工工件;8、9—纵横向拖板;10—喷嘴;11—电极丝导向器;12—电源进电柱

二、数控电火花线切割加工工艺基础

(一)数控电火花线切割加工的主要工艺指标

(1)切割速度

在保持一定表面粗糙度的切割加工过程中,单位时间内电极丝中心线在工件上切过的面积总和称为切割速度,单位为 mm/min。切割速度是反映加工效率的一项重要指标,数值上等于电极丝中心线沿图形加工轨迹的进给速度乘以工件厚度。

(2)加工精度

线切割加工后,工件的尺寸精度、形状精度(如直线度、平面度、圆度等)和位置精度(如平行度、垂直度、倾斜度等)称为加工精度。

(3)表面粗糙度

线切割加工中的工件表面粗糙度通常用轮廓算术平均值偏差 Ra 值表示。

(4)电极丝损耗量

对高速走丝线切割加工,在切割 10 000 mm^2 的面积后电极丝直径的减少量应小于 0.01 mm。

(二)影响工艺指标的主要因素

(1)影响切割速度的主要因素

切割速度是反映加工效率的重要指标。影响切割速度的因素很多,主要有极性效应、脉冲电源、线电极、工作液和工件等。

①极性效应的影响。

在电火花加工过程中,无论是正极还是负极,都会不同程度地被电蚀,即使是相同的材料,如用钢加工钢,正、负极的电蚀量也是不同的(如果两极材料不同,差异更大)。这种纯粹因正、负极性不同而导致彼此电蚀量不同的现象叫极性效应。一般把工件接脉冲电源正极的加工方式叫"正极性"加工,而把工件接脉冲电源负极的加工方式叫"负极性"加工。

当采用长脉冲(即放电持续时间较长)加工时,负极性加工的切割速度较高,电极丝的损耗较少,适合零件的粗加工;当采用短脉冲(即放电持续时间较短)加工时,正极性加工的加工精度较高,适合零件的精加工。

②脉冲电源的影响。

脉冲电源对切割速度的影响主要是通过脉冲宽度、脉冲间隔、开路电压、峰值电流、脉冲频率以及脉冲电流上升的速度来实现的。通常适当地增大脉冲宽度、提高脉冲频率和开路电压、增大峰值电流、减小脉冲间隔能提高切割速度,同时脉冲电流上升的速度越快,切割速度越高;反之则会降低切割速度。

③线电极的影响。

线电极直径越大,允许通过的电流越大,这时其切割速度也越高,对加工厚工件特别有利;线电极的张紧力越大,加工区域可能产生振动的幅值越少,不易产生短路现象,可节省放电的能量损耗,有利于切割速度的提高;线电极的走丝速度越高,线电极冷却越快,电蚀物排出也越快,则可加大切割电流,以提高切割速度。线电极供电部位的接触电阻越小,加工区间的能量损耗也越小,有利于提高切割速度。

④工作液的影响。

在快走丝线切割机床加工中,常使用乳化液作为工作液,而不同种类的乳化液或同种类而浓度不同的乳化液对切割速度都有不同程度的影响,其比较分别见表 6-3 和表 6-3。

表 6-2　乳化剂浓度与切割速度的关系

乳化剂浓度/%	脉宽/μs	间隔/μs	电压/V	电流/A	切割速度/($mm^2 \cdot min^{-1}$)
10	40	100	87	1.6~1.7	41
	20	100	85	2.1~2.3	44
18	40	100	87	1.6~1.7	36
	20	200	85	2.1~2.3	37.5

表 6-3　乳化剂种类对切割速度的影响

乳化剂种类	脉宽/μs	间隔/μs	电压/V	电流/A	切割速度/($mm^2 \cdot min^{-1}$)
I	40	100	88	1.7~1.9	37.5
	20	100	86	2.3~2.5	39
II	40	100	87	1.6~1.8	32
	20	100	85	2.3~2.5	36
III	40	100	87	1.6~1.8	49
	20	100	85	2.3~2.5	51

在慢走丝线切割机床加工中,普遍采用去离子水加导电液作为工作液,使电阻率降低,有利于切割速度的提高。

⑤工件的影响。

不同材质的工件,因其导电系数、电蚀物的附着(或排除)程度及加工间隙的绝缘程度不同,对切割速度的影响程度也不同。例如,在同等加工条件下,铝合金件的切割速度是硬质合金件切割速度的 10 倍,是铜的 6 倍,是石墨的 7 倍左右,而磁钢及锡材料件的切割速度则最低。

工件的厚度是直接影响切割速度的重要因素,一般来讲,工件厚度越厚,加工的表面积增大,熔蚀量大,耗能大,切割速度也就越慢。

工件经锻造后,如含有导电系数极低的"夹灰"等异物,可能会大大降低其切割速度,严重时还会导致无法"切割"。

经磨削(如平磨)后的钢质工件,因有剩磁,加工中的电蚀屑可能吸附在割缝中,不易清除,产生无规律的短路现象,也会大大降低其切割速度。

(2)影响切割精度的主要因素

数控线切割的切割精度主要受机械传动精度的影响,除此之外,线电极的直径、放电间隙大小、工作液喷流量大小和喷流角度等也会影响加工精度。

①割缝是影响工件尺寸的重要因素。

除了线电极的直径在理论上为定值,并排除编程计算因素,割缝大小及其变化还将受到脉冲电源的多项电参数、切割速度、工作液的电阻率和工件厚度等多方面的综合影响,在加工中应尽量控制其割缝尺寸趋于稳定。

②线电极的振动是影响加工表面平面度和垂直度的主要因素。

线电极的振动与线电极的张紧力、导轮导向槽或导轮轴承的磨损有着密切的联系。在慢走丝线切割加工中,由于电极丝张力均匀,振动较少,所以加工稳定性、表面粗糙度、精度指标等均较好。若走丝速度过高,将使电极丝的振动加大,降低精度,使表面粗糙度变差,且易造成断丝。

③工件厚度及材料的影响。

工件薄,工作液容易进入并充满放电间隙,对排屑和消电离有利,加工稳定性好。但工件太薄,金属丝易产生抖动,对加工精度和表面粗糙度不利。工件厚,工作液难以进入且充满放电间隙,加工稳定性差,但电极丝不易抖动,因此精度高、表面粗糙度小。

工件材料不同,其熔点、气化点、热导率等都不一样,因而加工效果也不同。例如采用乳化液加工;加工铜、铝、淬火钢时,加工过程稳定,切割速度高;加工不锈钢、磁钢、未淬火高碳钢时,稳定性较差,切割速度较低,表面质量较差;加工硬质合金时,比较稳定,切割速度较低,表面粗糙度较小。

(3)影响表面粗糙度的主要因素

表面粗糙度主要取决于脉冲电源的电参数、加工过程稳定性及工作液的脏污程度,此外,线电极的走丝速度对表面粗糙度的影响也很大。

若脉冲放电的总能量小,则表面粗糙度就小。因此这就要求适当减小放电峰值电流、脉冲宽度,但这样会使切割速度减慢。为了兼顾这些工艺指标,就应提高脉冲电源的重复频率及增加单位时间内的放电次数。

加工过程稳定性对表面粗糙度的影响也很大,为此,要保证储丝筒和导轮的制造和安装精度,控制储丝筒和导轮的轴向及径向跳动,且导轮转动要灵活,并防止导轮跳动和摆动,这样有利于减少工具电极丝的振动,以稳定加工过程。必要时可适当降低工具电极丝的走丝速度,以增加工具电极丝正反换向及走丝时的平稳性。

工作液上下冲水不均匀,会使加工表面产生上下凹凸相间的条纹,精度和表面粗糙度都将变差。适当减小其流量和压力,还可减小线电极的振动,有利于降低表面粗糙度值。

(4)工件材料内部残余应力对加工的影响

对热处理后的坯件进行电火花线切割加工时,由于大面积去除金属和切断加工会使材料内部残余应力的相对平衡状态遭到破坏,从而产生很大的变形,破坏了零件的加工精度,甚至在切割过程中材料会突然开裂。减少变形和开裂的措施主要有以下几种:

①改善热处理工艺,减少内部残余应力或使应力均匀分布。

②采用多次切割的方法。

③选择合理的切割路线和切割进刀点。

④对于精度要求较高的零件,应先在毛坯内加工穿丝孔,避免当从毛坯外切入时引起毛坯切开处变形。

⑤减少切割体积,在热处理之前把部分材料切除或预钻孔,使热处理均匀变形。

(三)工件的装夹

(1)工件的装夹要求

①工件的基准面应清洁毛刺,经过热处理的工件应清除热处理的残留物和氧化皮。

②夹具精度要高。工件至少用两个侧面固定在夹具或工作台上。

③装夹工件的位置要有利于工件的找正,并能满足加工行程的需要,工作台移动时不得与丝架相碰。

④装夹工件的作用力要均匀,不得使工件变形或翘起。

⑤批量零件加工时,最好采用专用夹具,以提高效率。

⑥细小、精密、壁薄的工件应固定在辅助工作台或不易变形的辅助夹具上。

(2)工件的装夹方式

①悬臂支撑方式。如图 6-9 所示,悬臂支撑方式通用性强,装夹方便,但工件平面难与工作台面找平,工件受力时位置易变化。因此,只在工件加工要求低或悬臂部分较小的情况下使用。

②两端支撑方式。两端支撑方式是将工件两端固定在夹具上,如图 6-10 所示。这种支撑方式装夹方便、支撑稳定、定位精度高,但不适于小工件的装夹。

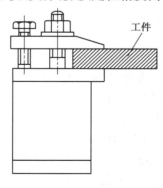

图 6-9　悬臂支撑方式

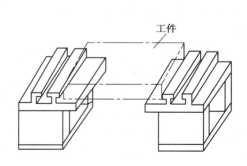

图 6-10　两端支撑方式

③桥式支撑方式。桥式支撑方式是在两端支撑的夹具上,再架上两块支撑垫铁,如图6-11所示。此方式通用性强,装夹方便,大、中、小型工件都适用。

④板式支撑方式。板式支撑方式是根据常规工件的形状,制成具有矩形或圆形孔的支撑板夹具,如图6-12所示。此方式装夹精度高,适用于常规与批量生产,同时也可增加纵、横方向的定位基准。

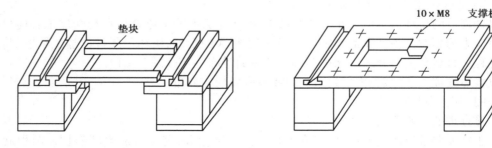

图6-11　桥式支撑方式　　　　　　图6-12　板式支撑方式

⑤复式支撑方式。在通用夹具上装夹专用夹具,便成为复式支撑方式,如图6-13所示。此方式对于批量加工尤为方便,可大大缩短装夹和校正时间,提高效率。

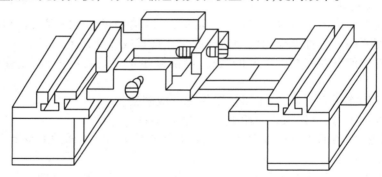

图6-13　复式支撑方式

(四)提高线切割加工质量的途径

影响线切割加工质量的因素是多方面的,有机床主体(机械及伺服驱动等)方面的,有电参数及其工艺参数选择方面的,也有工艺方法方面的,其他还有如工件(材料、制坯、热处理)、线电极和工作液等诸多方面,所以说,提高其加工质量的途径是一个"系统工程",其中较多影响因素在前面已经讲述过,现从以下几个方面来分析。

(1)减小线电极振动

减小线电极振动的措施有:经常检查和调整线电极张紧机构的张力,对手工绕线的快走丝装置,则应注意在绕线过程中凭手感控制张力进行紧线工作;注意检查导轮支承轴承和导轮上的导向槽根部圆弧 R 是否磨损,并及时更换;加工时,工作液应将线电极圆周均匀包围,当发现工作液喷洒歪斜时,应及时进行检查、调整或更换破损的喷头;加工薄片状工件时,可将多片坯件重叠在一起压紧后加工。为防止薄片未压紧部分受弹性影响而出现凸凹空间,并产生新的振动,有时还需采取多点压紧或多点铆接压紧处理后再加工,工件由薄变"厚"后,有利于减小线电极的振幅。

（2）多次切割

由于线切割加工的特殊性，工件切割后的变形不可避免，加之受工件材料及热处理等因素的影响，有时对较大轮廓，即使采用了从工艺孔开始进行封闭式切割，但仍可能出现芯部（凸模或废芯）被其外框变形收缩而卡死的现象，即使切割变形量不太大，仍将影响到工件的加工质量，甚至造成工件报废。采用多次切割加工工艺，是提高其加工精度和整体质量的有效措施。多次切割的优点如下。

①节省加工时间，提高加工精度。一次切割要满足不变形或极小变形，必须采用非常精细的加工规准，切割速度必然大幅度降低，加工时间可能大大超过多次切割。多次切割工艺是先用高速进行粗切割，再采用中速进行精切割，可大大节省总加工时间。精切割时，因受变形的影响已大大减弱，加工精度也得到保证和提高，一般能使尺寸精度达±0.005 mm、凸尖圆角小于 0.005 mm、表面粗糙度 Ra 小于 0.63 μm。

②利于修整拐角塌角。多次切割使其能量逐步减小，拐角的塌角经多次修整而得到了较好的控制。

③可去除加工表面的切割变质层和显微裂纹。因线切割过程受火花放电的影响，工件材料急剧加热、熔化，又急剧冷却，导致加工表面层的金相组织发生明显变化，会出现不连续、不均匀的变质层和显微裂纹。工件在使用中，变质层会很快磨损，显微裂纹也会扩散和增大，以致大大降低工件（特别是模具）的使用寿命。多次切割因其能量逐步减小，所以这些不利因素也可得到较大的改善。

（3）消除凸尖和避免凹坑的方法

在线切割中，工件加工表面上常常会出现一条高出或低于该表面的明显线痕，其外凸形的称为凸尖，内凹形的称为凹坑。这是受到线电极圆弧和水花间隙的影响，在加工轮廓面的交接处产生的。在快走丝时用细电极加工的凸尖很小，而在慢走丝时用粗电极加工的凸尖则较大。在加工实践中，常采用以下方法进行处理：

①在确定切割路线时，应尽量安排其交接处位于轮廓的拐角（或其他轮廓线交点位置），并避免在平面中间或圆滑过渡轮廓（如相切位置）上设置交接点。这样，即使加工后出现凸尖，也便于采用多次切割工艺或其他一些加工方法进行去除。

②因内表面工件在拐角处产生凹坑现象不十分明显，故一般无须另做处理。而对于无拐角轮廓（如全部轮廓线均相切或整圆孔）工件，当凹坑严重时会造成报废损失。其处理方法除采用多次切割工艺外，对于切割变形可控制到很小的内表面无拐角工件（如椭圆孔凹模），还可采取预留凸尖的方法，将圆滑表面上可能产生的凹坑转嫁到预留的凸尖上。

预留凸尖的位置安排在不重要表面或曲率半径较大的表面上，以便后期用其他方法予以去除，也可采用多次修整式切割法去除。

（4）完工件损伤的预防

完工件是指切割完毕后得到的内表面零件和外表面零件。加工过程稍有疏忽或不慎，都可能在加工轮廓的交接处造成损伤，甚至使工件报废。

对于割缝较宽而不太厚的工件，在轮廓切割完毕后，工件（如凸模）或废芯（针对凹模件）会自行掉落，由于工件或废芯上各处的重力不均匀，因此一般很难保证垂直下落，如在该瞬间发生歪斜，就会使交接处因意外电蚀而损伤。其常用的预防方法如下：

①在轮廓切割快要结束的适当位置，及时在坯件下放入一备用的等高辅助工作台托住工

件或废芯,待线电极返回工艺孔或停机后再取出。

②避免在最后一段轮廓加工结束后就立即切断高频电源(可在加工结束的程序段末尾增加一个停机码),待工件或废芯取出后再返回工艺孔,也能保证工件不受损伤。

第四节　数控电火花线切割机床程序编制

数控线切割编程分为手工编程和在机编程。格式有 3B、4B、5B、ISO 和 EIA 等,使用最多的是 3B 格式,目前也有许多系统直接采用 ISO 代码格式。

一、手动编程

(一)3B 格式程序

(1)3B 程序编程规则

3B 代码编程是数控电火花线切割机床用的最常见的程序格式,每一行的格式为:

B JX　B JY　B J　G Zn

格式中各代码的含义:

①B 为分隔符,表示一条程序段的开始,并将 X、Y 等坐标计数长度分隔开,相当于表格中的制表线。

②JX、JY 分别为 X、Y 轴方向上的坐标计数。

③J 为主计数轴的计数长度。它等于加工线段在主计数轴上的投影长度。

④G 为主计数轴的设定,有 GX、CY 两种设定。GX 表示 X 轴为主要计数轴,GY 表示 Y 轴为主要计数轴。

⑤Zn 为加工指令,用于决定控制台是按直线还是按圆弧进行插补加工,并含有加工方向等信息。有 L1、L2、L3、L4、SR1、SR2、SR3、SR4、NR1、NR2、NR3、NR4 共 12 种指令。

(2)编程坐标系的建立

尽管对 3B 格式程序来说,程序中的数据与坐标原点所处的位置无关,但其总的坐标轴方向应该是确定不变的;否则,将无法放置到机床上。而且,建立一个原点固定的编程坐标系,对编程计算是非常方便的。通常这个坐标系原点应定在图纸尺寸标注的相对基准点上。坐标轴的方向应根据安装到机床上的预定方向来决定。

(3)基本坐标计数的确定

对于直线段,应先将坐标原点假想地移到该线段的起点上,求得线段终点在该假想坐标系中的坐标值(X,Y)。

①直线。

直线指经假想平移后,与坐标轴重合的直线段,即图形中与原始 X、Y 坐标轴方向平行的直线段。无论该线平行于哪根轴,都按 JX=JY=0 来设定。

②斜线。

斜线指图形中与 X、Y 坐标轴方向夹角都不为零的直线段。此时,计数长度等于该线在对应坐标轴上的投影长度。

③圆弧段。

先将坐标原点假想地移到该圆弧的圆心上,计数长度由起点坐标决定。若圆弧起点与终点在该坐标系中的坐标分别为$(X1,Y1)$和$(X2,Y2)$,则 $JX=|X1|,JY=|Y1|$

(4)主计数轴与主计数长度 J 的确定

①直线段。

先假设将坐标系原点移到该线段的起点上,再看线段终点所处的位置。如图 6-14(a)所示,以 45°的线分界,在阴影区内时,主计数轴为 GX;在非阴影区内时,主计数轴为 GY。亦即在假想坐标系里终点坐标 X 和 Y 的绝对值中哪个大,则哪个轴即为主计数轴。(当终点刚好在 45°线上时,从理论上讲,应该是在插补运算加工过程中最后一步走的是哪个轴,就取哪个轴作主计数轴。因此,1、3 象限取 GY,2、4 象限取 GX。

主计数长度即为主计数轴的计数长度,如图 6-15(a)所示。

a.直线。主计数长度即为该线长度。

b.斜线。当 JX>JY 时,记为 GX,J=JX;当 JY>JX 时,记为 GY,J=JY。

②圆弧。

同样将坐标原点假想地移到该圆弧的圆心上,看圆弧终点所处的位置。按图 6-14(b)所示以 45°线分界,在阴影区内时,主计数轴为 GX;在非阴影区内时,主计数轴为 GY。主计数长度计算方法如图 6-15(b)所示。

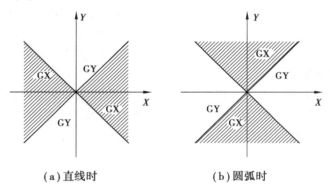

（a）直线时　　　　　　　　（b）圆弧时

图 6-14　主计数轴的确定

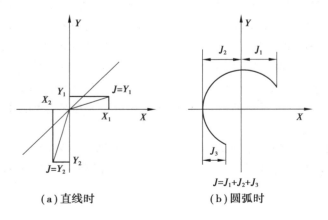

（a）直线时　　　　　　　　（b）圆弧时

图 6-15　计数长度的确定

（5）加工指令

同样，直线时，将坐标原点移到线段起点上；圆弧时，将坐标原点移到圆心上。加工指令的确定方法如图 6-16 所示。

①直线和斜线段加工指令。

根据直线终点所处的象限有 L1、L2、L3、L4 四种指令。

②圆弧段加工指令。

根据从起点到终点的圆弧加工走向有顺圆和逆圆之分。

a.顺圆。根据圆弧起点所处的象限有 SR1、SR2、SR3、SR4 四种指令。

b.逆圆。根据圆弧起点所处的象限有 NR1、NR2、NR3、NR4 四种指令。

编程时，应将工件加工图形分解成各圆弧与各直线段，然后逐段编写程序。由于大多数机床通常都只具有直线和圆弧插补运算的功能，因此对于非圆曲线段，应采用数学的方法，将非圆曲线用一段一段的直线或小段圆弧去逼近。

程序书写格式如下：

对于直线，其格式通常是：B B B J G Zn。

对于斜线与圆弧，其格式通常是：B JX B JY B J G Zn。

但对于斜线段，若 JX、JY 具有公约数，则允许把它们同时缩小相同的量级，只要保持其比值不变即可。

此外，还应注意的是：实际编程时，通常不按零件轮廓线编程，而应按加工切割时电极丝中心所走的轨迹进行编程，即还应该考虑电极丝的半径和工件间的放电间隙。但对有间隙补偿功能的线切割机床，可直接按工件图形编程，其间隙补偿量可在加工时置入。

（二）ISO 格式程序编制

线切割加工所采用的国际通用 ISO 格式程序和数控铣床基本相同，且较之更为简单。由于线切割加工时没有旋转主轴，因此没有 Z 轴移动指令，也没有主轴旋转的 S 指令及 M03、M04、M05 等工艺指令，也可分成主程序和子程序来编写。

二、在线编程

Towedm 线切割编程系统，是一个中文交互图形线切割自动编程软件，用户利用键盘、鼠标等输入设备，按照屏幕菜单的显示及提示，只需将加工零件图形画在屏幕上，系统便可立即生成所需数控程序。本自动编程软件具有丰富的菜单意义，兼有屏幕绘图和编程功能。它可绘出由曲线、圆弧、齿轮、非圆曲线（抛物线、椭圆、渐开线、阿基米德螺旋线、摆线）组成的任意复杂图形。任一图形均可窗口建块，局部或全部放大、缩小、增删、旋转、对称、平移、拷贝、打印输出，对屏幕上绘制的任意图形，系统软件快速对其编程，并可进行旋转、阵列、对称等加工处理，同时显示加工路线，进行动态仿真，数控程序还可以直接传送到线切割控制单板机。

（一）菜单命令简介

进入系统后，如图 6-16 所示，屏幕分 4 个窗口区间，即图形显示区、可变菜单区、固定菜单区和会话区。移动箭头键或鼠标，在所需的菜单位置上按【Enter】键（或鼠标左键），则选择了某一菜单操作。

（1）主菜单

①数控程序——进入数控程序菜单，进行数控程序处理。

②数据接口——根据会话区提示,选择:

DXF 文件并入:将 AutoCAD 的 DXF 格式图形文件并入当前正在编辑的线切割图形文件。支持点、线、多线段、圆、圆弧、椭圆的转换,支持 AutoCAD 的 R12 及 R2000 版本。

DXF 文件输出:将当前正在编辑的线切割图形文件输出为 AutoCAD 的 DXF 格式图形文件,数据点也被保存。

3B 并入:将已有的 3B 文件当成图形文件并入。

YH 并入:并入 YH2.0 格式的图形文件。

③高级曲线——进入高级曲线菜单。

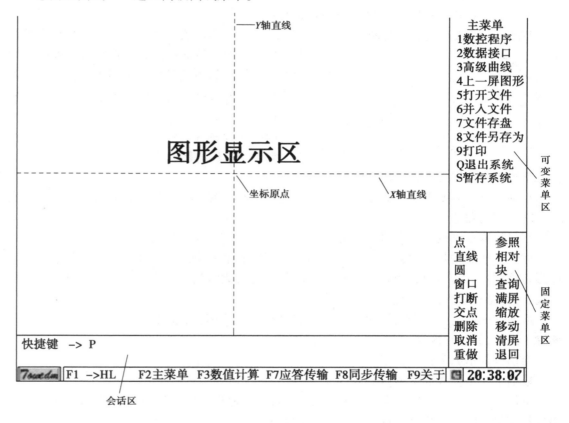

图 6-16　菜单界面

④上一屏图形——恢复上一屏图形。当图形被放大或缩小之后,用此菜单恢复上一图形状态。

⑤打开文件——进入文件管理器,读取磁盘内的图形数据文件(DAT 文件)进行再编辑。可以通过打开一个不存在的图形文件来新建文件。

⑥并入文件——进入文件管理器,并入一个图形数据文件,相当于旧 Autop 的"调磁盘文件"。

⑦文件存盘——将当前正在编辑的图形文件存盘。存盘后的图形数据文件名为当前文件名,以 DAT 为后缀。如未有文件名,进入文件管理器,可直接键入文件名。

⑧文件另存为——进入文件管理器,将当前正在编辑的线切割图形文件换一个文件名存

盘。存盘后当前文件名即为新的文件名。相当于 Autop 的"文件改名"。

⑨打印——打印功能是将当前屏显输出到位图文件"SS$.BMP"。

⑩Q 退出系统——退出图形状态。

⑪S 暂存系统——在 WIN98 下运行时,用于切换操作程序。

(2)固定菜单

点——进入点菜单。

直线——进入直线菜单。

圆——进入圆菜单。

窗口——将选定矩形(窗口)内的图形放大显示。

打断——先要确定在要打断的直线、圆或圆上有两个点存在。执行打断后光标所在的两

点间的图元部分被剪掉。如果在执行打断操作前预先按下【Ctrl】键,将执行反向打断。此时光标两点间的图元被保留,其余的部分被剪掉。辅助线不能被打断。

如图 6-17 所示,用光标打断圆(直线、圆弧),操作完毕,按【Esc】键终止。

图 6-17　打断

交点——捕捉交点,要求交点在两相交图元内。

移动光标至需要求交点附近,按【Enter】键或鼠标左键,自动求出准确的交点。操作完毕,按【Esc】键终止。

当只拾取点时也可以不预先使用此操作,而直接选图元交接处为点。

删除——删除几何元素,对点、直线、圆、圆弧进行删除,键入 ALL 后按【Enter】键,则全部图形将被删除,如删除某一元素,只要将光标移动到被删除的元素上,再按【Enter】键或鼠标左键。操作完毕,按【Esc】键终止。

取消——取消上一步操作,如果上一次操作中绘制了图元,就将它删除,如果上一次操作删除了图元,就将它恢复。

会话区提示如下:

取消上一步输入的图形;<Y/N>: Y

重做——将上一次取消操作中删除的图元或其他操作中删除的图元恢复,或将上一次取消操作恢复的图元再删除。只支持一步重做操作。

参照——建立用户参照坐标系。

相对——进入相对菜单。

块——进入块菜单。

查询——查询点、直线、圆、圆弧几何信息。会话区提示如下:

会话区提示如下:

查询(点、线、圆、弧)=

用光标选取要查询几何元素,信息格式如下:

①点　　　X0=横坐标;Y0=纵坐标

②辅助线　X0=参考点横坐标;Y0=参考点纵坐标;A=角度

③直线　　X1=第一点横坐标;Y1=第一点纵坐标

　　　　　　X2＝第二点横坐标；Y2＝第二点纵坐标

　　　　　　A＝角度；L＝长度

④圆　　　　X0＝圆心横坐标；Y0＝圆心纵坐标；R＝半径

⑤圆弧　　　X0＝圆心横坐标；Y0＝圆心纵坐标；R＝半径

　　　　　　A1＝起始点角度；A2＝终止点角度

满屏——满屏幕显示整个图形。

缩放——将图形按输入的缩小（放大）倍数缩小（放大）显示。除了按以上方式缩小（放大）图形外，也可以在作图的任一时刻，按下【PageDown】键执行缩小、【PageUp】键执行放大功能。

移动——拖动显示图形。

操作方法：执行移动功能，当光标为十字线时按下鼠标确定键或敲【Enter】键，使光标变为四向箭头，再移动光标就可以拖动图形了。

要结束拖动状态只要再次按下鼠标确定键或再次敲击【Enter】键就可以了，光标将同时变回原十字线图形。也可以在作图的任一时刻，按下【Ctrl】+箭头键来执行移动操作。

清屏——隐藏所有图形。

退回——退回主菜单，并在会话区显示当前文件名。

（3）文件管理器

文件管理器除可用于文件的读取和存盘，还可进行图形预览、文件排序等，如图6-18所示。操作如下：

↑↓←→：箭头键用于选择已有的文件，也可用鼠标单击选择。"预览区"可即时预览选中的文件。

Delete：删除所选择的文件。

F6：按文件名排序。

F7：按时间排序。

Tab：切换要修改的区域。每按一下【Tab】键，修改的区域在文件夹、文件名和电话之间切换，切换到的区域以绿色显示，也可用鼠标单击要修改的区域。用户此时可用键盘输入，修改绿色区域中的内容。

F4：转换文件夹。每按一下【F4】键，当前文件夹在 D:\WSNCP（硬盘）与在程序进入时的文件夹（虚拟盘）之间转换。如系统无配置硬盘，D:\WSNCP 也是虚拟盘。

Esc/F3：退出文件管理器。

具体操作例子：

①打开、并入一个已有文件：用鼠标或↑↓←→箭头键选择【文件列表区】中的一个文件名，单击【打开】或按【Enter】键，也可用鼠标双击【文件列表区】中的某个文件名。

②打开一个不存在的文件：用鼠标单击或【Tab】键切换令【文件名区】变绿色，键入文件名，单击【打开】或【载入】，或按【Enter】键。

③文件存盘、文件另存：用鼠标单击或【Tab】键切换令【文件名区】变绿色键入文件名，单击【保存】按钮或按【Enter】键。也可选择【文件列表区】中的一个已有文件名，然后单击【保存】按钮，这时，会提示"覆盖旧文件 Y/N?"，请按需要回答是（Y）或不是（N）。

④更改文件夹：用鼠标单击或【Tab】键切换令【文件夹区】变绿色，键入已知的文件夹（如

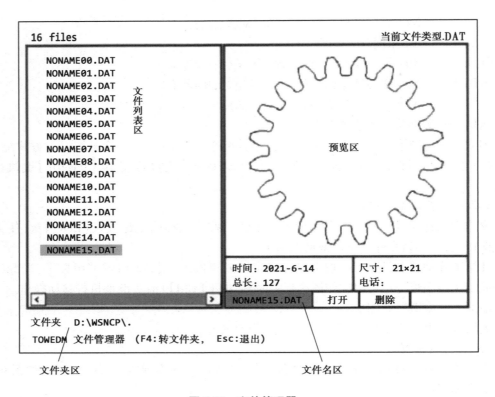

图 6-18　文件管理器

E：，F：\FILE 等）。也可简单地按【F4】键，在两个固定的文件夹之间切换。

　　［注］：如无更改文件夹，所有文件只是储存在虚拟盘，停电后将无法保存。用户须自行在HL 系统内，将文件从虚拟盘存入图库。

　　（4）快捷键、鼠标键定义

　　Towedm 还可使用快捷键的方式，直接按会话区中"快捷键→"所提示的字母或数字，快速选择相应的菜单操作。

　　为方便操作，Towedm 还提供了以下快捷键：

【Home】：加快光标移动速度

【End 】：减慢光标移动速度。

【PageUp】：放大图形。

【PageDown】：缩小图形。

【↑】：向上移动光标。

【↓】：向下移动光标。

【←】：向左移动光标。

【→】：向右移动光标。

【Ctrl】+【↑】：向上移动图形。

【Ctrl】+【↓】：向下移动图形。

【Ctrl】+【←】：向左移动图形。

【Ctrl】+【→】：向右移动图形。

选定原点的快捷键是【O】。

选定坐标轴 X 的快捷键是【X】。

选定坐标轴 Y 的快捷键是【Y】。

【F2】:回主菜单,同时在会话区显示当前文件名。

【F3】:调用计算器。

【F4】:刷新图形不画点。

【F5】:刷新图形(画点、画辅助线)。

【F6】:刷新图形不画辅助线。

【F10】:重画加工路线。

鼠标键定义:Towedm 默认将鼠标左键定义【确认键】,右键定义为【取消键】在回答"Y/N?"时,按下【确认键】表示"Y",按下【取消键】表示"N",按下中键表示"Esc"取消。

(5)计算器——按下【F3】键使用计算器功能

Towedm 的计算器,可以计算加(+)、减(−)、乘(*)、除(/)、乘方(^)和三角函数正弦(Sin)、余弦(Cos)、正切(Tan)、余切(Cta)、反正弦(Asin)、反余弦(Acos)、反正切(Atan)。要调用上一次计算器的计算结果,可以在数据状态按下键【?】

另外,也可在数据录入的任一时刻混合使用计算器功能,即在输入数据时使用以上运算符。

(二)图形输入操作

Towedm 的图形菜单有点、直线、圆以及高级曲线所包括的各种非圆曲线。

(1)点菜单

点菜单功能见表 6-4。

表 6-4　点菜单功能

菜单	屏幕显示	解释
极/坐标点	点<X,Y>= (若要选取原点,可在屏幕上选取坐标原点或直接打入字母 O)	1.普通输入格式:x,y。 2.相对坐标输入格式:@ x,y("@"为相对坐标标志,"x"是相对的 x 轴坐标,"y"是相对的 y 轴坐标)。以前一个点为相对参考点,可用光标先选一参考点。 3.相对极坐标输入格式:<a,l("<"为相对极坐标标志,"a"指角度,"l"是长度)。以前一个点为相对参考点。如先用光标选一参考点,会提示输入极径和角度
光标任意点	用光标指任意点	用光标在屏幕上任意定一个点
圆心点	圆,圆弧 =	求圆或圆弧的圆心点
圆上点	圆,圆弧 = 角度 =	求在圆上某一角度的点
等分点	选定线,圆,弧 = 等分数<N>= 起始角度<A>=	直线、圆或圆弧的等分点

续表

菜单	屏幕显示	解释
点阵	点阵基点<X,Y>= 点阵距离<Dx,Dy>= X 轴数<Nx>= Y 轴数<Ny>=	从已知点阵端点开始,以(D_x,D_y)为步距,X轴数为X轴上点的数目,Y轴数为Y轴上点的数目作一个点阵列。改变步距D_x、D_y的符号就可以改变点阵端点为左上角、左下角、右上角和右下角。可使用此功能配合辅助作图,能加快作图速度。数控程序的阵列加工也需要此功能配合
中点	选定直线,圆弧 =	直线或圆弧的中点
两点中点	选定点一<X,Y>= 选定点二<X,Y>=	两点间的中点
CL 交点	选定线圆弧一 = 选定线圆弧二 =	直线、圆或圆弧的交点,同"交点"功能有所不同,"CL 交点"不要求线圆间有可视的交点,执行此操作时,系统会自动将线圆延长,然后计算它们的交点
点旋转	选定点<X,Y>= 中心点<X,Y>= 旋转角度<A>= 旋转次数<N>=	旋转复制点
点对称	选定点<X,Y>= 对称于点,直线 =	求点的对称点
删除孤立点	删除孤立点	删除孤立的点
查两点距离	点一<X,Y>= 点二<X,Y>= 两点距离<L>=???	计算两点间的距离,当在光标捕捉范围内能捕捉一个点时,取该点为其中一个点,否则,取鼠标确认键按下时光标所在位置的坐标值

（2）直线菜单

直线菜单功能见表 6-5。

表 6-5　直线菜单功能

菜单	屏幕显示	解释
二点直线	二点直线 直线端点<X,Y>=直线 端点<X,Y>=直线端点 <X,Y>=	过一点作直线 起点 到一点 到一点
角平分线	选定直线一 = 选定直线二 = 直线<Y/N？>	求两直线的角平分线。 选择两直线之一

续表

菜单	屏幕显示	解释
点+角度	选定点<X,Y>= 角度<A=90>=	求过某点并与 X 轴正方向成角度 A 的辅助线。 直接按【Enter】键为 90°
切+角度	切于圆,圆弧 角度<A>= 直线<Y/N？>	切于圆或圆弧并与 X 轴正方向成角度 A 的辅助线
点线夹角	选定点<X,Y>= 选定直线= 角度<A=90>= 直线<Y/N？>	求过一已知点并与某条直线成角度 A 的直线
点切于圆	选定点<X,Y>= 切于圆,圆弧 直线<Y/N？>	已知直线上一点,并且该直线切于已知圆
二圆公切线	切于圆,圆弧一= 切于圆,圆弧二= 直线<Y/N？>	作两圆或圆弧的公切线。如果两圆相交,可选直线为两圆的两条外公切线。如果两圆不相交,可选直线为两圆的两条外公切线加两条内公切线
直线延长	选定直线= 交于线,圆,弧	延长直线直至与另一选定直线、圆或圆弧相交。 有两个交点时,选靠近光标的交点
直线平移	选定直线= 平移距离<D>= 直线<Y/N？>	平移复制直线。如选定直线为实直线,复制后也为实直线。如选定直线为辅助线,结果也为辅助线
直线对称	选定直线= 对称于直线=	对称复制直线。 已知某一直线,对称于某一直线
点射线	选定点<X,Y>= 角度<A>= 交于线,圆,弧	过某点与 X 轴正方向成角度 A 并且相交于另一已知直线或圆或圆弧的直线。 有两个交点时,选靠近光标的交点
清除辅助线		删除所有辅助线
查两线夹角	选定直线一= 选定直线二= 两线夹角=???	计算两已知直线的夹角

（3）圆菜单

圆菜单功能见表 6-6。

表 6-6　圆菜单功能

菜单	屏幕显示	解释
圆心+半径	圆心<X,Y>= 半径<R>=	半径<R>=
圆心+切	圆心<X,Y>= 切于点,线,圆= 圆<Y/N?>	已知圆心,已知圆相切于另一已知点、直线、圆或圆弧作圆。 出现多个圆时,选择所要的圆
点切+半径	圆上点<X,Y>= 切于点,线,圆 半径<R>= 圆<Y/N?>	已知圆上一点,已知圆与另一点、直线、圆或圆弧相切,并已知半径作圆
两点+半径	点一<X,Y>= 点二<X,Y>= 半径<R>=	已知圆上两点,已知圆半径作圆
心线+切	心线= 切于点,线,圆 圆<Y/N?>	给定圆心所在直线,并已知圆相切于一已知点、直线、圆或圆弧作圆
双切+半径 (过渡圆弧)	切于点,线,圆 切于点,线,圆 半径<R>= 圆<Y/N?>	已知圆与两已知点、直线、圆或圆弧相切,并已知半径作圆于 Autop 的过渡圆弧
三切圆	点,线,圆,弧一= 点,线,圆,弧二= 点,线,圆,弧三= 圆<Y/N?>	求任意 3 个元素的公切圆
圆弧延长	圆弧 交于线,圆,弧	延长圆弧与另一直线、圆或圆弧相交
同心圆	圆,圆弧 偏移值<D>=	作圆或圆弧按给定数值偏移后的圆或圆弧
圆对称	圆,圆弧 对称于直线=	作圆或圆弧的对称圆、圆弧
圆变圆弧	圆= 圆弧起点<x,Y>= 圆弧终点<X,Y>=	将选定圆按给定起始点和终止点编辑变成圆弧
尖点变圆弧	半径<R>= 用光标指尖点	变尖点为圆弧。必须保证尖点只有两个有效图元(此处只能是直线或圆弧)且端点重合,否则此操作不能成功
圆弧变圆	圆弧= 圆弧= 按 Esc 退出	变圆弧为圆

（4）高级曲线菜单

高级曲线菜单功能见表6-7。

表6-7 高级曲线菜单功能

菜单	屏幕显示	解释
椭圆	长半轴\<Ra\>= 短半轴\<Rb\>= 起始角度\<A1\>= 终止角度\<A2\>=	参数方程： $x = a\cos t$ $y = b\sin t$
螺线	起始角度\<A1\>= 起始半径\<R1\>= 终止角度\<A2\>= 终止半径\<R2\>=	阿基米德螺线
抛物线	系数\<K2\>= 起始参数\<X1\>= 终止参数\<X2\>=	使用抛物线方程 $Y = K * X * X$
渐开线	基圆半径\<R\>= 起始角度\<A1\>= 终止角度\<A2\>=	参数方程： $x = R(\cos t + \sin t)$ $y = R(\sin t - \cos t)$
标准齿轮	齿轮模数\<M\>= 齿轮齿数\<Z\>= 有效齿数\<N\>=	相当于自由齿轮中，各参数设定为：压力角\<A\>=20°，变位系数\<O\>=0，齿高系数\<T\>=1，齿顶隙系数\<B\>=0.25，过渡圆弧系数=0.38
自由齿轮	齿轮模数\<M\>= 齿轮齿数\<Z\>= 压力角\<A\>= 变位系数\<O\>= 齿高系数\<T\>= 齿顶隙系数\<B\>= 过渡圆弧系数= 有效齿数\<N\>= 起始角度\<A\>=	渐开线齿轮： 基圆半径：$R_b = MZ/2 \times \cos A$ 齿顶圆半径：$R_t = MZ/2 + M \times (T + O)$ 齿根圆半径：$R_f = MZ/2 - M \times (T + B - O)$

（三）图形编辑操作

（1）块菜单

Towedm 块菜单可以对图形的某一部分或全部进行删除、缩放、旋转、复制和对称处理，对被处理的部分，首先必须用窗口建块或用增加元素方法建块，块元素以洋红色表示。

①窗口选定，如图6-19所示。

第一角点——指定窗口的一个角，按【Esc】键或鼠标右键中止。

第二角点——指定窗口的另一个角，按【Esc】键或鼠标右键中止。

建块后，矩形窗口内的元素显示为洋红色。辅助线和点由于不是有效图元不能被选定为块。

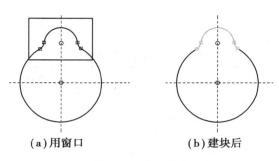

(a)用窗口   (b)建块后

图6-19 窗口选定

②增加/减少元素。

如需增加/减少某一元素,移动鼠标选取,被选取/减少的块元素显示为洋红色/正常颜色。

③取消/删除块。

取消/删除块<Y/N? >

按【确认】键后,将所有块元素恢复为非块/删除所有洋红色显示的元素,全部洋红色元素恢复为正常颜色。

④块平移(块拷贝)——平移复制所有块的元素。

平移距离<DX,DY>=

平移次数<N>=

如图6-20所示,平移距离<DX,DY>=30,0,平移次数<N>=2的结果。

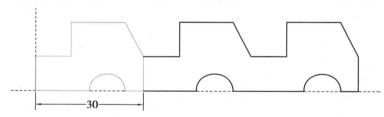

图6-20 平移距离

⑤块旋转——旋转复制所有块的元素。

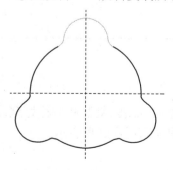

图6-21 绕坐标原点
旋转120°两次的结果

旋转中心<X,Y>=

绕旋角度<A>=

旋转次数<N>=旋转次数(不包括本身)

如图6-21所示,绕坐标原点旋转120°两次的结果。

⑥块对称——对称复制所有块的元素。

对称于点、直线=对称于某一点或直线。

如图6-22所示,将块元素作X轴对称。

⑦块缩放——按输入的比例在尺寸上缩放所有块的元素。

⑧清除重合线——清除重合的线、圆弧。如果错误地多次并入了同一个文件可以使用此功能清除重复的线、圆弧。

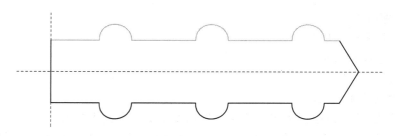

图 6-22　将块元素作 X 轴对称

⑨反向选择——将所有块元素设为非块,所有非块元素设为块。

⑩全部选定——将所有直线、圆、圆弧全部设为块元素。

（2）相对

Towedm 提供相对坐标系,以方便一些有相对坐标系要求的图形处理。

①相对平移。

平移距离<Dx,Dy>=相对平移距离。

将当前整个图形往 X 轴方向平移 Dx,Y 轴方向平移 Dy,如图 6-23 所示。

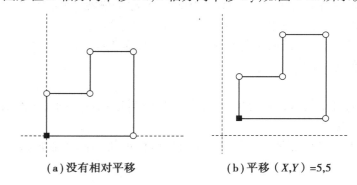

（a）没有相对平移　　　　　　　（b）平移（X,Y）=5,5

图 6-23　相对平移

②相对旋转。

旋转角度<A>=绕原点旋转 A 角。将当前整个图形绕原点旋转 A 角度。

③取消相对。

取消已作的相对操作,恢复相对操作前的图形状态。

④对称处理。

对称于坐标轴<X/Y？>

将当前整个图形对称于 X 或 Y 轴。

⑤原点重定。

新原点<X,Y>=

以一个点作为新的坐标原点。

（四）自动编程操作

Towedm 可对封闭或不封闭图形生成加工路线,并可进行旋转和阵列加工,可对数控程序进行查看、存盘,可直接传送至线切割机床单板机。

（1）加工路线

开始加工代码的生成过程：

①选择加工起始点和切入点。

②回答加工方向。（Yes/No）

③给出尖点圆弧半径。

④给出补偿间隙，请根据图形上箭头所提示的正负号来给出数值。

⑤操作完成后如果无差错即会给出生成后的代码信息，有错误则给出错误提示。

提示信息格式如下：

R＝尖点圆弧，F＝间隙补偿，NC＝代码段数，L＝路线总长，X＝X 轴校零，Y＝Y 轴校零

（2）上一步代码

即旧 Autop 的"取消旧路线"（取消已生成的加工路线），不同的是，在有多个跳步存在的情况下，一次只取消一步。

（3）代码存盘

将已生成的加工代码保存到磁盘。存盘后扩展名为".3B"。

如果当前文件文件名为空，则以 NONAMEO0.3B 存到磁盘，有可能覆盖已有的 3B 文件，因此必须先将图形文件存盘（用"主菜单"中的"文件另存为"）。

［注］如无指定文件夹，所有文件只是储存在虚拟盘，停电后将无法保存。用户须自行在 HL 系统内，将文件存入图库。

（4）轨迹仿真

用于以图形的直观的方式查看加工顺序。按【F10】键也可重画加工路线。

（5）起始对刀点

当生成的加工代码的起割点不是要求的起点时，可使用此功能将其引导到要求的起点上去。

（6）终止对刀点

当生成的加工代码终止点不是要求的终止点时，可以用此功能将它引导到要求的终止点上去。

（7）旋转加工

旋转中心<X,Y>＝

旋转角度<A>＝

旋转次数<N>＝

旋转次数（不包括本身）

（8）阵列加工

阵列点<X,Y>＝

输入 X、Y 数值或用鼠标单击屏幕上已有的点，即将已有的加工路线，以该点为起始点，再产生一次。

与旧 Autop 不同，Towedm 需要先用【点菜单】中的【点阵】生成需要的点阵，再单击各个跳步程序的起始点来生成阵列。这样做的好处是，用户可以更好地安排跳步程序的路线，以节省空走的路程。如图 6-24 所示，旧 Autop 只能产生右图的跳步阵列，可见路程的不合理。

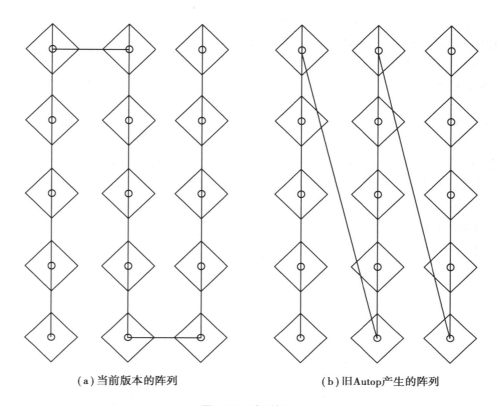

（a）当前版本的阵列　　　　　　　　（b）旧Autop产生的阵列

图 6-24　阵列加工

按【Esc】键退出后,再选【阵列加工】,则可成倍增加跳步程序。

（9）查看代码

使用【查看代码】功能可以检阅当前已生成的加工代码。

（10）载入代码

取消当前代码<Y/N？>

按【确认】键后,调用文件管理器,调入已有的 3B 文件。

加工起始点<X,Y>=

选择一个点,作加工路线起点。

按【F10】键可在屏幕上重画加工路线。

（11）代码传送

"应答传输"即"送数控程序",将加工代码以"应答传输"的方式送到机床单板机。

"同步传输"即"穿数控纸带",将加工代码以"同步传输"的方式送到机床单板机。

［注］:3B 发送的方式通过在 H 主画面的【Var.系统参数】菜单中【Autop.cfg 设置】来设定。机床单板机所要求使用的接收方式必须同程序发送的方式对应,否则传送不能成功。

【Autop.cfg 设置】共四位数字。

第一位数字确定传送输出电平和应答握手电平。

0:传送输出电平 5 V 有效,应答握手电平 5 V 有效;

1:传送输出电平 0 V 有效,应答握手电平 5 V 有效;

2:传送输出电平 5 V 有效,应答握手电平 0 V 有效;

3：传送输出电平 0 V 有效，应答握手电平 0 V 有效；

如用【同步传输】方式，不需理会应答握手电平。

第二位数字确定 3B 暂停码。

0：无暂停码

1：D

2：BO BO BO FF

3：BO BO BO GX L1

第三位数字确定"同步传输"信号保持时间，数字越大，时间越长。

第四位数字确定中或英文帮助说明（适用于中英文版本的 HL 卡，可同时转换使用英文版的 Towedm）。

（五）绘图实例

（1）绘图实例一

绘图实例一如图 6-25 所示。

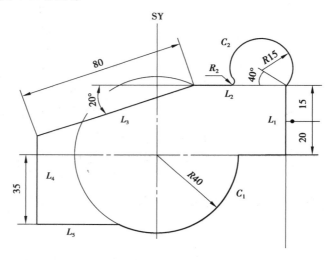

图 6-25　绘图实例一

①将 X 轴向上向下各平移 35，Y 轴向右平移 60。

②取其交点为当前点作相对极坐标点（<140，15），以该极坐标点为圆心，15 为半径作一小圆。

③以原点为圆心，40 为半径作一大圆。

④连接大圆与高度 35 的水平辅助线在 Y 轴右边的交点及极坐标点（<200，80）为一条直线。

⑤过直线左端点作直线（点+角度，角度 90）交于高度−35 的水平辅助线。

⑥连接直线下端点与高度为−35 的辅助线同大圆的左交点为实直线。

⑦作小圆与高度 35 辅助线交点，打断小圆，连接其他需要连接的直线。

⑧在交点处执行尖点变圆弧，圆弧半径 2。

（2）绘图实例二

绘图实例二如图 6-26 所示。

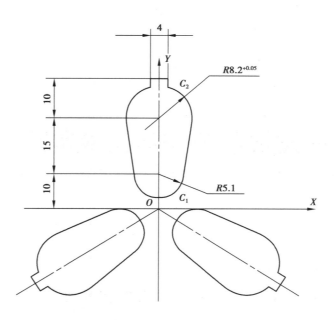

图 6-26　绘图实例二

①将 X 轴向上平移 10,取其与 Y 轴交点为圆心,5.1 为半径作一圆。

②将 X 轴向上平移 25,取其与 Y 轴交点为圆心,8.2 为半径作另一圆。

③作两圆的两条外公切线。

④将 X 轴向上平移 35、将过原点的参照线 Y 轴向左向右各平移 2。连接交点成实直线。

⑤打断两圆多余的部分。

⑥将图形全部选定为块,然后执行块旋转 120°,旋转 2 次。

第七章
数控加工的发展趋势与新技术实践

第一节　数控加工的发展趋势

一、基于 STEP-NC 的数控系统

数控系统根据数控加工程序完成零件的加工,数控加工程序需遵循固定的格式规范完成其编写。现阶段的数控加工程序一般采用 ISO 6983,也就是所谓的 G/M 代码作为编制规范。采用 G/M 代码编写数控加工程序时简单易懂,但在当今智能化的时代背景下却逐渐显示出其短板。

①G/M 代码具体指明了机床的切削加工运动和开关量动作,但没有涉及待加工零件的任何信息,构成了 CAD/CAPP/CAM/CNC 集成的瓶颈,导致数控系统实施规划加工工艺和对加工时突发问题的处理等存在困难,降低了其智能性。

②利用 CAM 软件编写 G/M 代码是一种较为普遍的方式,但编制后的代码需要经过后处理才能用于机床加工,并且此过程是单向传输的,无法根据加工的情况直接反馈修改,造成了数控加工程序更新修改困难。

③G/M 代码对复杂曲线、曲面加工的相关数据结构定义不足,为此各个数控系统开发商均扩展了各自的专有指令,显然,这势必会造成不同厂商间数控加工指令的不兼容。

显然,当前应用 G/M 代码存在的问题限制了数控系统向智能化方向的发展。为了解决此问题,有必要制定一套新的标准,在取代 G/M 代码的同时解决其现存的问题。对此,工业化国家提出了 STEP-NC(即 ISO 14649)的概念,将 STEP(一套用于描述产品信息建模的技术标准)数据模型扩展至数控加工领域:在对产品几何信息描述的同时,添加了与数控加工直接相关的工艺信息,并利用制造特征融合几何与工艺信息,建立起面向数控加工任务的信息模型,从而使数控加工程序携带更多的数据信息,完成 CAX 与 CNC 之间的无缝连接,搭建一条贯穿产品设计与制造过程的信息高速公路,为数控加工过程的智能决策提供数据和信息支撑。

STEP-NC 本质上是一套数控加工代码,但由于其涵盖了加工过程中的顶层信息,从而令其表现出更为重要的意义。

①为数控系统的智能决策提供支持。从另一个角度出发,STEP-NC 可以看作一个丰富的数据源,产品的几何与设计信息均可包含其中,如此一来,数控系统可根据 STEP-NC 中的内容完成零件的工艺规划与决策。进一步地,数控系统还可以采集数控加工过程中的相关信息,并对零件的加工方案进行实时评估与优化,促使零件加工质量实现最优。

②数控加工程序独立于数控系统。利用 STEP-NC 可以降低数控加工程序对数控系统的依赖性,有效解决数控系统间的兼容性问题,防止出现开发商一家独大的情况。这主要是因为 STEP-NC 与 STEP 一样,是一种中性描述文件,不依赖于具体的数控系统。只要该数控系统支持 STEP-NC 数据模型,便可据此完成零件的加工工艺规划,且不需要后置处理,此项工作将由数控系统完成。另外,由于 STEP-NC 与 STEP 兼容,故而可完成对曲线、曲面的描述,从而使系统可实现复杂型面的数控加工。

自 STEP-NC 提出之日起,它便引起了国内外众多学者的注意。现阶段,基于 STEP-NC 的数控系统研究已经取得了非常丰硕的研究成果,并有较多的实验室设计开发了其原型系统,实现了各种类型零件的加工。虽然基于 STEP-NC 的数控系统/数控机床离应用阶段尚有一段距离,但 STEP-NC 势必会凭借其优势成为下一代数控系统的数据输入标准,并且得到广泛应用。

二、开放式数控系统

在数控技术诞生之初,设计开发的数控系统体系结构相对封闭,功能单一固定且无法扩展,但这种封闭的模式已经无法满足当前智能化的生产加工需求,增强数控系统的灵活性、可移植性以及可互操作性是数控系统发展的重要趋势。为此,许多国家对开放式数控系统展开了研究工作。数控系统正经历着从传统封闭式向开放式发展的过程。

开放式数控系统可理解为:数控系统的开发可以在统一的平台上实现,该平台面向机床开发商和用户,支持数控功能的更新维护、添加和裁剪,并支持与其他系统应用的互操作,可简洁方便地将用户的特殊应用、加工工艺和关键技术实施策略等集成到数控系统中。

数控系统的开放性体现在三个方面,即数控系统硬件实施平台的开放性、数控系统软件的开放性和加工数据模型的开放性,如图 7-1 所示。

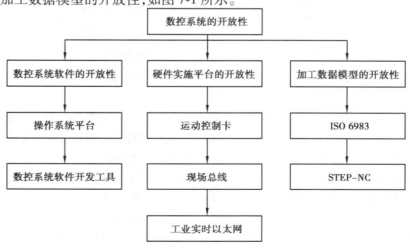

图 7-1 数控系统的开放性

对于硬件实施平台的开放性,在经历了基于运动控制卡的数控系统和基于嵌入式开发平台的数控系统之后,逐渐发展为基于通用PC的数控系统,即纯软件型数控系统。对于此种类型的数控系统,其功能作为软件模块供PC进行调用。另外,随着加工需求的复杂化,数控系统需要控制的伺服电动机数量逐渐增多,I/O数目也同步增加,这种情形的直接结果便是布线增多,降低数控系统硬件的可靠性,且不易于维护。对于此问题,现阶段已经开始采用现场总线的方式予以解决,即数控系统中的硬件设备(伺服驱动和I/O设备)挂接到一根通信总线上,并基于此种框架实现各个挂接设备的控制。这种方式具有连线少、可靠性高、扩展方便、易维护和易于重新配置等优点。工业以太网是现场总线的一种类型,它基于传统以太网通信协议,具有传输速率快和抗干扰能力强等优势,同时,可以通过相关技术改善其实时性以满足数控系统对伺服电动机的控制要求。常见的用于数控系统的工业以太网有 EtherCAT、PowerLink 和 EtherMAC 等。现阶段,通用 PC+工业实时以太网的硬件构成模式是开放式数控硬件实施平台的发展趋势,其构成示意图如图7-2所示。对于数控系统软件的开放性,在硬件实施平台中通用PC上安装操作系统,如 Windows、Linux 等,利用软件工程的相关理论和方法(如组件技术、状态机模型等)完成数控系统的开发。除此之外,现阶段已有专门的数控系统开发软件,比较知名的有 Codesys 、TwinCAT 等。考虑到操作系统可能存在实时性较低的情况,可采用为系统添加实时补丁的方式予以解决,常见的实时补丁包有 RTX、Kithara 等。加工数据模型的开放性问题,可利用 STEP-NC 予以解决,此处不再赘述。

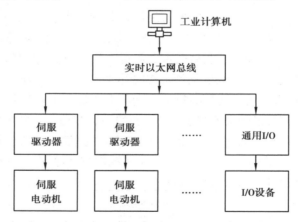

图7-2　PC+工业实时以太网硬件实施平台

开放式数控系统可从以下几方面提高制造系统的智能化水平。

(1)网络化

封闭式数控系统由于无法与其他设备互联互通,或者必须花费高昂的费用购置与之配套的模块或协议,导致车间出现了大量的"信息孤岛",即自身蕴含丰富且有价值的信息资源,但是无法传输至外界供其参考与分析,这构成了企业发展与进步的阻力与障碍。开放式数控系统可有效解决该问题,尤其是对于基于PC+工业实时以太网的数控系统,由于系统基于操作系统搭建,而操作系统或相应的软件开发商均提供丰富的接口模块解决多台计算机设备之间的互联互通与网络化问题。另外,工业实时以太网具有数据传输量大的特点,可以有效、全面采集加工过程中的相关数据。据此,可轻易实现控制网络与数据网络的融合,实现网络化生产信息和管理信息的集成以及加工过程监控、远程制造、系统的远程诊断和升级等智能化功能。进一步地,随着网络通信协议 OPC 和 MTConnect 的提出和发展,数控系统之间、数控系统与其他设备之间的通信逐渐标准化且易用化。

因为通信协议对数控系统监控的实现起到非常重要的作用,此处简要介绍一种新兴的网络通信协议 MTConnect。它是一种开放、免版税的设备互联标准和技术,采用通用互联网协议,利用网络实现数据的传输,进而完成数控系统、车间设备以及应用软件之间的互联互通,在此基础上实现其广泛互联与互操作。

MTConnect 在提出之时规划了三个阶段性目标。

①数控机床互联,此目标为根据 MTConnect 的相关协议标准,完成数控机床的数据监控和采集,也包括数控机床之间的信息共享。现阶段的 MTConnect 处于该阶段。

②实现工件、夹具等信息的监控并支持对机床启停操作的远程控制,MTConnect 的第一阶段侧重于数控机床信息的监测,第二阶段计划实现包括数控机床在内的更广泛的设备互联,并增加远程控制,能够实现非现场的控制功能。

③实现机床等设备的"即插即用"第三阶段实施后,可显著降低设备监控的难度,提高易用性。

图 7-3 所示为 MTConnect 的应用结构。由图可知,MTConnect 由三大部分构成,即 MTConnect 客户端、MTConnect 代理端以及联系二者的网络。

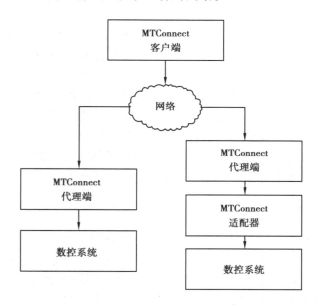

图 7-3　MTConnect 应用结构

在 MTConnect 中,代理起到非常重要的作用,它是连接被监控设备和客户端的重要桥梁。为了保障信息一致性和监控的便利性,代理端和客户端需要采用依从于 MTConnect 的数据模型。一个 MTConnect 代理端模块可以连接一个或多个设备,完成信息的采集。考虑到现阶段数控系统的基本情况,在应用代理端时有如下两种情况。

①内部支持 MTConnect 接口的数控机床对此种类型的数控机床,可直接按照 MTConnect 的协议标准接入监控网络。

②不支持 MTConnect 接口但具有网络接口的数控机床,MTConnect 代理模块无法直接获

得机床数据,因此需要增添一个适配器。该适配器可采用多种实现方式,既可以是硬件设备,也可以是软件应用程序,其目的在于在被监测的数控机床系统允许的前提下,获取必要的数据,并将格式转换为满足 MTConnect 要求的形式,进而完成监控。

为了适用于不同类型设备的描述、监控、管理和互操作,MTConnect 采用可扩展标记语言(XML)对设备基本信息、需监管的数据等内容进行描述。

对于客户端,它是面向用户的一个应用软件,是根据需求方的要求设计的一个监控和分析程序,但它必须包含一个支持 MTConnect 的软件模块,该模块由协议开发商编写并提供,以配合代理的功能,完成数据查询等操作。

对于连接客户端和代理端的网络,它是二者的物理连接,可基于 Ethernet 或 Internet 实现,一般采用超文本传输协议完成信息传输。

对于基于 MTConnect 的监控系统,关键在于实现设备、代理和客户端(应用程序)之间的信息集成,主要是设备与代理之间以及代理与监控端之间的动态数据交互。为了实现这种动态的数据交互,MTConnect 对设备模型和监控内容等均采用统一的模型和描述方法。而且数据的交互是通过请求与应答机制实现的,应用可以动态获取机床等设备的结构信息,并根据机床模型和监控目标确定具体监控内容。这种机制和统一的信息模型保证了不同设备与不同监控接口之间的信息集成,具有较好的普适性。

(2)自治智能化

开放式数控系统有利于实现数控系统的自治智能化。自治智能化功能包括加工过程优化、刀具监控、误差检测补偿、在线测量等许多非常规数控系统的功能,该功能的实现一般借助于传感器技术实时采集加工过程中的运行数据,利用相关算法实现数据分析和处理,目的是提高生产效率和加工质量。通过以上论述可知,自治智能化实现的关键有两项,其一,传感器的安装和布置,其二,相关算法的实现。为了实现自治功能,需要安装大量的传感器,进而会产生非常繁杂的接线,而应用开放式数控系统中的工业实时以太网技术可以有效解决该问题。人工智能技术的快速发展,大量智能算法的出现,可用于实现数据的分析、处理与决策功能,利用通用 PC 和通用操作系统作为平台,可以快捷方便地实现这些算法,从而解决算法实现的问题。

(3)复合化

随着数控系统开放性的增强,其性能也随之提升,逐渐实现了工序复合化和功能复合化。传统的加工工艺(车、铣、刨、磨等)及其相应的粗、精加工工序可以在一台数控机床上实现,且能保证较高的加工精度和较低的表面粗糙度。另外,数控系统开放性的增强促进了其功能模块化、组件化,各个模块或组件之间相对独立且能够根据需要耦合在一起,具有极高的可重构性,这一特性令数控系统不但可用于机床的控制,其架构同样适用于机器人的运动控制。这为建立协调统一的智能化生产线提供了有力的支撑。

三、数控系统的定制化

如前所述,现阶段制造业对中小批量产品的需求日益增加,定制化生产趋势明显,随之而来的,生产制造商对数控系统功能的要求也越来越苛刻:不但能够满足基本生产加工需求,还要具有定制化功能,可以根据订单和任务需求完成数控功能的重组或重构,以适应未来智能化的生产加工模式。

开放式数控系统的发展从一定层面上实现了功能的定制,但在具体实施时其开放性存在一定的局限,用户利用开发商提供的软件完成已有功能模块的重组,无法完成新功能的添加或实施。现阶段,某些高档数控系统,如西门子840D数控系统,可借助于Wincc Flexible开发工具完成对系统NC参数和PLC参数的访问,但其功能主要局限于人机交互界面的二次开发,对于其内部核心功能仅提供接口,无法进行定制与升级。当用户遇到新功能和新需求时,可尝试利用相关开发工具设计实现,若无法实现,则需要寻求开发商的协助。对于开发商而言,往往不希望改变数控系统既定的体系结构,对用户提出的要求不做响应。在传统大批量生产模式下,此类需求较少,生产商即使不做回应也不会对其利润造成特别大的影响,其市场占有率仍然相对较高。但现阶段市场需求瞬息万变,不但此类需求大幅增多,而且要求生产商能够快速回应,短期内从数控系统内核层面完成系统的更新,完成产品的升级换代,实现新功能与特殊要求的添加。为了迎合该发展趋势,数控系统生产商需从功能重构的角度出发,以实现数控系统对生产实际中出现的新数控功能的迅速支持为目标,从以下几个方面构建支持定制的数控系统。

(1)数控功能描述方法

在数控系统开发商响应用户需求前,需制订统一的数控功能描述方法,从而使开发商能够识别并理解用户的具体要求,进而对此作出响应。相关的技术手段有UML统一建模语言等工具。

(2)数控系统建模方法

为了增强数控系统的可重构性,令开发商迅速完成响应,有必要建立数控系统的模型,其目的在于描述系统的功能概念、功能之间的联系,以及实现手段等。可行的方法和工具有有限状态机和Petri网等。

(3)数控系统功能数据库开发

在开发商侧,需设计开发一个数控功能数据库,按照相应的格式存储不同型号数控系统应该涵盖的功能,待对系统进行重组或重构时,可对其直接调用。考虑到该数据库可能较为庞大,现有的关系型数据库未必满足要求,可尝试应用云计算平台下的BigTable予以实现。

(4)实施流程与架构

当用户有新功能要求需要实现时,首先按照给定的功能描述方法,组织并提交需求至数控系统开发商处,开发商据此查询数据库,确定是否已有此功能的实现方法和手段。若存在,则直接按照已有经验完成用户要求的功能升级即可;若不存在,开发商需进行功能开发经济性评估,判断成本与可行性,在保障其利润最大化的前提下,完成新功能的开发,测试后完成数控系统的升级,并将升级后的新功能存储至数据库。数控系统定制化的实施流程如图7-4所示。

另外,数控功能描述方法实际上为数控系统建模和数控系统功能数据库的设计与开发提供了参考。

数控系统的定制化不但满足了用户端对新功能增添方面的要求,促进了市场的进一步发展,而且搭建了用户与开发商之间的联系,促使开发商对现阶段数控系统的需求有了更为深刻的理解。经过一段时间的发展,开发商有可能会产生超前意识,给用户提供更为智能和方便的数控系统,进而促进智能制造的发展。

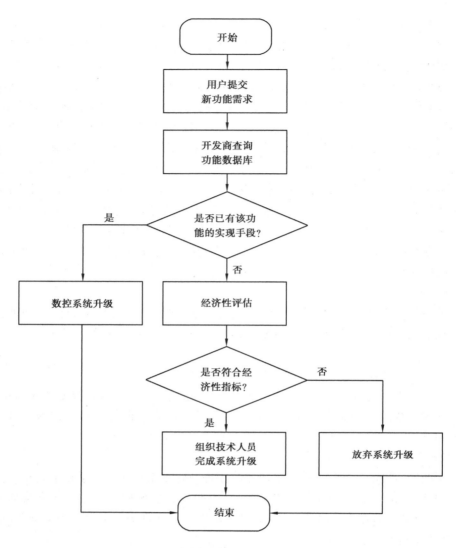

图 7-4　数控系统定制化的实施流程

四、云端数控系统

前面主要围绕着单台机床中数控系统的发展方向,但单一数控系统的发展空间毕竟受到硬件设备的限制,如数据处理速度、数据存储的容量等。为此,数控系统也存在另外一种发展方向,即弱化单台机床数控系统的能力,其功能类似于一个中转机构,仅负责将决策层的指令分配给机床的各个运动轴,并将执行结果反馈给决策层,供其完成下一个周期的指令计算与发送。对于该决策层,其设计实现与实施和云计算模式类似,即通过大量机群,运用分布式计算的技术与方法,构成一个存储空间大、计算能力强的"超级计算机"来作为一个车间甚至一个企业生产、制造和加工的"大脑",实现相应的决策。图 7-5 所示为一个云端数控系统的架构示例,在云端将实现代码解析、插补、多轴控制等功能,并对实时性予以保障。

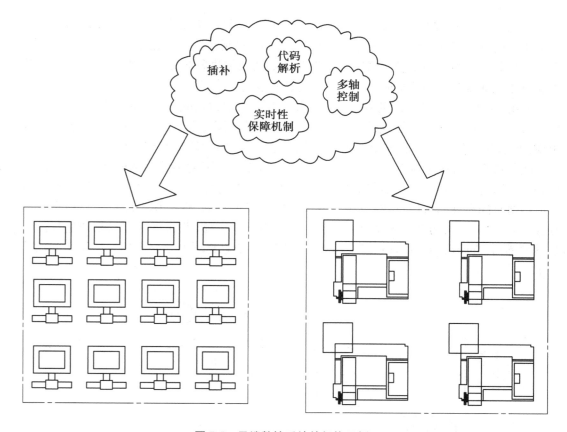

图 7-5 云端数控系统的架构示例

云端数控系统的优势有：

①可以实现行业知识的汇聚，对企业产品的生产制造提供专业性和创新性更强的智能化支持。

②统一协调管理生产加工过程中的所有数据，并进行大数据分析，获得产品加工时有无效率和加工质量提升等方面的可能性与提升空间等，为企业的决策支持提供帮助。

③实现加工功能的统一运作和管理，基本实现无人化车间。

对此，涉及如下几项核心技术和问题需要解决。

①控制指令下发的网络延时有可能影响零件的加工质量，为此，需要增添冗余和容错机制，或者采取边缘计算的架构形式，尽可能降低网络延时。

②行业知识的表示和应用方式。对于该问题，可利用当前广泛采用的本体论的方法完成知识的表示，并借助于推理规则完成相关知识的推理和输出，实现其应用。

③企业架构模式。采用基于云端的数控系统将直接改变现阶段企业的架构模式，因此，需对其进行进一步分析与探讨。

五、数控加工技术与智能化车间

智能制造需要一个具体的实施环境和空间，车间是完成加工、生产与制造的场所，智能化车间的建立将促进智能制造的发展。

智能化车间的定义如下：智能化车间是基于对企业的人、机、料、法、环等制造要素全面精细化的感知、采集和传输,并采用多种物联网感知技术手段,支持生产管理科学决策的新一代智能化制造过程管理系统。在智能化车间的支持下,对制造的全过程包括物料的入库、出库、调拨、移库、生产加工和质量检测等各个作业环节的数据进行自动化数据采集、传输等,确保企业上层能够及时准确地掌握生产过程中的真实数据。

如图 7-6 所示,制造车间的发展经历了如下几个阶段:最初的车间是由物理设备构成的,包括普通机床和手工工具等;数控机床的发展使物理设备实现了自动化控制,信息空间开始出现,但是彼此没有交互;随着数控技术的进一步发展,柔性制造系统、计算机集成制造系统和智能制造系统等先进制造模式出现,企业也逐渐建立起了复杂的信息网络,物理空间中的设备(不再仅限于数控机床,也指其他自动化设备)与信息空间的交互增多且日益频繁,这是当前制造车间所处的阶段;第四阶段是未来车间的发展方向,将实现物理空间与信息空间的融合,即建立一个与物理实体完全对应且一致的数字孪生体,并通过它完成制造过程的实时与透彻感知,进而反馈给物理系统实施操作与控制。信息物理融合是实现智能化车间的核心技术。

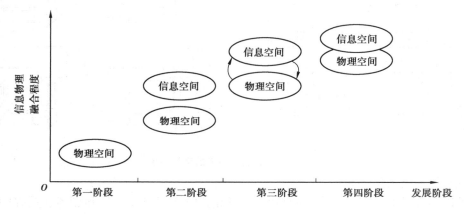

图 7-6　制造车间的发展阶段

数控机床是加工制造的执行者,数控系统是机床加工的控制和状态监测装置,其本质是一个计算机系统,也是信息空间的最小实现载体。结合当前车间基于数字孪生体的发展趋势,每台机床均需要有一个与之对应的数控机床数字孪生体,这需要在数控系统上予以实现。为此,数控加工技术需要沿着以下几方面发展。

(1)机床信息的高速实时传输

机床信息的高速实时传输包括了两方面内容,即数控加工过程产生的状态数据向数控系统的传输以及数控系统向上层监控设备的数据传输。

数控机床数字孪生体可以看作数据源和控制策略组成的一个混合体,控制策略的实施需要数据的支持,并且需要保证数据实时稳定地传输,这样才能够保障决策的准确有效,否则轻则出现零件的报废,重则损坏设备甚至危及操作人员的安全。数控机床是智能化车间的一部分,其数字孪生体还需要同步传输至数字孪生车间中进行车间范围内的生产调度等。为了保证同步性,此项传输也必须是高速实时的,但现阶段的网络通信协议大多速度较慢且不具有实时性,因此开发实时工业通信网络是一个将来重要的研究内容。

（2）数控机床虚拟建模技术

数字孪生体是信息世界中的一个虚拟体,结合数字孪生体的概念,该虚拟体需要与物理体完全一致,因此需要涉及三维造型技术、多物理场仿真建模等技术。但现阶段的三维造型技术主要侧重于模型的逼真程度以及渲染效果等方面,而物理现实中的实物除了外观形象,还具有相应的特性;多物理场仿真侧重于通过数学模型指明物体的变化规律,不侧重外观的表现。若能够将两项技术结合,将有利于数控机床数字孪生体的建立,这也是将来的一个发展方向。

（3）信息物理一致性方法

数控机床的性能将随着应用时间的推移逐渐发生改变,其之前满足的变化规律在机床的整个生命周期内未必始终有效,这是一个动态的过程。因此,数字孪生体也要随着物理实体的变化而改变,以保证信息物理的一致性。可通过两种方式实现数字孪生体的一致性变化:数字孪生体可以实现信息采集功能,利用采集到的信息按照数据变化规律进行拟合,以获得数控机床的当前模型;根据历史信息预测其变化趋势,超前得到机床的未来模型,并据此完成故障诊断等功能。

六、数控加工技术与绿色制造

面向智能化生产制造的数控加工技术是当前发展的主流趋势,同时,伴随着国民经济的快速发展,资源浪费与环境污染等问题也日益凸显,并在衣食住行等各个方面对人们造成不利的影响。显然,只顾经济进步而无视环境问题的发展模式应被可持续发展代替,实现资源、能源的合理开发与利用,降低能源在使用过程中对环境的影响等成为世界范围内广泛关注的主题。制造业是国民经济的基础,随着科技水平的不断提高,制造能力增强,与此同时,制造业对能源的依赖程度也越来越高,不可避免地成为能源消耗的大户。《中国制造2025》将"绿色发展"作为基本方针之一,旨在加强节能环保技术、工艺、装备推广应用,全面推行清洁生产,并提出了相应的指标作为战略目标,见表7-1。另外,"十三五"规划要求推进传统制造业绿色改造,推动建立绿色低碳循环发展产业体系,鼓励企业工艺技术装备更新改造。由此可见,实现并推广面向低碳低能耗的绿色制造已成为当今不可逆转的趋势。

表 7-1　《中国制造2025》之绿色发展战略目标

类别	指标	2013 年	2015 年	2020 年	2025 年
绿色发展	规模以上单位工业增加能耗值下降幅度	—	—	比 2015 年下降18%	比 2015 年下降34%
	单位工业增加值二氧化碳排放量下降幅度	—	—	比 2015 年下降22%	比 2015 年下降40%
	单位工业增加值用水量下降幅度	—	—	比 2015 年下降23%	比 2015 年下降41%
	工业固体废物综合利用率	62%	65%	73%	79%

机械加工是制造过程中不可或缺的组成部分,其节能潜力和环境减排潜力巨大,另外,随着数控加工技术的广泛应用,数控机床在车间的覆盖率也正在逐步提高,数控加工成为降低生产加工过程中的碳排放和能量需求的重要方法。利用数控加工技术可从以下几方面实现绿色制造。

（1）能耗数据监控

数控加工机床本质上是一个功率驱动的机电一体化设备,其能耗是功率在时间上的积分。因此,可通过采集数控机床组件的功率来测量并监控加工过程中的能量需求,收集、观测并分析能耗数据,从中寻找出降低能耗的切入点,进而提出面向绿色制造的加工改进方法。除此之外,功率/能耗数据还具有其他方面的应用价值,如判断刀具磨损程度、机床故障诊断等。对于给定的刀具,其切削功率随着加工时间的增加而逐渐增大,当接近刀具寿命时,功率会出现一定程度的不稳定。根据此种规律,可对刀具磨损程度进行判断并决定是否更换刀具。数控机床由多个耗能组件构成,每个组件在正常工作时均表现出符合一定规律的功率特性,通过监控该数据,若发现某个组件功率出现异常,则有可能是机床出现故障,可根据具体情况予以处理。

（2）数控机床能耗模型

与普通加工机床相比,数控机床组件种类较多,功率/能耗特性复杂多样,从而令数控机床呈现出多源能耗特性。考虑到数控机床是完成加工的载体,加工过程中的能量需求与数控机床的能耗特性直接相关,因此建立数控机床的能耗模型有助于厘清加工时能量的来龙去脉,为能耗的优化提供理论支撑。对于机床能耗模型的建立,有两种方式,其一为理论建模,其二为试验建模。对于理论建模,其思路是采用正向推导的方式,在分析机床各个组件功率/能耗影响因素的基础上,根据现有的物理学定律,建立起功率的函数关系式。将数控机床每个组件的功率/能耗表达式汇总起来即构成了多源能耗模型。理论建模的特点是能够清晰明确地表达出功率/能耗变化满足的规律,但表达式中一般还有较多的未知参数,其确定存在一定的难度。除此之外,表达式的形式往往较为复杂,含有很多高阶的数量关系,对应用造成不便。对于试验建模,主要通过试验的方式,将数控机床看作一个黑箱模型,通过给系统一个响应,测定输入输出之间的关系来完成能耗模型的建立。通过此种方式建立的能耗模型形式相对简单,应用价值较高,但往往模型需在一定的范围内才成立或者误差相对较小。常用的方法有响应面法、系统辨识的相关理论方法等。

（3）面向能耗的在线工艺决策

除去数控机床本身的功率/能耗特性外,待加工零件的加工工艺对机床加工过程中的能量需求影响也相对较大。加工工艺包括的范围较广,如工艺参数、工艺路线、刀具路径和刀具选择等。在数控加工能耗模型的支持下,借助于能耗数据的监测,可对零件加工工艺的能量需求进行评估,进而借助元启发式算法对加工工艺要素进行选择,寻找到能耗最优的加工工艺方法。另外,在寻优时可增添其他必需的指标以满足加工质量要求,且不能因为降低能量需求而牺牲其他更重要的要素。

第二节　"1+X证书"制度与数控加工

一、国家职业资格证书制度改革与"1+X证书"

(一)国家职业资格证书制度的含义

国家职业资格证书制度是劳动就业制度的一项重要内容,也是一种特殊形式的国家考试制度。它指按照国家制定的职业技能标准或任职资格条件,通过政府认定的考核鉴定机构,对劳动者的技能水平或职业资格进行客观、公正、科学、规范的评价和鉴定,并对合格者授予相应的国家职业资格证书。职业资格证书是劳动者具有从事某一职业所必备的学识和技能的证明,它是劳动者求职、任职、开业的资格凭证,是用人单位招聘、录用劳动者的主要依据,也是境外就业、对外劳务合作人员办理技能水平公证的有效证件。

(二)1+X证书制度的含义

《国家职业教育改革实施方案》明确提出,在职业院校、应用型本科高校启动"学历证书+若干职业技能等级证书"制度试点工作,即"1+X证书"制度。鼓励学生在获得学历证书的同时,积极取得多类职业技能等级证书。1+X证书中,"1"是指学历证书,"X"是指代表某种技术技能的等级证书,不同的专业对应不同的职业技能等级证书。

(三)从"双证书"制度到"1+X证书"制度

(1)"双证书"制度

早在1993年,《中共中央关于建立社会主义市场经济体制若干问题的决定》就正式提出"实行学历文凭和职业资格两种证书制度"。这是"双证书"制度最早的政策依据。

1993年之后的27年中,前10年在职业院校开展了"两种证书"试点,后17年着力推行"双证书"制度,"双证书"制度实践探索不断深化,对促进教育教学改革、培养学生职业技能、提高就业能力发挥了重要作用,积累了宝贵经验。随着时代发展和科技进步,实行"双证书"制度出现了一些新问题,改革势在必行。

(2)国家职业资格证书制度的法律依据

国家职业资格证书制度的法律依据有两个。一是1994年《中华人民共和国劳动法》第六十九条规定:"国家确定职业分类,对规定的职业制定职业技能标准,实行职业资格证书制度,由经过政府批准的考核鉴定机构负责对劳动者实施职业技能考核鉴定。"二是1996年《中华人民共和国职业教育法》第八条规定:"实施职业教育应当根据实际需要,同国家制定的职业分类和职业等级标准相适应,实行学历证书、培训证书和职业资格证书制度。"人力资源和社会保障部根据这一规定,联合有关部门牵头组织开发国家职业技能标准。

(3)职业技能等级证书

国务院印发的《国家职业教育改革实施方案》指出,深化复合型技术技能人才培养培训模式改革,借鉴国际职业教育培训普遍做法,制订工作方案和具体管理办法,启动"1+X证书"制度试点工作。从2019年开始,在职业院校、应用型本科高校启动"学历证书+若干职业技能等级证书"制度试点,即"1+X证书"制度试点工作。鼓励学生在获得学历证书的同时,积极取得多类职业技能等级证书。

(四)国家职业资格证书制度和技能人才评价改革

(1)国家职业资格证书制度改革

减少资质资格许可和认定是党的十八届二中全会做出的重大决定和改革事项。国务院对资格证书进行了清理整顿,取消了一大批资格证书。2017年9月,人力资源和社会保障部印发《关于公布国家职业资格目录的通知》,公布《国家职业资格目录》,共计140项。2021年11月23日,根据国务院推进简政放权、放管结合、优化服务改革要求,人力资源和社会保障部会同国务院有关部门对《国家职业资格目录》进行优化调整,形成了《国家职业资格目录(2021年版)》,经国务院同意,现予以公布。《国家职业资格目录》之外一律不得许可和认定职业资格,《国家职业资格目录》之内除准入类职业资格外一律不得与就业创业挂钩;《国家职业资格目录》接受社会监督,保持相对稳定,实行动态调整。

(2)技能人才评价改革

国务院总理李克强2019年12月30日主持召开国务院常务会议,决定分步取消水平评价类技能人员职业资格,推行社会化职业技能等级认定。将技能人员水平评价由政府认定改为实行社会化等级认定,接受市场和社会的认可与检验。这是推动政府职能转变、形成以市场为导向的技能人才培养使用机制的一场革命,有利于破除对技能人才成长和弘扬工匠精神的制约,促进产业升级和高质量发展。

从2020年1月起,除与公共安全、人身健康等密切相关的消防员、安检员等7个工种依法调整为准入类职业资格外,其他水平评价类技能人员职业资格将在1年内分步、有序退出《国家职业资格目录》,不再由政府或其授权单位认定发证,同时,推行职业技能等级制度,制定发布国家职业标准或评价规范,由相关社会组织或用人单位按标准依规范开展职业技能等级评价、颁发证书。已发放的水平评价类技能人员职业资格证书继续有效。

(五)职业证书的改革发展趋势

从国家职业资格改革上看,职业证书具有以下4个明显的特点或者发展趋势:一是20世纪90年代倡导的"双证书"制度转变为"1+X证书"制度;二是技能人才职业资格要从国家职业资格证书转变到职业技能等级证书;三是技能人才职业资格评价主体要从政府评价转变到社会评价;四是技能人才职业技能等级证书的颁发主体要从人力资源和社会保障部及有关部委有关政府机构转变到人力资源和社会保障部、教育部认定的第三方评价组织(含教育部认定的职业教育培训评价组织)。

二、实施"1+X证书"制度试点工作意义与要求

(一)实施"1+X证书"制度的意义

"1+X证书"是实现国家资历框架建设中内涵建设的突破口和抓手。启动"1+X证书"制度试点,是促进技术技能人才培养培训模式和评价模式改革、提高人才培养质量的重要举措,力图彻底打通学历教育和职业培训之间的壁垒,解决长期以来职业教育与经济社会发展脱节的问题,加快推进我国职业教育现代化进程;是拓展就业创业本领、缓解结构性就业矛盾的重要途径,对构建国家资历框架、推进教育现代化、建设人力资源强国具有重要意义。

中共中央政治局委员、国务院副总理孙春兰出席2019年4月4日全国深化职业教育改革电视电话会议并讲话。她指出,稳妥推进"1+X证书"制度试点,把学历证书和职业技能等级证书结合起来,是职教改革方案的一大亮点,也是重大创新。职业教育以职业为基础、以就

业为导向,不能片面追求学历,职业技能等级证书就是要突出技能水平,强化技能评价在办学模式、教学方式、人才培养等方面的引领作用,深化复合型技术技能人才培养培训模式和评价模式改革,体现职业教育的类型属性。

（二）"1+X 证书"制度实施工作要求

各地要认真组织职业院校、应用型本科高校参与试点,指导监督当地培训与考核工作,并在政策、资金和项目等方面对试点院校给予支持。试点涉及的院校要按照证书标准,将证书培训内容有机融入专业人才培养方案,优化课程设置和教学内容,把"1"和"X"有机衔接起来,提高职业教育质量和学生就业能力。

职业技能等级证书是能力评价,不是行业准入,不能助长"考证热",增加学生的负担。现在我国社会化评价制度还不健全,试点工作一开始就必须把牢质量关,严格规范考核标准、评价流程和监督办法。在试点中,国务院职业教育工作部际联席会议要加强指导,及时调整、完善 X 证书标准和内容设置,增强评价的权威性、公正性。教育部、人力资源和社会保障部要站位全局、积极探索,推动"1+X 证书"制度从试点做起,由少到多、由易到难、循序渐进、逐步完善。培训评价组织要切实负起责任,积极开发企业认可度高、受社会欢迎的职业技能等级证书,并维护好证书的质量与声誉,把品牌树立起来。

三、数控专业与"1+X 证书"制度

随着时代的进步和社会的发展,传统的工种式的技能教学已经开始逐渐显现出其落后的劣势,无法继续紧跟时代的步伐和人类发展的需要,这就注定了其将会被项目化的课程取代。

试点项目中,数控专业对应的技能等级证书为"车铣加工"职业技能等级证书。"车铣加工"技能证书的教学过程需要以项目为载体,全面学习机械专业的相关技能训练。打破针对不同工种的技能训练项目化课程建设,对技能训练教学的实训室、教学方法和教学手段提出了更高的要求。这与我校早期探索的"德国手工艺协会 HWK 证书"是一致的。

"1+X 证书"制度的出现,使数控加工教学提高了传统课堂教学效率,弱化了理论教育。目前,在数控加工教学中,很少有教师把学生的实践能力放在首位。因此,教师可以通过校企合作和校内培训,使学生学习新知识,掌握更多的实用知识。在这种情况下,学生的积极性也大大提高了。数控加工要求学生的实践能力,仅仅依靠课堂教学并不能从根本上提高中职学生数控加工的专业水平,这将极大地影响学生就业的发展。因此,"1+X 证书"制度的引入对教师制订学生培养目标有很大的指导作用,可以大大拓宽学生的就业渠道,在一定程度上缓解他们的就业压力,对提高中等职业学校的就业率具有积极意义。

第三节 先进制造技术概述

一、高速切削技术

（一）高速切削技术概述

数控高速切削加工是集高效、优质、低耗于一身的先进制造技术。相对于传统的切削加工,其切削速度、进给速度有了很大的提高,而且切削机理也不相同。高速切削使切削加工发生了本质的飞跃,其单位功率的金属切除率提高了 30%~40%,切削力降低了 30%,刀具的切削寿命提高了 70%,工件的切削热大幅度降低,低阶切削振动几乎消失。

随着切削速度的提高,单位时间毛坯材料的去除率增加了,切削时间减少了,加工效率提高了,从而缩短了产品的制造周期,提高了产品的市场竞争力。同时,高速加工的小切削深度、快进给速度使切削力减少了,切屑的高速排出减少了工件的切削力和热应力变形,提高了刚性差和薄壁零件切削加工的切削性能。由于切削力的降低,转速的提高使切削系统的工作频率远离机床的低阶固有频率,而工件的表面粗糙度对低阶频率最为敏感,由此降低了表面粗糙度。在模具的高淬硬钢件(HRC45~HRC65)的加工过程中,采用高速切削可以取代电加工和磨削抛光的工序,从而避免了电极的制造和费时的电加工,大幅度减少了钳工的打磨与抛光量。对于一些市场上越来越需要的薄壁模具工件,高速切削也可顺利完成,而且在高速铣削 CNC 加工中心上,模具一次装夹可完成多工步加工。

高速切削技术是切削加工技术的主要发展方向之一,目前主要应用于汽车工业和模具行业,尤其是在加工复杂曲面的领域、工件本身或刀具系统刚性要求较高的加工领域等,多种先进加工技术的集成,其高效、高质量越来越受到人们的推崇。

(二)高速切削技术特点

随着 CNC 技术、微电子技术、新材料和新结构等基础技术的发展,高速切削加工机床在工业制造方面的应用越来越广泛。由于模具加工的特殊性以及高速加工技术的自身特点,对高速加工的相关技术及工艺系统(加工机床、数控系统、刀具等)提出了比传统加工更高的要求,主要体现在以下几个方面。

(1)高稳定性的机床支撑部件

高速切削机床的床身等支撑部件应具有较高的动、静刚度及热刚度和最佳的阻尼特性。大部分高速切削机床都采用高质量、高刚性和高抗张性的灰铸铁作为支撑部件材料,有的机床公司还在底座中添加高阻尼特性的聚合物混凝土,以增加其抗震性和热稳定性,这不但可以保证机床精度稳定,也可防止切削时刀具振颤。另外,采用封闭式床身设计、整体铸造床身、对称床身结构并配有密布的加强筋等也是提高机床稳定性的重要措施。一些机床公司的研发部门在设计过程中,还采用模态分析和有限元结构设计等,优化了结构,使机床支撑部件更加稳定、可靠。

(2)机床主轴

高速切削机床的主轴是实现高速切削加工的重要部件。高速切削机床主轴的转速为 10 000~100 000 m/min,主轴功率通常大于 15 kW。通过主轴压缩空气或冷却系统控制刀柄和主轴间的轴向间隙不大于 0.005 mm。还要求主轴具有快速升速、在指定位置快速准停的功能(即具有极高的角加减速度),因此高速主轴常采用液体静压轴承式、空气静压轴承式、热压氮化硅(Si_3N_4)陶瓷轴承式和磁悬浮轴承式等结构。润滑多采用油气润滑、喷射润滑等技术,而主轴冷却一般采用主轴内部水冷或气冷。

(3)机床驱动系统

为满足高速加工的需要,高速加工机床的驱动系统应具有以下特性。

①高的进给速度。研究表明,对于小直径刀具,提高转速和每齿进给量有利于降低刀具磨损。目前常用的进给速度为 20~30 m/min,如采用大导程滚珠丝杠传动,进给速度可达 60 m/min,采用直线电动机则可使进给速度达到 120 m/min。

②高的加速度。对三维复杂曲面廓形的高速加工,要求驱动系统具有良好的加速度特性,并要求提供高速进给的驱动器(快进速度约 40 m/min,三维轮廓加工速度为 10 m/min),且能够提供 0.4～10 m/s 的加速度和减速度。

为此,高速加工机床制造商大多采用全闭环位置伺服控制的小导程、大尺寸、高质量的滚珠丝杠或大导程多头丝杠。随着电动机技术的发展,先进的直线电动机已经问世,并成功应用于 CNC 机床。先进的直线电动机驱动有效地控制了 CNC 机床的质量惯性、超前、滞后和振动等问题,加快了伺服响应速度,提高了伺服控制精度和机床加工精度。

(4)数控系统

先进的数控系统是保证复杂曲面高速加工质量和效率的关键因素,高速切削加工对数控系统的基本要求如下。

①高速的数字控制回路,包括 32 位或 64 位并行处理器及 1.5 GB 以上的硬盘;极短的直线电动机采样时间。

②速度和加速度的前馈控制,数字驱动系统的爬行控制。

③先进的插补方法(基于 NURBS 的样条插补),以获得良好的表面质量、精确的尺寸和高的几何精度。

④预处理功能。要求具有大容量缓冲寄存器,可预先阅读和检查多个程序段(如 DMG 机床可多达 500 个程序段,Simens 系统可达 1 000～2 000 个程序段),以便在被加工表面形状(曲率)发生变化时可及时采取改变进给速度等措施以避免过切。

⑤误差补偿功能,包括因直线电动机、主轴等发热导致的热误差补偿、象限误差补偿、测量系统误差补偿等功能。此外,高速切削加工对数据传输速度的要求也很高。

⑥传统的数据接口,如一般的 RS232 串行口的传输速度为 19.2 kb/s,而许多先进的加工中心均已采用以太局域网进行数据传输,速度可达 200 kb/s。

(5)冷却润滑

高速加工采用带涂层的硬质合金刀具,在高速、高温的情况下使用切削液,切削效率更高。这是因为:切削主轴高速旋转,切削液若要达到切削区,首先要克服极大的离心力;即使它克服了离心力进入切削区,也可能由于切削区的高温而立即蒸发,冷却效果很小甚至没有;同时切削液会使刀具刃部的温度激烈变化,导致裂纹的产生,所以高速切削加工通常采用油、气冷却润滑的干式切削方式。这种方式通过高压气体迅速吹走切削区产生的切屑,从而将大量的切削热带走;同时,雾化的润滑油可以在刀具刃部和工件表面形成一层极薄的微观保护膜,可有效地延长刀具寿命并提高零件的表面质量。

(三)高速切削加工的刀柄和刀具

(1)高速切削加工刀柄

由于高速切削加工时离心力和振动的影响,要求刀具具有很高的几何精度和装夹重复定位精度,以及很高的刚度和高速动平衡的安全可靠性。

高速切削加工时较大的离心力和振动等,使传统的 7∶24 锥度刀柄系统在进行高速切削时表现出明显的刚性不足、重复定位精度不高、轴向尺寸不稳定等缺陷,而且主轴的膨胀会引起刀具及夹紧机构质心的偏离,影响刀具的动平衡能力。目前应用较多的是 HSK 高速刀柄和国外现今流行的热胀冷缩紧固式刀柄。

热胀冷缩紧固式刀柄有加热系统,刀柄一般都采用锥部与主轴端面同时接触的形式,其刚性较好,但是刀具可换性较差,一个刀柄只能安装一种连接直径的刀具。而且此类加热系统比较昂贵,一般企业在初期时采用 HSK 类刀柄系统的较多,当企业的高速机床数量较多时,采用热胀冷缩紧固式刀柄则比较合适。

(2)高速切削加工刀具

刀具是高速切削加工中最重要的因素之一,它直接影响着加工效率、制造成本和产品的加工精度。刀具在高速加工过程中要承受高温、高压、摩擦、冲击和振动等载荷,高速切削刀具应具有良好的机械性能和热稳定性,即具有良好的抗冲击、耐磨损和抗热疲劳的特性。高速切削加工的刀具技术发展速度很快,目前应用较多的刀具材料有金刚石(PCD)、立方氮化硼(CBN)、陶瓷刀具、涂层硬质合金、(碳)氮化钛硬质合金 TiC(N)等。

在加工铸铁和合金钢的切削刀具中,硬质合金是最常用的刀具材料。

硬质合金刀具耐磨性好,但硬度比立方氮化硼和陶瓷低。为提高硬度及降低表面粗糙度,采用刀具涂层技术,涂层材料为氮化钛(TiN)、氮化铝钛(TiAlN)等。随着涂层技术的发展,以前单一的涂层已经发展为多层、多种涂层材料的涂层,极大地提高了高速切削能力。一般直径为 $\phi10\sim\phi40$ mm,且有碳氮化钛涂层的硬质合金刀片能够加工洛氏硬度小于 HRC42 的材料,而氮化钛铝涂层的刀具能够加工 HRC42 甚至更高的材料。高速切削钢材时,刀具材料应选用热硬性和疲劳强度高的 P 类硬质合金、涂层硬质合金、立方氮化硼(CBN)与 CBN 复合刀具材料(WBN)等。切削铸铁,应选用细晶粒的 K 类硬质合金进行粗加工,选用复合氮化硅陶瓷或聚晶立方氮化硼(PCNB)复合刀具进行精加工。精加工有色金属或非金属材料时,选用聚晶金刚石 PCD 或 CVD 金刚石涂层刀具较合适。

选择切削参数时,对于圆刀片或球头铣刀,应注意切削时的有效直径。高速铣削刀具通常根据动平衡设计制造,刀具的前角比常规刀具的前角要小,后角略大。主、副切削刃连接处应修圆或导角来增大刀尖角,防止刀尖处热磨损。同时应加大刀尖附近的切削刃长度和刀具材料体积,以提高刀具刚性。在保证安全和满足加工要求的条件下,刀具悬伸长度应尽可能短,刀体中央韧性要好。刀柄要比刀具直径粗壮一些,连接柄呈倒锥状,以增加其刚性。尽量在刀具及刀具系统中央留有冷却液孔。球头立铣刀要考虑有效切削长度,刃口要尽量短,两螺旋槽球头立铣刀通常用于粗铣复杂曲面,四螺旋槽球头立铣刀通常用于精铣复杂曲面。

(四)高速加工工艺

高速加工包括以去除余量为目的的粗加工、残留粗加工,以及以获取高质量的加工表面及细微结构为目的的半精加工、精加工和镜面加工等。

(1)粗加工

粗加工的主要目标是追求单位时间内的材料去除率,并为半精加工准备均匀的工件几何轮廓。为此,高速加工中的粗加工所应采取的工艺方案是高切削速度、高进给率和小切削深度的组合。

等高加工方式是众多 CAM 软件普遍采用的一种加工方式,应用较多的是螺旋等高和等 Z 轴等高两种方式,也就是在加工区域仅一次进刀,在不抬刀的情况下生成连续光滑的刀具路径,进、退刀方式采用圆弧切入、切出。

螺旋等高方式的特点是,没有等高层之间的刀路移动,可避免频繁抬刀、进刀对零件表面质量的影响及机械设备不必要的耗损。对陡峭和平坦区域分别处理,计算适合等高及适合使用类似三维偏置的区域,并且可以使用螺旋方式,在很少抬刀的情况下生成优化的刀具路径,获得更好的表面质量。

在高速加工中，一定要采取圆弧切入、切出连接方式，并在拐角处圆弧过渡，避免突然改变刀具进给方向，禁止采用直接下刀的方式，避免将刀具埋入工件。

加工模具型腔时，应避免将刀具垂直插入工件，而应采用倾斜下刀方式（常用倾斜角为20°~30°），最好采用螺旋式下刀以降低刀具载荷。

加工模具型芯时，应尽量先从工件外部下刀然后再水平切入工件。刀具切入、切出工件时应尽可能倾斜（或圆弧式）切入、切出，避免垂直切入、切出。采用攀爬式切削可降低切削热，减小刀具受力和加工硬化程度，提高加工质量。

（2）半精加工

半精加工的主要目标是使工件轮廓形状平整，表面精加工余量均匀，这对于工具钢模具尤为重要，因为它将影响精加工时刀具切削层面积的变化及刀具载荷的变化，从而影响切削过程的稳定性及精加工表面质量。

粗加工是基于体积模型，精加工则是基于面模型。以前开发的 CAD/CAM 系统对零件的几何描述是不连续的，由于没有描述粗加工后、精加工前加工模型的中间信息，故粗加工表面的剩余加工余量分布及最大剩余加工余量均是未知的。因此，应对半精加工策略进行优化，以保证半精加工后工件表面具有均匀的剩余加工余量。优化过程包括：粗加工后轮廓的计算、最大剩余加工余量的计算、最大允许加工余量的确定、对剩余加工余量大于最大允许加工余量的型面分区（如凹槽、拐角等过渡半径小于粗加工刀具半径的区域）以及半精加工时刀心轨迹的计算等。

现有的高速加工 CAD/CAM 软件大多具备剩余加工余量分析功能，并能根据剩余加工余量的大小及分布情况采用合理的半精加工策略。如 MasterCAM 软件提供了束状铣削和剩余铣削等方法来清除粗加工后剩余加工余量较大的角落，以保证后续工序均匀的加工余量。

（3）精加工

高速精加工取决于刀具与工件的接触点，而刀具与工件的接触点随着加工表面的曲面斜率和刀具有效半径的变化而变化。对于由多个曲面组合而成的复杂曲面加工，应尽可能在一个工序中进行连续加工，而不是对各个曲面分别进行加工，以减少抬刀、下刀的次数。然而，由于加工中表面斜率的变化，如果只定义加工的侧吃刀量，就可能造成在斜率不同的表面上实际步距不均匀，从而影响加工质量。

一般情况下，精加工曲面的曲率半径应大于刀具半径的 1.5 倍，以避免进给方向的突然转变。在高速精加工中，每次切入、切出工件时，进给方向的改变应尽量采用圆弧或曲线转接，避免采用直线转接，以保持切削过程的平稳性。

高速精加工策略包括三维偏置、等高精加工和最佳等高精加工、螺旋等高精加工等。这些方法可保证切削过程光顺、稳定，确保能快速切除工件上的材料，得到高精度、光滑的切削表面。精加工的基本要求是要获得很高的精度、光滑的零件表面质量，轻松实现精细区域的加工，如小的圆角、沟槽等。对有许多形状的零件来说，精加工最有效的策略是使用三维螺旋加工方法。使用这种方法可避免使用平行方法和偏置精加工方法中出现的频繁的方向改变，从而提高加工速度、减少刀具磨损。这种方法可以在很少抬刀的情况下生成连续光滑的刀具路径，其综合了螺旋加工和等高加工方法的优点，刀具负荷更稳定，提刀次数更少，可缩短加工时间，减小刀具损坏概率；还可以改善加工表面质量，最大限度地减小精加工后手工打磨的需要。在许多场合需要将陡峭区域的等高精加工和平坦区域的三维等距精加工方法结合起来使用。

高速加工的数控编程也要考虑几何设计和工艺安排,在使用 CAM 系统进行高速加工数控编程时,除刀具和加工参数根据具体情况选择外,加工方法的选择和采用的编程方法就成了关键。一名出色 CAD/CAM 工作站的编程工程师应该同时也是一名合格的设计与工艺师,他应对零件的几何结构有一个正确的理解,具备对理想工序安排以及合理刀具轨迹设计的知识和概念。

(五)高速切削数控编程的特点

高速切削加工对数控编程系统的要求越来越高,价格昂贵的高速加工设备对软件提出了更高的安全性和有效性要求。高速切削有着比传统切削更特殊的工艺要求,除了要有高速切削机床和高速切削刀具外,具有合适的 CAM 编程软件也是至关重要的。数控加工的数控指令包含了所有的工艺过程,一个优秀的高速加工 CAM 编程系统应具有很高的计算速度、较强的插补功能、全程自动过切检查及处理能力、自动刀柄与夹具干涉检查、进给率优化处理功能、待加工轨迹监控功能、刀具轨迹编辑优化功能和加工残余分析功能等。高速切削数控编程首先要注意加工方法的安全性和有效性;其次,要尽一切可能保证刀具轨迹光滑平稳,这会直接影响加工质量和机床主轴等部件的寿命;最后,要尽量使刀具载荷均匀,这会直接影响刀具的寿命。

(1)CAM 系统应具有很高的计算编程速度

由于高速加工中采用非常小的切削深度,其 NC 程序比对传统数控加工程序要大得多,因而要求软件计算速度要快,以节省刀具轨迹生成及优化编程的时间。

(2)全程自动防过切处理能力及自动刀柄干涉检查能力

高速加工的切削速度比传统切削加工的切削速度高近 10 倍,一旦发生过切,对机床、产品和刀具将产生严重的后果,所以要求其 CAM 系统必须具有全程自动防过切处理的能力及刀柄与夹具自动进行干涉检查、绕避功能。系统能够自动提示最短夹持刀具长度,并自动进行刀具运动的干涉检查。

(3)丰富的高速切削刀具轨迹方法

高速加工对加工工艺走刀路线的要求比传统加工方式要严格得多,为了能够确保最大的切削效率,又保证在高速切削时加工的安全性,CAM 系统应能根据加工瞬时余量的大小自动对进给率进行优化处理,能自动进行刀具轨迹编辑优化、加工残余分析并对待加工轨迹进行监控,以确保高速加工刀具受力状态的平稳性,提高刀具的使用寿命。

采用高速加工设备之后,对编程人员的需求量将会增加,因高速加工工艺要求严格,过切保护更加重要,故需花更多的时间对 NC 指令进行仿真检验。一般情况下,高速加工编程时间比一般加工编程时间要长得多。为了保证高速加工设备足够的使用率,需配置更多的 CAM 人员。现有的 CAM 软件,如 PowerMILL、MasterCAM、UnigraphicsNX、Cimatron 等都提供了相关功能的高速切削刀具轨迹的方法。

二、柔性制造技术

(一)柔性制造的分类及特点

(1)柔性制造的分类

"柔性制造"是相对"刚性制造"而言的。传统的"刚性"流水生产线主要实现单一品种的大批量生产。其优点是生产率很高,设备利用率也很高,单件产品的成本低。但设备价格相当昂贵,且只能加工一个或几个相类似的零件,适应性很差,如果想要加工其他品种的产品,则必须对其结构进行大调整,重新配置系统内各要素,其工作量和经费投入与构造一条新的生产线往往差不多。因此,刚性制造系统只适合大批量生产少数几个品种的产品,难以应付多品种中小批量的生产。

而由计算机信息控制系统、物料储运系统和一组数控加工设备组成的"柔性制造"系统是一种智能型的生产方式,它具有根据产品任务和生产环境的变化进行迅速调整的能力,即具有很强的"柔性"特征。随着各类先进加工技术的相继问世,柔性制造技术本身也在不断完善和提高。以数控生产为例,为向柔性制造提供基础设备,要求数控系统不仅能完成通常的加工功能,而且还应具备自动测量、自动上下料、自动换刀、自动更换主轴头(有时带坐标变换)、自动误差补偿、自动诊断和网络通信功能,特别是依据用户的不同要求,可方便灵活地快速配置和集成。随着各种相关技术的不断进步,柔性制造规模将不断扩大,给制造业带来了深刻影响。

根据机械制造科学的标准分类,按照生产系统内自动化水平的高低,柔性制造可以分为柔性制造单元(FMC)、柔性制造系统(FMS)、柔性制造线(FML)和柔性制造工厂(FMF)。

(2)柔性制造的特点

柔性制造最大的特点在于制造上的柔性。主要体现在以下几个方面:

①设备柔性。设备加工范围较宽,能完成多样化的生产任务,有利于实现批量生产、降低库存费用、提高设备利用率和缩短加工周期。

②物料运送柔性。物料运送设备能运送多种物料,具有较高的可获得性和利用率。

③操作柔性。具有不同加工工艺的工件能以多种方式进行加工,在机器出现故障时易于实现动态调度。

④人员柔性。操作人员掌握多种技能,能胜任不同的工作岗位。

⑤路径柔性。工件加工能通过制造系统的多种路径完成,便于平衡机床负荷,增强系统在机床故障、刀具磨损等情况下运行的稳定性和可靠性。

⑥产品柔性。在产品中能随时增加、去除或更换某些零部件,以提高对市场产品需求的响应速度,具有较强的适应动态变化市场环境的综合能力。

⑦扩展柔性。制造系统具有开放性,能扩展其生产能力,以适应企业拓展新市场的要求。

⑧维护柔性。系统能采用多种方式查询、处理故障,保障生产正常进行。

可见,"柔性制造"系统能够自动调整并实现一定范围内多种工件的成批高效生产,并能及时地改变产品品种及规格以满足市场需求。

(二)柔性制造在制造业中的作用

柔性制造的基本特征决定了它对制造任务和生产经营环境的变化有很强的适应能力。因而,柔性制造技术在制造业企业中的应用有其极为重要的作用。

①"柔性制造"是现代生产方式的主流方向和共同基础。近几年,日益激烈的市场竞争和日新月异的生产技术推动着现代企业生产方式的不断创新,如准时生产、精益生产、并行工程、敏捷制造、仿生制造、绿色制造、制造资源计划、供应链管理等。而这些先进的生产方式无不是以"柔性"作为出发点和基础的,比如:精益生产是根据用户的需要生产出高质量的产品;敏捷制造和虚拟制造都强调快速适应产品的各种变化要求;并行工程在产品设计开发阶段就

集成考虑了生产制造、销售和服务过程的适应性要求;而制造资源计划和供应链管理则是从整个生产链的范围求得更广、更高的柔性。

②"柔性制造"是满足消费者个性化、多样化需求最坚实的支撑。过去,在供不应求的卖方市场环境下,制造企业不必考虑消费者对其产品的要求,都是企业生产什么消费者就只能购买什么。而今消费者已成为市场的主宰,他们所需要的不仅仅是这种强制性的标准化商品,而是前所未有的非标准化产品,这将导致单一的、同类规格的大量消费市场,裂变为一系列满足不同需求的细分市场,细分市场又进一步强化了产品的多样化和个性化。这使得市场竞争从成本、价格为主的竞争,转向市场适应能力、新产品推进速度、产品个性化等方面的竞争,这在客观上需要柔性制造系统的支撑。

③"柔性制造"是降低生产成本、提高经济效益的有效手段。由于柔性制造是一种智能型的生产方式,它将高科技"嵌入"制造设备与制造产品中,实现硬设备的"软"提升,并提高制造产品的性能和质量,因而不仅能提高劳动生产率,而且能提升产品的附加价值,从而提高产品的竞争能力。另外,柔性制造还是一种市场导向型的生产方式,它要求制造厂商与顾客实行互动式的信息交流,及时掌握顾客对相关产品的需求信息,严格按照顾客的意愿和要求组织生产,因而能消除制造商生产的不确定性,同时使各制造商之间避免因过度竞争而造成两败俱伤的现象,使各制造商减少损失,提高经济效益。

④"柔性制造"是全面提升制造能力、缩小国与国之间先进制造水平差距的重要途径。各国之间经济的发展不同,导致这种先进的制造水平很不均衡。"柔性制造"这种先进制造方式的推行将有助于提高国家制造业的生产设备技术水平和从业人员的素质,促进已有的制造业的产业结构、人才结构和技术结构的优化,全面提升制造能力。

(三)柔性制造技术的发展

(1)优化知识和人才结构

柔性制造是一种智能型生产方式,这在客观上要求有多层次的高素质人才去掌握和运用它,应积极引进和加速培养各类"柔性"人才,以优化企业的知识和人才结构。

①柔性制造需要生产工人得到更广泛的技能培训,掌握多种技能,以便能很容易地从一种工作调换到另一种工作。

②柔性制造需要技术人员一专多能,并有很强的开拓创新能力,能根据消费者的个性化需求迅速研制出新产品,并快速制定和调整好相应的生产工艺。

③其对以顾客需求和偏好为导向的柔性制造方式的管理,也是对管理者能力的一种挑战。

总而言之,柔性制造需要企业加快各个层次人才的培养和引进速度,健全人才激励机制,开展多种形式的培训工作,优化企业的知识和人才结构。

(2)零部件的规范化

柔性制造主要是适应社会对个性化消费需求而发展起来的。但从经济学角度分析,各种产品的零部件生产如果批量很小,就会影响产品的制造成本,这样虽能满足消费者的个性化需求,但在很大程度上牺牲了经济性。而经济效益是一切经济活动的中心,因此,制造商必须考虑依靠产品的系列化、标准化和通用化来提高零部件的生产批量,以解决少量个性化需求与规模经济之间的矛盾,在实现规模经济效益的前提下满足消费者的个性化需求。

（3）完善物流配送

柔性制造必然会给制造商带来巨大的物流配送压力，一方面，消费者希望制造商能以最短的时间将商品送到手中，否则消费者会提出退货而影响制造商的销售和信誉；另一方面，如果对每一件商品尤其是价值较低的商品都达到快速配送的要求，势必导致物流成本太高。因此，必须采取多渠道、多方式进行物流配送，如可通过第三方专业物流公司进行物流配送，以解决快速准确的物流配送与降低配送成本的矛盾；同时，企业自身可采取集中生产和开拓市场相结合的措施，尽量增加同一地区对同一商品的需求总量，使单位产品的配送成本降低；或者通过时间折扣、数量折扣等，鼓励消费者提前订购和批量订购，使制造商能分期、分批地配送商品。

（4）重构制造流程

重构制造流程的根本目的在于提高产品制造速度和质量，同时降低由此而提高的生产成本。制造流程重构主要包括以下几项工作。

①重构供应链。柔性制造对传统的原材料供应方式提出了挑战，柔性制造方式要求供应的材料品种大量增加，单种材料的供货量减少，供货速度加快。这就要求选择好供应商，并与供应商之间实行数据库联网或能做到互动，从而保证原材料供应的准确快速，并降低库存费用。

②重构生产组织。改造计划调度系统和生产过程，快速和准确地处理由柔性制造带来的大量的生产信息，提高产品制造速度。

③重构质量控制。建立实时质量控制系统，保证产品的制造质量。

（5）改革企业管理模式

常言道："三分技术，七分管理"。柔性制造需要相应的柔性管理。柔性制造方式的实施必然要求变革传统的管理思想、管理组织和管理方法。

①以人为本。树立柔性管理思想是实施柔性制造的先决条件。柔性管理思想的核心是"人性化和个性化"，它注重平等尊重、主动创新、远见和价值控制等思想观念。

②组织机构柔性。组织机构设置是否合理、是否有柔性，将直接影响到企业对外部市场需求的反应能力和决策能力。目前大部分制造企业的组织结构层次多，信息传递的渠道长、环节多、速度慢，不能适应柔性制造对信息传递快速、准确的需要，因而必须采取项目型、虚拟型、有机型等柔性组织形式，以增强组织结构的柔性和活力。

③柔性管理。柔性制造是一种新的、先进的生产方式，这在客观上要求有相应的诸如动态计划、弹性预算等柔性管理方式去管理，以获得以变应变的效果。

（6）信息资源开发

柔性制造技术作用的发挥和效益的提高，更多地取决于是否能迅速、精确地了解消费者的真实需求。为此，企业必须加强信息资源的开发利用，提高制造过程的信息化水平及信息管理技术，并建立与顾客之间互动的信息通道，以便快速有效地获取市场信息，进行需求分析，确保满足顾客需求。

参考文献

[1] 卢万强,苟建峰.数控加工技术[M].4 版.北京:北京理工大学出版社,2019.

[2] 王全景.数控加工技术[M].北京:机械工业出版社,2020.

[3] 田学军,王磊,陈莛.数控加工工艺与编程[M].哈尔滨:哈尔滨工业大学出版社,2018.

[4] 丁伟.数控加工工艺与编程[M].哈尔滨:哈尔滨工业大学出版社,2018.

[5] 黄添彪.数控技术与机械制造常用数控装备的应用研究[M].上海:上海交通大学出版社,2019.

[6] 韩振宇,付云忠.机床数控技术[M].2 版.哈尔滨:哈尔滨工业大学出版社,2018.

[7] 秦忠.数控机床基础教程[M].北京:北京理工大学出版社,2018.

[8] 黄志辉.数控加工工艺与编程[M].苏州:苏州大学出版社,2018.

[9] 北京兆迪科技有限公司.Mastercam 2019 完全自学宝典[M].北京:机械工业出版社,2020.

[10] 马有良.数控机床加工工艺与编程[M].成都:西南交通大学出版社,2018.

[11] 邹文开,赵红岗,杨根来.失智老年人照护职业技能教材:高级:全 6 册[M].北京:中国财富出版社有限公司,2020.

[12] 常斌,徐建军.数控车削技术训练[M].北京:北京理工大学出版社,2019.

[13] 王晓忠,王骅.数控机床技术基础[M].北京:北京理工大学出版社,2019.

[14] 顾燕.数控原理及应用[M].北京:北京理工大学出版社,2019.

[15] 张飞.数控加工工艺核心能力训练[M].西安:西安电子科技大学出版社,2018.

[16] 李铁钢,王海飞.数字化制造综合实践[M].北京:北京理工大学出版社,2019.

[17] 曹国强.工程训练教程[M].北京:北京理工大学出版社,2019.

[18] 周俊荣,齐晶薇.数控技术及自动编程项目化教程[M].武汉:华中科技大学出版社,2019.

[19] 唐义锋.电工中高级实训[M].北京:北京理工大学出版社,2019.

[20] 周兰,赵小宣.数控设备维护与维修:中级[M].北京:机械工业出版社,2020.

[21] 杨天云.数控加工工艺[M].2 版.北京:清华大学出版社,2021.

[22] 金璐玫.数控铣削(加工中心)编程与加工[M].北京:化学工业出版社,2021.

[23] 吴悦乐,钱斌.数控铣削加工[M].杭州:浙江大学出版社,2020.